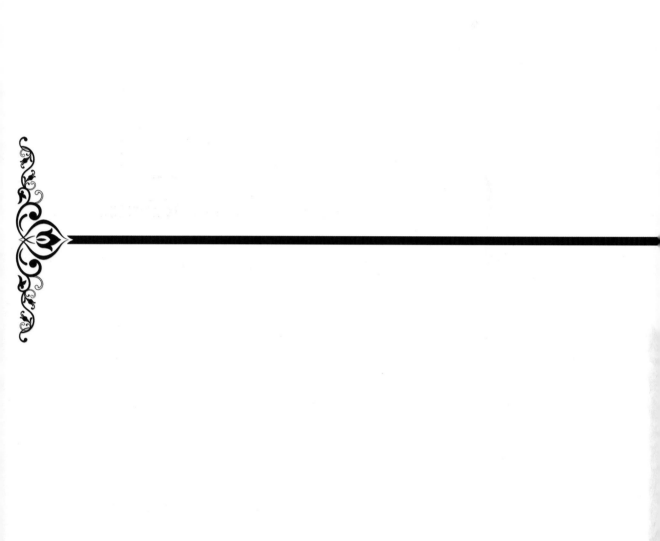

森林·环境与管理

森林资源与生境保护
Forest Resources and Habitat Protection

陈存根 编著

科学出版社

北 京

内 容 简 介

深入开展森林资源与生境保护的综合研究,对于科学开发利用绿色资源、合理保育森林资产、有效维持生物多样性、促进人与自然和谐发展等均有重大的现实意义。本书围绕重要的森林动植物资源及其栖息地开展调查研究,并探讨了有效的保护策略和开发利用技术。

本书可供生态学、农林科学、地理、环境等相关领域的科研院所及高等院校师生参考。

图书在版编目(CIP)数据

森林资源与生境保护/陈存根编著. —北京:科学出版社,2018.9
(森林·环境与管理)
ISBN 978-7-03-057851-8

Ⅰ. ①森⋯ Ⅱ. ①陈⋯ Ⅲ. ①森林资源–生态环境保护–研究 Ⅳ. ①S718.57

中国版本图书馆 CIP 数据核字(2018)第 129421 号

责任编辑:李轶冰 / 责任校对:彭 涛
责任印制:肖 兴 / 封面设计:无极书装

科 学 出 版 社 出版
北京东黄城根北街 16 号
邮政编码:100717
http://www.sciencep.com

北京画中画有限公司 印刷
科学出版社发行 各地新华书店经销

*

2018 年 9 月第 一 版　开本:787×1092　1/16
2018 年 9 月第一次印刷　印张:16 1/4
字数:385 000

定价:198.00 元
(如有印装质量问题,我社负责调换)

作者简介

陈存根，男，汉族，1952年5月生，陕西省周至县人，1970年6月参加工作，1985年3月加入中国共产党。先后师从西北林学院张仰渠教授和维也纳农业大学Hannes Mayer教授学习，获森林生态学专业理学硕士学位（1982年8月）和森林培育学专业农学博士学位（1987年8月）。西北农林科技大学教授、博士生导师和西北大学兼职教授。先后在陕西省周至县永红林场、陕西省林业研究所、原西北林学院、杨凌农业高新技术产业示范区管委会、原陕西省委教育工作委员会、原陕西省人事厅（陕西省委组织部、陕西省机构编制委员会）、原国家人事部、重庆市委组织部、重庆市人民代表大会常务委员会、中央和国家机关工作委员会等单位工作。曾任原国家林业部科学技术委员会委员、原国家林业部重点开放性实验室——黄土高原林木培育实验室首届学术委员会委员、原国家林业局科学技术委员会委员、中国林学会第二届继续教育工作委员会委员、中国森林生态专业委员会常务理事、普通高等林业院校教学指导委员会委员、陕西省林业学会副理事长、陕西省生态学会常务理事、《林业科学》编委和《西北植物学报》常务编委等职务。著有《中国森林植被学、立地学和培育学特征分析及阿尔卑斯山山地森林培育方法在中国森林经营中的应用》（德文）、《中国针叶林》（德文）和《中国黄土高原植物野外调查指南》（英文）等论著，编写了《城市森林生态学》《林学概论》等高等教育教材，主持了多项重大科研课题和国际合作项目，在国内外科技刊物上发表了大量学术文章。曾获陕西省教学优秀成果奖一等奖（1999年）、陕西省科学技术进步奖二等奖（1999年）、中国林学会劲松奖、陕西省有突出贡献的留学回国人员（1995年）和国家林业局优秀局管干部（1998年）等表彰。1999年下半年，离开高校，但仍不忘初心，始终坚持对我国森林生态系统保护、森林生产力提高、森林固碳和退化生态系统修复重建等方面的研究，先后指导培养硕士研究生、博士研究生38名。

留学奥地利维也纳农业大学

与博士导师Prof. Dr. Hannes Mayer（右一）及博士学位考核答辩小组教授合影留念

奥地利维也纳农业大学博士学位授予仪式

1987年8月，获得奥地利维也纳农业大学博士学位

获得博士学位，奥地利维也纳农业大学教授表示祝贺

获得博士学位，奥地利维也纳留学生和华人表示祝贺

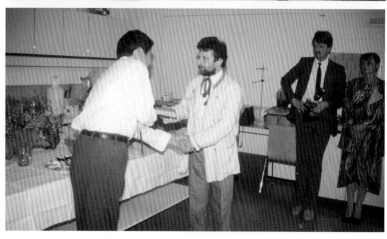

获得博士学位，维也纳农业大学森林培育教研室聚会表示祝贺

留学期间参加同学家庭聚会

留学期间在同学家里过圣诞节

与奥地利维也纳农业大学的同学们合影

与西北农学院（西北农业大学、西北农林科技大学前身）的老师们合影

与西北林学院学科带头人合影

撰写学术论文

在母校西北林学院和导师张仰渠教授亲切交谈

参加课题组学术研讨活动

1987年7月20日~8月1日，参加德国西柏林第十四届国际植物学大会

访问奥地利葛蒙顿林业中心

与德国慕尼黑大学Fisher教授共同主持中德黄土高原水土流失治理项目第一次工作会议

就主持的中德科技合作项目接受电视台采访

奥地利国家电视台播放采访画面

接受国内电视台采访

参加林木病虫害防治课题成果鉴定会议

参加纪念于右任先生诞辰120周年海峡两岸学术研讨会议

参加科技创新报效祖国动员暨先进表彰会议

2002年7月6日,陪同第十一届全国政协副主席(陕西省副省长)陈宗兴(左三)先生考察秦岭火地塘生态定位研究站

2003年6月27日,陪同陕西省省长贾治邦(左四)先生考察秦岭火地塘生态定位研究站

在西北林学院会见到访的外国专家

▲ 野外调查

◀ 指导内业

与中国科学院专家考察陕西长青国家级自然保护区

野外调查沙地柏

陕西秦岭太白山国家级自然保护区远眺

陕西榆林神木臭柏自然保护区远眺

陕西延安黄龙山褐马鸡国家级自然保护区远眺

陪同博士导师Prof. Dr. Hannes Mayer（左二）先生在广西桂林考察

陪同西北林学院教授访问团考察阿尔卑斯山地高山草地保护

考察景观资源利用与植物保护

太白红杉及花序

巴山冷杉及球果

沙地柏及球果

与德国慕尼黑大学Fisher教授探讨物种保护途径

与德国专家探讨极端生境植树种草绿化方案

与德国专家探讨香港人工填海机场绿化方案

高山防雪崩栅栏

坡面网纱防护和植被恢复

道路斜坡防止滑坡和塌方木格栅栏固土种草恢复植被

研究生进行物候期生长观测

研究生野外调查记载

研究生野外采集样品

褐马鸡蛋

冬季褐马鸡觅食

褐马鸡取食地

序 一

陈存根教授送来《森林·环境与管理》书稿请我作序，我初阅书稿后又惊又喜。惊的是我知道陈教授已从政多年，竟然不忘科研初心，专业研究与培养学生没有间断过；喜的是，自己当年看好的青年才俊，一生结出了硕果累累，使我欣慰。

我和陈存根教授是 1990 年在四川成都国际林业研究组织联盟举办的国际亚高山森林经营研讨会上认识的。当时，我是这次在中国举办的国际会议的主持人。他提交的论文正符合大会主题，脉络清晰、观点独到。在野外考察活动中，他对川西的林木和草本很熟悉，能说出拉丁学名。他曾留学奥地利，因此能用流利的英语和德语与外宾交流。他的表现，使我在后来主持国家自然科学基金第一个林学的重大项目"中国森林生态系统结构与功能规律研究"时，毅然把他的团队纳入骨干研究力量。

他师从西北林学院我的好友张仰渠先生，公派到欧洲奥地利学习并获得博士学位，是当时生态学研究领域青年中的佼佼者。当他作为西北林学院森林生态学科带头人，谋划学科发展时，我给予了支持帮助，数次参加过他指导的博士生的毕业答辩。1999 年，得知他被组织安排到杨凌农业高新技术产业示范区管委会工作时，觉得很可惜，认为他将离开会有所建树的科研事业了。

令人宽慰的是，学校为他保留了从事科研和培养研究生的机制，所以后来总能在学术期刊上看到他的署名文章。他后来调到北京工作，后又到重庆等领导岗位，我们都见过几次面，逢年过节，他都给我问候。

他经常送来他指导的博士研究生的毕业论文让我审阅，这些论文涉及面很宽。从秦岭和黄土高原的植被到青藏高原草地植被；从宏观到微观，涉及景观生态学、生态系统生态学、群落学、种群学、个体等各个层面，甚至还涉及森林动物研究；他还有国外来华的留学生。这么多年，他之所以持之以恒地坚持生态学研究，是因为他割舍不下对专业的这份感情和挚爱！

他的书稿就像他的人生阅历，内容丰富、饱满精彩，且有不少独到之处。如通过剖析秦岭主要用材树种生产力特征，为培育大径材、优质材林分，提高森林生产功能、生态功能提供了技术指引；通过分析高山、亚高山森林植被群落学特征，为天然林保护、国家级自然保护区建设和国家森林公园管理提供了科学佐证；通过研究黄土高原植被演替与水土流失关系，为区域水土流失治理和植被生态恢复提供了科技支撑，等等。他的研究工作，学以致用、研以实用，研究成果能直接指导实际生产，产生经济效益、社会效益和生态效益。

他的书稿即将出版，正逢中央大力推进生态文明建设之际。习近平总书记指出，"绿水青山就是金山银山""绿色发展是生态文明建设的必然要求""人类发展活动必须尊重自然、顺应自然、保护自然""要加深对自然规律的认识，自觉以对规律的认识指导行动""广大科技工作者要把论文写在祖国的大地上，把科技成果应用在实现现代化的伟大事业中"。党的十九大报告更是对加快生态文明体制改革，建设美丽中国和促进科技成果转化，建设创新型国家提出了明确要求。当前，我国经济发展的基本特征就是从高速增长阶段转向高质量增长阶段，我国生态建设在新时代也面临提质增效的重大考验。我想，陈存根教授的《森林·环境与管理》丛书出版正当其时，完全符合中央的大政方针和重大部署，所以予以推荐，希望广大科研人员、管理人员、生产人员和读者能从中有所启迪和收益。

是为序。

中国科学院院士
中国林业科学研究院研究员
2018年春于北京

序　　二

对于陈存根先生，我是很早就结识了的。当年国家林业局直属的 6 所林业高等院校分别是北京林业大学、东北林业大学、南京林业大学、中南林学院、西南林学院和西北林学院，我负责北京林业大学的工作，陈存根先生负责西北林学院的工作，我们经常一起开会研讨林业高等教育发展问题。后来，陈存根先生走上从政的道路，先后在杨凌农业高新技术产业示范区管委会、原陕西省委教育工作委员会、原陕西省人事厅、原国家人事部、重庆市委组织部、重庆市人民代表大会常务委员会、中央和国家机关工作委员会等不同的岗位上工作，但我们之间的学术交流和专业探讨从未间断过，所以，也算是多年的挚友了。这次他送来《森林·环境与管理》书稿让我作序，我很高兴，乐意为之，就自己多年来对陈存根先生在创事业、干工作、做研究等方面的了解和感受略谈一二。

我对陈存根先生的第一个印象就是他创事业敢想敢干、思路广、劲头足。西北林学院是当时六所林业高等院校中建校较晚的一个，地处西北边远农村，基础设施、师资配备、科研力量等方面都相对薄弱。陈存根先生主持西北林学院工作后，呕心沥血，心无旁骛，积极争取上级部门的鼎力支持，广泛借鉴兄弟院校的先进经验，大力推动学校的改革发展。他曾多次与我深入探讨林业高等院校的学科设置及未来发展问题，在我和陈存根先生的共同努力下，北京林业大学和西北林学院开展了多方面共建与合作，极大地促进了两个学校的交流和发展。在陈存根先生的不懈努力下，西北林学院的教师队伍、学科设置、学生培养、办学条件等方面都上了一个大台阶，学校承担的国家重大科技研究项目不断增多，国际交流与合作日益广泛，整个学校面貌焕然一新，事业发展日新月异。

我对陈存根先生的第二个印象就是他干工作爱岗敬业、有激情、懂方法。这点还要从中国杨凌农业高新科技成果博览会"走向全国，迈出国门"说起。2000 年初，陈存根先生已经到杨凌农业高新技术产业示范区管委会工作了，他因举办博览会的事宜来北京协调。他对我讲他要向国务院有关部委汇报，要把这个博览会办成国内一流的农业高新科技博览会，办成一个有国际影响力的盛会。当时我感到很惊讶，在我的印象中，这个所谓的博览会原来也就是农村小镇上每年一次主要只有陕西地市参加的冬季农业物资交流会，这要花多大的气力才能达到这个目标啊！但2000年11月博览会的盛况大家都看到了，不仅有十多个国家部委主办和参与支持，同时世界银行、联合国开发计划署、联合国粮食及农业组织、联合国教育、科学及文化组织和欧盟等多个国际机构参与协办，并成功举办了首届国际农业高新科技论坛，杨凌农高会不仅走出了陕西，走向了全国，而且迈出了国门，真正成了中国农业高新科技领域的奥林匹克博览盛会。杨凌——这个名不见经传的小镇，一举成为国家实施西部大开发战略、国家农业高新技术开发的龙头和国家级的农业产业示范区。这些成绩的取得，我认为饱含着陈存根先生不懈的努力和辛勤的付出！

我对陈存根先生的第三个印象就是他做研究精益求精、标准高、重实用。我应邀参加过陈存根先生指导的博士研究生的学位论文审阅和答辩工作，感受到了他严谨缜密的科研态度和求真务实的学术精神。陈存根先生带领的科研团队，对植被研究延伸到了相关土壤、水文、气候及历史人文变迁的分析，对动物研究拓展到了春夏秋冬、白天黑夜、取食繁衍等方方面面的影响，可以说研究工作非常综合、系统和全面。长期以来，他们坚持与一线生产单位合作，面向生产实际需要开展研究，使科研内容非常切合实际，研究成果真正有助于解决生产问题。近年来国家在秦巴山区实施的天然林保护工程、近自然林经营、大径材林培育，高山、亚高山脆弱森林植被带保护，黄土高原水土流失治理与植被恢复重建，以及国家级自然保护区管理和国家森林公园建设等重大决策中，都有他们科研成果的贡献。

我对陈存根先生的第四个印象就是他的科研命题与时俱进、前瞻强、创新好。1987年他留学归来就积极倡导改造人工纯林为混交林、次生林近自然经营等先进理念，并在秦岭林区率先试验推广，这一理念与后来世界环境与发展大会提出推进森林可持续经营不谋而合。他研究林木异速生长规律有独到的方法，我记得当年学界遇到难以准确测定针叶面积问题，陈存根先生发明了仅测定针叶长度和体积两个参数即可准确快捷计算针叶面积的方法，使得这一难题迎刃而解，我们曾就这一问题一块儿进行过深入探讨。他在森林生产力研究方面也很有见地，开发积累了许多测算森林生物量、碳储量的技术方法，建造了系列测算和预测模型，提出了林业数表建设系统思路，这些工作为全面系统开展我国主要森林碳储量测算打下了基础，也为应对全球气候变化、推进国际碳排放谈判、签署《京都议定书》、参与制定巴黎路线图、争取更大经济发展空间、建设人类命运共同体做出了积极贡献。当前，中央大力推进生态文明建设，推动经济发展转型和提质增效。习近平总书记强调，实现中华民族伟大复兴，必须依靠自力更生、自主创新，科学研究要从"跟跑者"向"并行者""领跑者"转变。我想，陈存根先生在科研方面奋斗的成效，真正体现了习总书记的要求，实现了科研探索从学习引进、消化吸收到创新超越的升华。

我仔细研读了送来的书稿，我感到这个书稿是陈存根先生积极向上、永不疲倦、忘我奉献、一以贯之精神的一个缩影。《森林·环境与管理》丛书内容丰富饱满，四个分册各有侧重。《森林固碳与生态演替》分册侧重于森林固碳、森林群落特征、森林生物量和生产力方面的研究，《林木生理与生态水文》分册侧重于植被光合生理、森林水文分配效应等方面的研究，《森林资源与生境保护》分册侧重于森林内各类生物质、鸟类及栖息地保护方面的研究，《森林经营与生态修复》分册侧重于近自然林经营、森林生态修复、可持续经营与综合管理等方面的研究。各分册中大量翔实的测定数据、严谨缜密的分析方法、科学客观的研究结论，对当今的生产、管理、决策以及科研非常有价值，许多研究成果处于国内领先或国际先进水平。各分册内容互为依托，有机联系，共同形成一部理论性、技术性、应用性很强的研究专著。陈存根先生系列著作的出版，既丰富了我国森林生态系统保护的理论与实践，也必将在我国生态文明建设中发挥应有的作用，推荐给各位同仁、学者、广大科技工作者和管理人员，希望有所裨益。

有幸先读，是为序。

中国工程院院士
北京林业大学原校长
2018 年春于北京

自 序

    时光如梭，犹如白驹过隙，转眼间从参加工作到现在已经四十七个春秋。这些年，我曾在基层企业、教育科研、产业开发、人事党建等不同的部门单位工作。回首这近半个世纪的历程，尽管工作岗位多有变动，但无论在哪里，自己也算是朝乾夕惕，恪尽职守，努力工作，勤勉奉献，从未有丝毫懈怠，以求为党、国家和人民的事业做出自己应有的贡献。特别是对保护我国森林生态系统和提高森林生产力的研究和努力，对改善祖国生态环境和建设美丽家园的憧憬与追求，一直没有改变过。即使不在高校和科研院所工作后，仍然坚持指导博士研究生开展森林生态学研究。令人欣慰的是，这些年的努力，不经意间顺应了时代发展的潮流方向，秉持了习近平总书记"绿水青山就是金山银山"的科学理念，契合了十八大以来党中央关于建设生态文明的战略部署，响应了十九大提出的推动人与自然和谐发展的伟大号召。因此，我觉得有必要对这些年的研究工作进行梳理和总结，以为各位同仁做进一步研究提供基础素材，为以习近平同志为核心的党中央带领全国人民建设生态文明尽绵薄之力。

    参加工作伊始，我就与林业及生态建设结下了不解之缘。1970年，我在陕西省周至县永红林场参加工作，亲身体验了林业工作的艰辛，目睹了林区群众的艰难，感受到了国家经济建设对木材的巨大需求，以及森林粗放经营、过度采伐所引起的水土流失、地质灾害、环境恶化、生产力降低等诸多环境问题。如何既能从林地上源源不断地生产出优质木材，充分满足国家经济建设对木材的需求和人民群众对提高物质生活水平的需要，同时又不破坏林区生态环境，持续提高林地生产力，做到青山绿水、永续利用，让我陷入了深思。

    1972年，我被推荐上大学，带着这个思索，走进了西北农学院林学系，开始求学生涯。1982年，在西北林学院张仰渠先生的指导下，我以华山松林乔木层生物产量测定为对象，研究秦岭中山地带森林生态系统的生产规律和生产力，获理学硕士学位。1985年，我被国家公派留学，带着国内研究的成果和遇到的问题，踏进了欧洲著名的学术殿堂——奥地利维也纳农业大学。期间，我一边刻苦学习欧洲先进的森林生态学理论、森林培育技术和森林管理政策，一边潜心研究我国森林培育、森林生态的现实状况、存在的主要问题以及未来发展对策，撰写了《中国森林植被学、立地学和培育学特征分析及阿尔卑斯山山地森林培育方法在中国森林经营中的应用》博士论文，获得农学博士学位。随后，我的博士论文由奥地利科协出版社出版，引起了国际同行的高度关注，德国《森林保护》和瑞士《林业期刊》分别用德文和法文给予了详细推介，并予以很高的评价。世界著名生态学家 Heinrich Walter 再版其经典著作《地球生态学》中，以 6 页篇幅详细引用了我的研究成果，在国际相关学术领域产生了积极影响。

欧洲先进的森林经营管理理念、科学的森林培育方法和优美的森林生态环境，增强了我立志改变我国落后森林培育方式、提高林区群众生活水平和改善森林生态环境的梦想和追求。1987 年底，我分别婉言谢绝了 Hannes Mayer 教授让我留校的挽留和冯宗炜院士希望我到中国科学院生态环境研究中心工作的邀请，毅然回到了我的母校——西北林学院，这所地处西北落后贫穷农村的高校。作为学校森林生态学带头人之一，在此后的 30 多年间，我和我的学生们以秦巴山脉森林和黄土高原植被为主要对象，系统地研究了其生态学特征、群落学特征和生产力，及其生态、经济和社会功能，取得了许多成果，形成了以秦巴山地和黄土高原植被为主要对象的系统研究方法，丰富了森林生态学和森林可持续经营的基础理论，提出了以森林生态学为指导的保护方法，完善了秦巴山地森林经营利用和黄土高原植被恢复优化的科学范式。

在研究领域上，以森林生态学研究为基础，不断拓展深化。一是聚焦森林生态学基础研究，深入探索森林群落学特征、森林演替规律及其与生态环境的关系，如深入地研究了太白红杉林、巴山冷杉林、锐齿栎林等的群落学特征，分析了不同群落类型生态种组、生态位特点，及与环境因子的关系。二是在整个森林生态系统内，研究不断向微观和宏观两个方面拓展。微观方面探索物种竞争、协作、繁衍、生息及与生态环境的关系，包括物种的内在因素、基因特征等相互作用和影响，如分析了莺科 11 属 37 种鸟类的 *cyt b* 全基因序列和 *COI* 部分基因序列，构建了 ML 和 Bayesian 系统发育树。宏观方面拓展到森林生态系统学和森林景观生态学，如大尺度研究了黄土高原次生植被、青藏高原草地生态系统植被的动态变化。三是研究探索森林植被与生态环境之间相互作用的关系，如对山地森林、城市森林、黄土高原植被等不同植被类型的固肥保土、涵养水源、净化水质、降尘减排、固碳释氧、防止污染、森林游憩、森林康养等多种生态、社会功能进行了分析。四是研究森林生态学理论在森林经营管理中的应用，如研究提出了我国林业数表的建设思路，探讨了我国林业生物质能源林培育与发展的对策，研究了我国东北林区森林可持续经营问题，以及黄土高原植被恢复重建的工艺技术，为林业生态建设的决策和管理提供科学依据。

在技术路线和研究方法上,注重引进先进理论、先进技术和先进设备,并不断消化、吸收、创新和应用。一是引进欧洲近自然林经营理论,结合我国林情建立多指标评价体系,分析了天然林和人工林生物量积累的差异性,以及不同林分的健康水平和可持续性,提出了以自然修复为主、辅以人工适度干预的生态恢复策略,为当前森林生态系统修复重建提供了方法路径。二是为提高林木生物量测定精度,对生物量常规调查方法进一步优化,采取分层切割和抽样全挖实体测定技术,以反映林木干、枝、叶、果、根系异速生长分化特征。针对欧洲普遍采用的针叶林叶面积测定技术中存在的面积测定繁难、精度不高的问题,我们创新发明了只需测定针叶长度和体积两个参数即可准确快捷计算针叶面积的可靠方法。三是重视引进应用新技术,如引入了土壤花粉图谱分析技术,研究地质历史时期森林植被发展演替;引入高光谱技术、植物光合测定技术,测定植物叶绿素含量、光合速率,胞间 CO_2 浓度、气孔导度等生理生态指标,分析其与生态环境的关系,深入研究树种光合作用特征和生长环境适应性,为树种选择提供科学依据。四是引入遥感、地理信息系统等信息技术进行动态建模,创新分析技术和方法,使对高寒草地生态系统植被动态变化研究由平面空间上升到立体空间,更加生动地揭示了大尺度范围植被的动态演化特征。

在科研立项上,坚持问题导向,瞄准关键技术,注重结合生产,实行联合协作,积极争取多方支持。一是按照国家科研项目申报指南积极申请科研课题,研究工作先后得到了国家科学技术部、国家林业局、德国联邦科研部、奥地利联邦科研部、陕西省林业厅、陕西省科学技术厅等单位的大力支持,在此深表感谢。二是研究工作与生产实践紧密结合,主动和陕西省森林资源管理局、陕西太白山国家级自然保护区、陕西省宁东林业局、黄龙桥山森林公园、延安市林业工作站、榆林市林业局、火地塘实验林场等一线生产单位合作,面向生产实际需要,使我们的研究工作和成果应用真正解决生产问题。三是加强国际交流合作,先后和德国慕尼黑大学、奥地利维也纳农业大学围绕秦岭山地森林可持续经营和黄土高原沟壑区植被演替规律及水土流失综合治理等进行科技合作,先后有 7 名欧洲籍留学生来华和我的研究生一起开展研究工作。

多年的辛勤耕耘和不懈努力结出了丰硕成果,我们先后在国内外科技刊物上发表或出版学术论文(著)千余篇(部),《中国针叶林》(德文,1999)、《中国黄土高原植物野外调查指南》(英文,2007)等论著相继出版,国际科技合作和学术交流渠道更加通畅。研究成果大量应用于生产实践,解决了生产中许多急需解决的难题,产生了很好的经济效益、社会效益和生态效益。例如，对华山松林、锐齿栎林等主要用材树种生产力的深入研究，为培育大径材、优质材林分，提高森林经济功能、生态功能提供了坚实的技术支撑。对秦岭主要植被类型群落学特征、生态功能和经营技术的研究，为国家在秦巴山脉实施天然林保护工程，发挥其涵养水源功能提供了强有力的理论支撑。对高山、亚高山森林植被的研究，为天然林保护、国家级自然保护区管理和国家森林公园建设提供了充分的科学佐证。对黄土高原植被演替与水土流失关系的研究，为区域水土流失治理和植被生态恢复提供了科学理论和生产技术支撑，等等，这里就不一一枚举。卓有成效的国际学术交流合作也促进了中国、奥地利两国之间友好关系的发展，2001年奥地利总统克莱斯蒂尔先生访华时，我作为特邀嘉宾参加了有关活动。

抚摸着每一份研究成果，当年自己和学生们一起开展野外调查的场景历历在目。当时没有便捷的交通工具，也没有先进的导航仪器，更没有防范不测的野外装备，我们爬陡坡、淌急流，翻山越岭、肩扛背背，将仪器设备、锅碗瓢勺以及帐篷干粮等必需物资运入秦巴山脉深处。搭帐篷、起炉灶，风餐露宿，一待就是数月，进行野外调查。为调查林分全貌和真实状况，手持简易罗盘穿梭密林深处，常常"远眺一小沟，抵近是悬崖"，不慎跌摔一跤，缓好久才爬起来，拄根树枝继续前行。打植被样方，挖土壤剖面，做树干解析，全是手工作业，又脏又累，但绝不草率马虎，始终精细极致。为测定植被生物量和碳储量，手持简陋笨拙的农用工具，伐树、刨根、分类、称重、取样，挥汗如雨，却也顾不得衣服挂破扯烂和手掌上磨出血泡的疼痛。为监测森林水文，顶着大雨疾行抢时间，赶赴森林深处测量林分径流。为观测森林野生动物，悄然进入人迹罕至处，连续数日守望观察。这些野外调查长年累月、夜以继日，每次都是为了充分利用宝贵外出时间，天未亮就做准备工作，晨光熹微已到达现场，漫天繁星才收工返回。头发湿了，上衣湿了，裤子湿了，鞋子湿了，也辨不清挂在额头的是汗水、雾水，还是雨水、露水。渴了，捧一掬山泉，饿了，啃一口馒头，晚上回到营地时，已饥肠辘辘、疲惫不堪，还要坚持整理完一天所采集的全部数据和样本。伴随这些的，是蚊群的围攻、蚂蟥的叮附、野蜂的突袭、毒蛇的威胁，以及与野猪、黑熊、羚牛等凶猛野生动物的不期遭遇。但是，当获取了第一手宝贵的数据，所有的紧张与忙碌、艰辛与疲惫、疼痛与危险，都化作内心深处丝丝的甜蜜、欣慰和喜乐。个中酸甜苦辣，也唯有亲历者方能体会。

这次是对以往研究的主要成果进行汇编，虽然有些文章发表时间较早，但依然不失学术价值，文中大量翔实的测定数据、严谨缜密的分析方法、科学客观的研究结论，对当今的生产、管理、决策以及教学科研仍有参考和借鉴价值，许多研究成果依然处于领先水平。所以，将文章整理编辑成册，方便有关学者、研究人员、管理者、生产者查阅，这既是对我们研究工作的一个阶段性总结，同时，多少能够发挥这些研究成果的作用，造福国家和人民，也是我长久以来的心愿。

本丛书以《森林·环境与管理》命名，共收录论文106篇，总字数150万字。按研究内容和核心主题的侧重点不同，我们将其编辑为四个分册。第一分册为《森林固碳与生态演替》，共收录论文23篇，主要侧重森林固碳、群落特征刻画以及生物量积累和生产力评价方面的研究；第二分册为《林木生理与生态水文》，共收录论文20篇，主要侧重植被光合生理和森林水文分配效应等方面的系统研究成果；第三分册为《森林资源与生境保护》，共收录论文34篇，主要侧重介绍森林内各类生物质能源和鸟类栖息地及其保护的相关研究成果；第四分册为《森林经营与生态修复》，共收录论文29篇，主要介绍与近自然林规划设计、生态修复策略、森林可持续经营与综合管理等有关的研究成果。四部分册有机联系，互为依托，共同形成一部系统性和针对性较强、能够服务森林生态系统经营管理的专业丛书。

本丛书的出版发行得到了科学出版社的大力支持，以及中国林业科学研究院专项资金"陕西主要森林类型空间分布及其生态效益评价"（CAFYBB2017MB039）的资助，同时得到该院惠刚盈研究员的大力支持和热情帮助。本丛书的编辑中，我的研究生龚立群、彭鸿等37位学生给予了大力协助，白卫国、卫伟不辞劳苦，做了大量琐碎具体工作。正是学生们的通力协作，本丛书最终得以成功出版，在此一并予以衷心感谢。但限于时间仓促，错讹之处在所难免，恳请各位同仁不吝赐教、批评指正。

陈存根
2017年底于北京

前　言

森林资源是林地及其所处环境有机体的总称，是地球上最重要的自然资源之一。不仅能为各类动植物提供优质的生境与栖息地，还可作为重要的天然基因库和生物质能资源库、为人类生产生活和经济社会发展提供包括林木、果实和药材在内的林产品和原材料，同时也是人类重要的旅游观光、休闲游憩和健康疗养地。深入开展森林资源与生境保护的综合研究，对于科学开发利用绿色资源、合理保育森林资产、有效维持生物多样性、促进人与自然和谐发展等均有重大的现实意义。

鉴于此，本书以森林资源和生境保护为主题，系统收录了团队多年来发表的 34 篇相关论文。主要围绕重要的森林动植物资源及其栖息地开展调查研究、并探讨了有效的保护策略和先进的开发利用技术。囊括了以下几个方面的关键内容：①重要植被资源——砂地柏生理生态学特性对不同干旱生境的响应和适应、砂地柏栽培优化技术及其体内杀虫与抗癌药用成分的提取利用；②区域适地适树调查、飞播林群落分类与生境关系及珍稀濒危植物种质资源的离体快速繁殖技术；③以建设城市森林为目标的彩叶植物树种种质资源库分析及其绿地生境评价；④以莺科鸟类和褐马鸡为典型代表的森林动物资源发育特征分析及其栖息地保护与恢复研究。

研究中采用多种先进的技术设备和分析方法，取得了以下重要进展与发现：基于大量文献的综述集成和科学的研究分析，系统阐述了旱生植被沙地柏的生理生态适应机制，样方法和称重法测定结果显示不同生境间沙地柏地上各器官生物量存在显著性差异，但根量无显著差异，因此可用茎枝量间接反映根量动态；超临界 CO_2 萃取技术、高效液相色谱仪（HPLC）和二元随机重复试验的结果表明，不同生境中沙地柏茎中鬼臼素含量无显著差异，而叶中有显著差异，且叶中鬼臼素含量明显高于茎，该发现为药物资源开发利用提供了依据；采用离体培养技术和分子系统学方法，对莺科部分属的基因序列进行了发育分析，为保护和繁殖濒危动植物资源提供了新思路；基于样带、样线和样方等野外调查技术，定量分析了褐马鸡对不同生境的偏好和选择模式，发现其生境选择在不同季节有不同规律，主要与气候、食物条件、隐蔽条件和水源有关，为森林典型动物资源的栖息地和物种多样性保护提供了依据。

本书的出版得益于所有署名作者的辛苦努力，在此对他们表示衷心感谢。希望本书能为从事森林资源管理、种群生态学、生物科学和林业技术等相关领域的工作人员提供参考。但限于时间和作者水平，疏漏乃至错讹之处在所难免，恳请各位读者不吝赐教。

陈存根
2018 年 1 月于北京

目　　录

秦巴山区油松飞播林群落分类及其生境关系分析 ……………………………………… 1

秦岭表土的花粉分析 ……………………………………………………………………… 7

砂地柏的生物生态学及其开发利用 ……………………………………………………… 13

榆林沙区砂地柏生物量与生境之间的关系研究 ………………………………………… 21

不同生境和年龄沙地柏茎叶中鬼臼毒素含量的 SFE-HPLC 分析 ……………………… 29

RP-HPLC 法同时测定沙地柏中三种鬼臼毒素类化合物的含量 ………………………… 35

叉子圆柏——新变种 ……………………………………………………………………… 41

蒲城县张家山地区适地适树调查 ………………………………………………………… 42

城市绿色植物的生境评价及对策 ——以西安市为例 ………………………………… 45

西安市彩叶植物种类及应用调查 ………………………………………………………… 52

珍稀濒危植物距瓣尾囊草组织培养 ……………………………………………………… 59

基于线粒体基因 *cyt b* 和 *COI* 的莺科部分鸟类系统发育 ……………………………… 64

陕西延安黄龙山褐马鸡自然保护区鸟类资源调查 ……………………………………… 84

陕西黄龙山林区褐马鸡春季觅食地选择 ………………………………………………… 93

陕西黄龙山自然保护区冬季褐马鸡取食生境的选择 …………………………………… 101

陕西黄龙山自然保护区褐马鸡春季栖息地的选择 ……………………………………… 108

陕西延安黄龙山自然保护区褐马鸡冬季栖息地选择 …………………………………… 116

陕西黄龙山林区褐马鸡春季夜栖地选择 ………………………………………………… 123

陕西黄龙山自然保护区褐马鸡冬季夜栖地选择的研究 ………………………………… 129

陕西黄龙山自然保护区褐马鸡育雏期取食地选择 ……………………………………… 135

陕西黄龙山林区褐马鸡繁殖季节中午卧息地选择 ……………………………………… 142

陕西黄龙山自然保护区褐马鸡夏季沙浴地的选择 ……………………………………… 150

陕西黄龙山自然保护区冬季褐马鸡沙浴地选择 ………………………………………… 158

Seasonal changes in the ranging area of Brown-eared pheasant and its affecting factors in
　　Huanglong Mountains，Shaanxi Province …………………………………………… 166

Winter foraging habitat selection of Brown-eared pheasant (*Crossoptilon mantchuricum*) and the common pheasant (*Phasianus colchicus*) in Huanglong Mountains, Shaanxi Province ··· 178

微地形改造的生态环境效应研究进展 ·· 191

陆地格局与地表过程对天然降雨的响应研究进展 ··· 201

Waldbauliche Beurteilung der standortsheimischen Baumarten Fichte (*Picea wilsonii*) und Lärche (*Larix chinensis*) im Qinling-Gebirge, Shaanxi-Provinz, Volksrepublik China ···· 210

Waldbauliche Beurteilung der Kiefernwälder (*Pinus tabulaeformis*) sowie Kiefernmischwälder im mittleren Qinling-Gebirge Shaanxi Provinz, VR China ··· 211

Waldbauliche Beurteilung der sekundären Tsuga chinensis Laubmischwälder im Qinling Gebirge in der Provinz Shaanxi der V.R. China ··· 212

Waldbauliche Beurteilung der Birken-, Tannen- und Lärchen Wälder am kleinen Taibai Shan im Qinling-Gebirge, Shaanxi Provinz, Volksrepublik China ·································· 213

Entwicklung eines waldbaulichen Behandlungskonzeptes für Gebirgswälder im Qinling-Gebirge / VR China ·· 214

Picea schrenkiana-Wälder in Nordwest-China und deren Naturschutzprobleme ············· 215

Waldbauliches Behandlungskonzept für Picea schrenkiana Wälder im Tien-Shan-Gebirge Volksrepublik China ··· 217

秦巴山区油松飞播林群落分类及其生境关系分析

陈存根　王关平

摘要

本文根据28块标准地和68株解析木资料的初步研究表明，秦巴山区油松飞播林群落由168种维管植物组成，分属62科109属，低恒有度的偶见种、稀有种较多。根据群落组成和聚类分析结果，秦巴山区油松飞播林划分为2个林型组8种林型。群落的NMDS排序表明，影响秦巴山区油松飞播林生产力的首要因子是土层厚度，其次是光照、水分。

关键词：秦巴山区；油松；飞播林；林型；聚类分析

飞机播种（简称飞播）造林是一种新型造林方法，其投资少、见效快、规模大，尤其在人迹罕至的边远山区和资金、劳力缺乏的地区，更具有迅速恢复植被、改良生态环境、实现贫困山区脱贫致富的功能。因而，飞播造林技术经过几十年的试验和大面积推广，已取得显著成效。

秦巴山区飞播造林开始于20世纪70年代初期，主要树种为油松、侧柏、华山松、云南松、漆树等，涉及汉中、安康、商洛3市、20多个县（区），面积达60多万公顷。飞播林区播前多为缺柴少林的荒山荒坡区和退耕的农业区，水土流失严重。因此，这一地区的飞播林不仅可为工农业生产提供木材，而且在改善生态环境，防止水土流失和涵养水源方面具有非常重要的作用。但是，现有的飞播林因资金缺乏，经营技术落后，致使幼林因杂草灌木竞争激烈，生长衰弱缓慢，迟迟不能郁闭成林；已经郁闭的林分由于密度过大，个体良莠不齐，分化严重，已严重影响到材积的增长。因此，选择秦巴山区飞播面积最大的油松林作为研究对象，探讨其群落特征及演替规律，对丰产栽培集约经营尤其是优质大径材培育技术集成与经营管理水平提高具有一定的科学指导意义。

1　研究区域概况

秦巴山区油松飞播林呈片块状分布于秦岭南坡及巴山山地的宁强、勉县、城固、西乡、紫阳、平利、丹凤和洛南，海拔1000~1450m的山脊两侧和山坡中上部。因秦巴油松飞播林横跨3个地区10多个县，笔者根据其分布情况，分别在汉中市宁强县阳平关区尖峰岭播区、勉县褒联区牛头山播区和商洛市丹凤县寺坪区流岭播区设立调查样地和固定标地进行调置。尖峰岭播区和牛头山播区代表秦巴山地西区降雨量在 1000mm 左右、土层较厚、高大山体上的飞播林，流岭播区可代表秦岭东区降雨量在 650mm 左右、土层较薄、中低山区和丘陵区的油松飞播林，调查区自然概况见表1。

表1 调查区自然概况表

调查区	经度	纬度	年均温（℃）	年降水量（mm）	无霜期（d）
丹凤县	110°07′E～110°40′E	33°21′N～33°57′N	13.8	687.4	217
勉县	106°21′E～106°57′E	32°53′N～33°58′N	14.2	841.3	237
宁强县	105°20′E～106°35′E	33°27′N～34°12′N	12.9	1178.0	247

2 研究方法

2.1 样地设置与野外调查

按年龄、密度、群落类型、海拔、坡向、坡度等因素，在 1993 年 5～6 月、1994 年 5～8 月和 1995 年 5 月，于以上地区共设立 28 块固定标准地，标准地面积 0.03～0.04hm^2。

北亚热带针叶林最小取样面积为 300m^2，研究地普遍位于北亚热带及其与暖温带的交界处，因此，乔木层调查取样的最小面积定为 300m^2。在标准地内量测每株油松的胸径、树高，每隔 5 株量测一株树木的冠幅和枝下高，每径级选伐一株标准木，要求树干匀称，无枯梢断头现象，未被人工打枝或打枝极轻的林内木，测量其枝下高、冠幅、胸径和树高，然后伐倒测量其每年的树高生长量，并进行树干解析，计算出胸径、树高、材积的平均生长量、连年生长量和总生长量。其他乔木树种只记录种名、胸径和树高。

采用巢状样地技术确定灌木层和草本层调查的取样面积。通过绘制灌木层种-面积曲线确定灌木层取样面积为 200m^2。在调查样地内记录每株灌木种名，测量其平均高、株（丛）冠幅和株（丛）数。通过绘制草本层种-面积曲线确定草本层调查样地最小面积为 3.5m^2，因此，在灌木层调查样地内，随机设置 4 个 1m^2 次级样方，逐一登记各草本植物的种名，用 Braun-Blanquet 多度-盖度级和群聚度调查方法目估其盖度和群聚度。

2.2 数据处理

根据样地调查资料，排列各个种在样地中的盖度值，按公式：种的恒有度 = 种出现的样地数/样地总数计算出各个种的恒有度。为了使划分的群落更易辨认，更具实际意义，剔除稀有种和偶见种。

群落类型划分 对保留的下木活地被物种的盖度分别进行赋值，对赋值后的数据组成的矩阵进行标准化处理，目的是消除过多的零值对聚类结果的影响。利用经标准化处理的各个植物种在各个样地上的盖度数值，用欧氏距离系数 $D_{ij}=(\sum(X_{ik}-X_{jk})^2)^{1/2}$（其

中 X_{ik} 和 X_{jk} 分别为第 i 个种和第 j 个种在第 k 个样地的盖度值）计算样地间的相似系数，然后用 Ward 最小方差聚类方法进行聚类分析。

3 结果与分析

3.1 群落分类与生境特点

秦巴山区油松飞播林群落由 168 种维管植物组成，分属 62 科 109 属，其中乔木种类 4 种，即锐齿槲栎（*Quercus aliena* var. *acutiserrata*）、亮叶水青冈（*Fagus lucida*）、化香树（*Platycarya strobilacea*）、秦岭木姜子（*Litsea tsinlingensis*）。林下层主要由旱生-中生植物组成，如绣线菊属、胡枝子属、忍冬属、蔷薇属等，在较高海拔可见到竹子和蕨菜为优势种的林下层植物。草本层以禾本科、菊科、莎草科和毛茛科等为主。在潮湿阴坡海拔 1200m 左右可见到盖度达 5%的苔藓层，主要有扁平棉藓（*Plagiothecium neckeroideum*）、大灰藓（*Hypnum plumaeforme*）和羽枝青藓（*Brachythecium plumosum*）3 种藓类。

在欧氏距离系数 2.38 水平上将秦巴山区飞播油松林划分为 2 个林型组 8 种林型，群落类型聚类结果如图 1 所示。

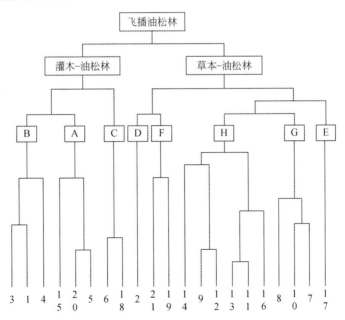

A. 盐肤木-油松林　B. 绣线菊-油松林　C. 竹子-油松林　D. 黄被草-油松林
E. 白茅-油松林　F. 喜冬草-油松林　G. 蕨菜-油松林　H. 薹草-油松林

图 1　秦巴山区油松飞播林群落聚类分析图

灌木-油松林林型组

A. 盐肤木-油松林：分布于阳坡上部，土壤较厚，坡度较大，郁闭度 0.8，林木生长中等水平,平均胸径 6.4cm,平均树高 6.8m,蓄积量 30m^3/hm^2。优势灌木为盐肤木(*Rhus semialata*),盖度达 20%;其次为马桑(*Coriaria sinica*)、牛奶子(*Elaeagnus umbellatus*)和双盾木(*Dipelta floribuuda*)。草本很少,黄背草(*Themeda triandra*)、白茅(*Imperata cylindrica*)、大火草(*Anemone tomentosa*)、东北堇菜(*Viola mandshurica*)、大披针薹草(*Carex lanceolata*)、狼尾草(*Pennisetum alopecuroides*)、贝加尔唐松草(*Thalictrum baicalense*)等仅呈零星分布。

B. 绣线菊-油松林:分布于阳坡中下部,土壤较厚。林木生长优良,18 年时平均胸径 6.8cm,平均树高 6.3m,蓄积量 71.5m^3/hm^2,是培育大径材的理想林分。乔木层伴生有少量化香树。灌木层华北绣线菊(*Spiraea fritschiana*)、绣球绣线菊(*S. blumei*)占优势,盖度达 50%以上。草本较少,仅在林缘、林窗处有黄背草和白茅分布,盖度不超过 5%。

C. 竹子-油松林:分布于阴坡、半阴坡上部和山脊上,土壤深厚肥沃,22 年时平均树高 6.3m,平均胸径 7.8cm,蓄积量 75.18m^3/hm^2。优势灌木为箭竹(*Fargesia spathacea*),其次为假豪猪刺(*Berberis soulieana*)、托柄菝葜(*Smilax discotis*)、牛奶子等。草本很少,仅有少量蕺菜(*Houttuynia cordata*)。因为长年受风的干扰,林木干形很差。

草本-油松林林型组:草本层发达,盖度在 20%以上,几乎没有灌木层。

D. 黄背草-油松林:分布于阳坡上部,干旱,光照充足,土层较薄,地面上堆积着厚达 10cm 的死地被物,分解较差。林分郁闭度 0.6,林木分化程度较轻,油松生长良好,18 年生平均胸径 6.8cm,平均树高 6.5m,蓄积量 98.51m^3/hm^2。乔木层伴生锐齿槲栎。灌木层不明显。草本层有黄背草、白茅、大火草(*Anemone tomentosa*)和地榆(*Sanguisorba officinalis*)等,黄背草为优势草本,呈丛状覆盖于地表。

E. 白茅-油松林:分布于阳坡上部近山脊处,土层深厚,光照充足,林龄较小,是近年在未经整地的荒草坡上飞播而成的油松幼林,群落尚处于发育初期。没有灌木层,喜光性的先锋草本旺盛生长,白茅占绝对优势,成大面积垫状分布,伴生有类白穗薹草(*Carex polyschoenoides*)、东北堇菜、点地梅(*Androsace umbellatus*)、华北鸦葱(*Scorzonera albicaulis*)、苦荬(*Ixeris polycephala*)。

F. 喜冬草-油松林:分布于山脊或近山脊处,光照充足,干旱,土层深厚,枯落物层厚,林木分布均匀,干型良好,大径级木占 1/3 左右,22 年生林木平均胸径 8.7cm,平均树高 8.5m,蓄积量 154.06m^3/hm^2,为相应地区所见生长最好、品质最优的油松飞播林。乔木层无任何伴生树种,灌木层偶见假豪猪刺、托柄菝葜。草本发达,喜冬草(*Chimaphila japonica*)、建兰(*Cymbidium ensifolium*)等呈株(丛)出现。

G. 蕺菜-油松林:位于阴坡下部,临近沟底溪流,生境阴湿,土层深厚。因处于沟底,林分郁闭度大,林内光照差,林木分化严重,径级离散度高达 2.0,林分生产力高,22 年生平均胸径 8.4cm,平均树高 7.7m,蓄积量 130.42m^3/hm^2。秦岭木姜子幼苗幼树,盖度达 10%。草本层发达,蕺菜占绝对优势,成平铺垫状分布,盖度达 30%以上,其次有天南星(*Arisaema consanguineum*)、大火草、长叶头蕊兰(*Cephalanthera longifolia*)、细叶百合(*Lilium tenuifolium*)等。

H. 薹草-油松林：分布于阴坡、半阴坡中上部，土层浅薄肥力差，生境阴暗潮湿，枯落物层厚7～10cm，分解水平一般。母质为砾质黄土，土壤剖面上有石灰结核，表层30cm以内土壤疏松，腐殖质含量高，颜色暗黄，石灰结核较少，通气透水性能好；往下渐变为黄色、沙砾、石灰结核增多，由于土壤紧实，林木根系均较浅，水平根系较其他类型多。郁闭度0.8，17年生平均胸径6.7cm，平均树高5.4m，蓄积量87.48m³/hm²。灌木层缺乏，偶见已濒临枯死的马桑、托柄菝葜、牛奶子等，草本层有龙须草（*Eulaliopsis binata*）、类白穗薹草、大披针薹草、崖棕（*Carex siderosticta*）和中华抱茎蓼（*Polygonum amplexicaule* var. *sinense*）等，薹草为优势草本，草本层总盖度小于5%。此林型在林地质量较好处变为薹草-松栎混交林，栎类主要为锐齿槲栎，盖度达20%～40%，与油松成混交状态。

3.2 群落排序

秦巴山区油松飞播林群落随环境复合梯度的变化，在下木活地被物种类组成、外貌等方面均存在显著差异，这些差异可以通过对群落进行排序予以说明。

以秦巴山区油松飞播林群落的下木地被物盖度值为原始矩阵，经标准化处理后再计算样地间的欧氏距离矩阵，经对比选择合适的初始值后进行NMDS排序，结果见图2。

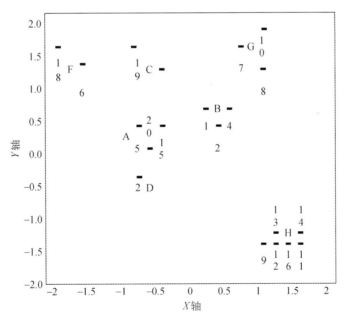

A. 盐肤木-油松林　B. 绣线菊-油松林　C. 竹子-油松林　D. 黄背草-油松林
E. 白茅-油松林　F. 喜冬草-油松林　G. 蕨菜-油松林　H. 薹草-油松林

图2　秦巴山区油松飞播林群落与土壤水分、土层厚度关系图

排序的X、Y轴分别反映了群落随土壤水分、土层厚度增加的分布情况。薹草-油松林和蕨菜-油松林多分布于较湿润的立地上，但是薹草-油松林土层薄，生产力低，而蕨

菜-油松林土层深厚，生产力高。绣线菊-油松林土壤水分和土层厚度都比较适中，林分生产力较高。盐肤木-油松林和黄背草-油松林的土壤都比较干旱，因此林分生产力处于中等水平，虽然喜冬草-油松林土壤也比较干旱，但因为其土层深厚，林分生产力高。土层厚度对秦巴山区油松飞播林生产力的影响要强于土壤水分。

4 结论

秦巴山区油松飞播林可划分为 2 种林型组：灌木-油松林林型组、草本-油松林林型组和 8 种林型：盐肤木-油松林、绣线菊-油松林、竹子-油松林、黄背草-油松林、白茅-油松林、喜冬草-油松林、蕨菜-油松林、薹草-油松林。

影响秦巴山区飞播林生产力的首要因子是土层厚度，其次是光照、水分。

秦岭表土的花粉分析*

赵先贵　肖　玲　陈存根　毛富春

摘要

对秦岭 9 个不同海拔高度、7 种不同类型植被下表土的花粉分析结果表明：秦岭各种类型植被下表土的花粉组合基本反映了相应的植被组成；松属花粉在秦岭散布的距离较远，表土中很高的花粉含量与植被组成中松的数量间缺乏相关性；在总的花粉产量中，相当数量的花粉是原地降落，如板栗、落叶松和冷杉等；冷杉花粉的代表性较低，传播距离很近，冷杉林下冷杉花粉仅占草本和木本花粉总量的 19.5%，占木本的 21.7%。

关键词：秦岭；表土；植被；花粉分析

现代花粉组合与其植被间的关系，是解释第四纪化石花粉谱的理论依据。由于各种植物花粉的产量不等，散播能力不同，保存能力有异，以及由于地理位置、地形条件等环境因素的影响，使植被与其所产生的花粉组合间的关系十分复杂。表土中的花粉，代表了近几年来花粉雨的平均值，故较能客观地反映花粉与植被间的关系[1-5]。为配合秦岭地区第四纪化石花粉图谱的解释及森林植被发展史的研究，笔者对秦岭不同植被下的表土样品进行了花粉分析。

1　材料及方法

研究区选在秦岭南坡，海拔跨度为 1000~3000m，植被有落叶松（$Larix$）林、桦木（$Betula$）林、冷杉（$Abies$）林、沼泽植被、针阔叶混交林、松桦栎混交林、松栎林 7 种类型。在不同植被类型中选 20m×20m 大小的样方，调查植被组成，在样方内多点采集用于花粉分析的苔藓样品。共选取 9 个样方。

由于各类植物在植被中所占的比例与它产生的各类花粉数量的比例不一致，有时其至相差很大，因此用百分含量统计法，即某种植物花粉在花粉总数或部分花粉数量（如木本植物或草本植物）中所占的百分比，推断古植被时难以做出正确的结论。1963 年，

---

* 原载于：西北林学院学报，1999，14（1）：1-5.

Davis 将此问题提高为花粉分析中的理论课题,并引进了校正系数的概念,简称 R 值[6]。本文引用的校正系数,用 $R=P/V$ 表示,式中 R 为某种植物的校正系数;V 为该植物在植被中所占的百分比(用覆盖率计算);P 为该植物花粉的百分含量。

如果 $R=1$ 时,则表示花粉百分含量与其母体植物在植被中所占百分比一致,最具有代表性,可直接用这个数量恢复母体植物在植被中的数量。如果 $R>1$ 时,说明花粉的百分含量大于母体植物的数量,具超代表性。当 $R<1$ 时,说明花粉的百分含量小于其母体植物的数量,表明代表性不足,称低代表性。

所采集的苔藓样品在实验室内用蒸馏水冲洗,将冲洗下来的沉积物用 5%的氢氧化钠煮沸 3min,用水洗净氢氧化钠后,再用比重 2.2 的重液浮选 2 次,浮选后杂质较多时,用氢氟酸处理。浮选出的有机物和花粉用醋酸酐分解。以百分统计法计算木本、草本及各种植物花粉在木本和草本花粉总数量中所占的百分比。

2 结果与分析

各种植被类型的组成成分及花粉组合特征按植被类型叙述如下(图 1)。

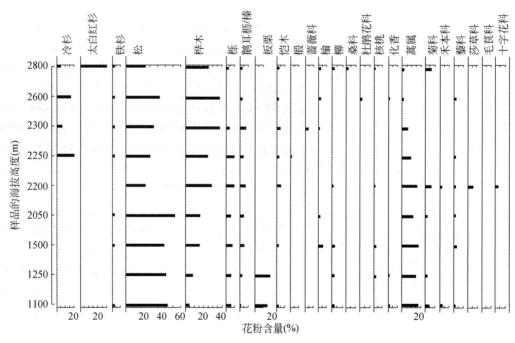

图 1 秦岭表土花粉百分比图谱

2.1 落叶松林

该植被在秦岭南坡分布于海拔 2800~3400m。样方取自宁西林业局附近的秦岭梁顶,海拔 2800m,地理位置为北纬 33°47′,东经 108°22′(样方 1)。植被组成以太白红杉（*Larix chinensis* Beissn.）为主（覆盖度 70%，下同），其次是巴山冷杉（*Abies fargesii* Franch.，15%）、牛皮桦（*Betula albo-sinensis* Burk. var. Septentrionalis Schneid.，10%）及铁杉［*Tsuga chinensis*（Franch.）Pritz.，3%］等。灌木以蔷薇科（Rosaceae，30%）、忍冬科（Caprifoliaceae，15%）及杜鹃花科（Ericaceae，10%）为主。草本以菊科（Compositae，10%）和禾本科（Gramineae，8%）为主。花粉组合中木本植物花粉占 91.5%，其中落叶松 28.85%，桦 24.95%，松（*Pinus*）20.3%，冷杉 5%，栎（*Quercus*）2.6%，铁杉 2.3%，柳（*Salix*）1.4%，桤木（*Alnus*）1.1%。草本花粉占 8.5%，以菊科和蒿属（*Artemisia*）为主。该植被下几种植物的 R 值为：落叶松 0.5，桦 2.5，冷杉 0.3，铁杉 0.8。

2.2 桦木林

包括牛皮桦林和红桦林，在秦岭南坡牛皮桦林分布于海拔 2400～3100m，红桦（*Betula albo-sinensis* Burk.）林分布于海拔 1900～2600m。在桦木林下选取了 2 个样方（样方 2 和样方 3）。样方 2 位于北纬 33°47′，东经 108°22′，海拔 2600m；植被组成以牛皮桦为主（55%），其次是冷杉（35%），混有少量太白红杉及铁杉（各占 5%），灌木以蔷薇（15%）和杜鹃（10%）较多，草本以菊科（15%）、毛茛科（Ranunculaceae，7%）为主；花粉组合中木本植物花粉占 98.3%，其中桦占 36.9%，冷杉 15.8%，松 36.5%，杜鹃 2.1%，落叶松 1.2%，铁杉 0.8%，桤木 1%，草本花粉占 1.7%，以蒿和藜科（Chenopodiaceae）为主；该样点的 R 值为：桦 0.7，冷杉 0.5。

样方 3 位于北纬 33°48′，东经 108°22′，海拔 2300m，植被组成以红桦为主（50%），其次为冷杉（20%）、栎（7%）、铁杉（5%）、鹅耳枥（*Carpinus*，5%）、榛（*Corylus*，5%）等，灌木以杜鹃（15%）、蔷薇（8%）和忍冬科（5%）较多；表土中木本花粉占 93.7%，其中桦占 36.7%，松 30.8%，冷杉 5.4%，榛 4.8%，蔷薇 3.6%，栎 3.2%，铁杉 2.9%，桤木 2.7%，椴 0.9%，草本花粉占 6.3%，以蒿属和菊科为主；该样点的 R 值为：桦 0.7，冷杉 0.3，栎 0.5，铁杉 0.6。

2.3 冷杉林

分布于南坡海拔 2000～3300m，集中分布于海拔 2800m 以上地区，在 2800m 以下，主要以小群聚（或群落片段）散居于桦木林之中。

样方 4 选自海拔 2250m，位于北纬 33°45′，东经 108°15′，植被以冷杉（75%）为主，其次为桦（10%）、栎（10%）、铁杉（2%）、椴（1%）和鹅耳枥等，灌木主要由蔷薇科（10%）和杜鹃花科（8%）组成，草本有菊科（10%）、百合科（Liliaceae，8%）和毛茛科（5%）等；表土中木本花粉占 89.9%，其中松占 27.4%，桦 24.8%，冷杉 19.5%，栎 7.9%，桤木 2.5%，铁杉 2.2%，榛 1.9%，鹅耳枥 1.3%，椴（*Tilia*）、核桃（*Juglans*）、杜鹃和蔷薇各占 0.6%，草本花粉占 10.1%，以蒿、菊科和藜科为主。该样点的 R 值为：冷杉 0.3，桦 2.8，铁杉 1.1，栎 0.8。

2.4 沼泽植被

样方 5 取自海拔 2200m 处，为一山间盆地形成的沼泽地，位于北纬 33°44′，东经

108°15′，草本以禾本科占优势（30%），其次为菊科（25%）、莎草科（Cyperaceae，20%）、十字花科（Cruciferae）、鸢尾科（Iridaceae）和伞形科（Umbelliferae）（各占5%），木本仅有极少量的柳树，盆地周围长有桦（30%）、冷杉（10%）、栎（9%）和落叶松（3%）等；花粉组合中木本花粉占69.3%，其中桦占28.4%，松21.7%，栎8.2%，榛4.4%，桤木3%，冷杉和铁杉各占0.7%，落叶松和核桃分别为0.5%，草本占30.7%，其中蒿16.1%，菊科6.8%，莎草5.2%，十字花科1.8%，禾本科1.6%。该样点的R值为：桦1.1，冷杉0.1，栎0.9。

2.5 针阔混交林

样方6位于北纬33°42′，东经108°13′，海拔2050m。植被组成以桦较多（30%），伴有杨柳科（20%）、槭、落叶松、冷杉、铁杉、栎、松（各占5%）、鹅耳枥和椴（各占3%）等；灌木有卫矛科（Celastraceae，7%）、蔷薇科（5%）、忍冬科（5%）等；表土中木本植物花粉占85.4%，其中松占53.2%，桦15.6%，冷杉2.6%，铁杉2.8%，栎、鹅耳枥各占2.7%，榆1.2%，榛1%，槭0.4%，落叶松和椴各占0.2%；草本花粉占14.6%，以蒿（11.7%）和菊科（2.1%）为主。该样点的R值为：桦0.5，冷杉0.5，铁杉0.6，松10.6。

2.6 松桦栎混交林

样方7取自北纬33°40′，东经108°12′，海拔1500m。植被以松（25%）、桦和栎各占（20%）为主，混有杨（Populus）、槭、椴、鹅耳枥、榆、铁杉及冷杉（各占5%）等；灌木以绣线菊（Spiraea）、六道木（Abelia）和胡枝子（Lespedeza）为主（各占5%）。表土中木本植物花粉占81.5%，以松（42.2%）和桦（15.4%）为主，其次是栎5.7%，榆4.4%，铁杉2.6%，榛、柳各占2.2%，冷杉1.8%，桤木1.3%；草本花粉占18.5%，以蒿、黎和菊科为主。该样点的R值为：松1.7，桦0.8，栎0.3。

2.7 松栎林

该植被下选取了2个样方。样方8位于北纬33°38′，东经108°09′，海拔1250m。植被以松（30%）、板栗（Castaneamollissima Bl.，20%）和栎（20%）占绝对优势，伴生有核桃、柳、榆等，灌木及草本种类繁多。花粉组合中木本植物花粉占83.2%，以松（44.5%）、板栗（17.8%）和栎（5.2%）为主，其次是核桃1.7%，柳1.3%，榛1.2%，鹅耳枥1%，铁杉0.8%，榆、桤木各0.3%，冷杉0.2%；草本花粉占16.8%，以蒿、菊科、禾本科和黎科为主。该样点的R值为：松1.5，板栗0.9，栎0.3。

样方9位于北纬33°35′，东经108°08′，海拔1100m。植被以松（30%）、栎（20%）和板栗（15%）占绝对优势，其次是核桃、柳、铁杉（各占5%），桦、榆、榛、鹅耳枥和桤木（各占3%）等，灌木及草本种类繁多。花粉组合中木本植物花粉占76.3%，以松（45.5%）、板栗（13.6%）和栎（5.1%）为主，其次是桦3.5%，化香（Platycarya）2.1%，铁杉1.9%，柳1.3%，冷杉1.1%，桤木0.8%，落叶松0.8%，核桃0.3%；草本植物花粉占23.7%，以蒿、菊科、禾本科为主。该样点的R值为：松1.5，板栗1.1，栎0.3。

3　结论与讨论

从秦岭 9 个不同海拔高度，7 种不同类型植被下表土的花粉分析结果可以得出以下结论。

1) 秦岭各种类型植被下表土的花粉组合基本反映了相应的植被组成。落叶松林下落叶松花粉含量占 28.8%；桦木林下桦属花粉含量平均为 36.8%，占绝对优势；冷杉林下冷杉花粉占 19.5%；山地沼泽植被的花粉组合中，草本占 30.7%，其中的乔木花粉组合代表了周围邻近的植被特征；松桦林下以松和桦的花粉占优势；松栎林下以松、板栗和栎的花粉占绝对优势。

2) 松属花粉在各种植被下均有出现，百分含量均较高，这与松林在秦岭的实际分布不一致。松属在秦岭分布的有华山松（*Pinus armandii* Franch.）、油松（*P. tabulaeformis* Carr.）和马尾松（*P. massoniana* Lamb.）3 种，华山松分布于海拔 1400~2300m，油松分布于 1000~2200m，马尾松分布于南坡 1000m 以下。华山松和油松实际上主要分布于海拔 2000m 以下，6 号样方（2050m）中仅有极少量的松，直至海拔较低的 7 号样方（1500m）中松才大量出现，但仍没有形成纯林，而是与桦和栎形成混交林。在花粉组合中，6 号和 7 号样方的松花粉含量很高，分别为 53.2%和 42.2%；即是在海拔 2800m 的落叶松林下，松花粉占 20.3%，居第 3 位，而样方周围连一棵松树也看不到。童国榜等的研究显示，无松的呼伦贝尔草原表土中松花粉占 12.2%~21.3%[7]。李文漪等认为，纯松林植被中松花粉占 90%以上，无松地段的含量一般在 30%以下；在神农架一缺少松树的原始阔叶落叶林中，由于距这个群落边界以外 200 m 的不同坡向上有松树分布，松花粉含量高达 55.5%[8]。本研究中，秦岭地区表土中松花粉的 R 值很高，波动于 1.5~10.6，花粉具有超代表性，说明松花粉在秦岭地区散布的距离较远，产量高，表土中很高的花粉含量与植被组成中松的数量间缺乏相关性。

3) 在总的花粉产量中，相当数量的花粉是原地降落。如板栗花粉只出现在有板栗林的松栎林下；落叶松也主要出现在生长有落叶松的植被下。

4) 冷杉的花粉较特殊，在冷杉占绝对优势的冷杉林下，其花粉的含量仅占花粉总量的 19.5%，占木本的 21.7%，其 R 值只有 0.1~0.5，说明冷杉花粉的代表性很低，这符合多数研究者认为当冷杉花粉含量超过 20%时，就可认为有冷杉纯林存在的观点[9]。另外，虽然冷杉花粉具有气囊，但其散布的范围很小。5 号样方与冷杉林植被相邻，两者海拔相差仅 50m，相距仅有 100m 左右，但在其中冷杉花粉仅占 0.7%。说明冷杉花粉不仅产量低，不易保存，而且花粉降落速度快，传播能力弱。通过实验测得冷杉花粉的降落速度为 38.17cm/s，约为松花粉的 10 倍，可能飞翔的速度仅为松的 1/10，不易飞翔[10]。

5) 秦岭地区不同类型植物花粉的 R 值相差很大。$R>1$ 有松、桦，$R<1$ 的有冷杉和落叶松；$R=1$ 的有板栗和铁杉。此外，还有一些花粉 R 值变化较大，如栎花粉的 R 值在 0.3~0.9 波动。根据 Faegri 和 Iversen 的资料，栎属花粉的 R 值约为 2[11]，而孙湘君和吴玉书得出的 R 值不足 0.1[1]，由此可见，栎属花粉的 R 值变化较大，有待进一步研

究证实。

参 考 文 献

[1] 孙湘君, 吴玉书. 长白山针叶混交林的现代花粉雨. 植物学报, 1988, 30 (5): 549-557.
[2] 吴玉书, 孙湘君. 昆明西山林下表土中花粉与植物间数量关系的初步研究. 植物学报, 1987, 29 (2): 204-211.
[3] 翁成郁, 孙湘君. 西昆仑地区表土花粉组合特征及其与植被的数量关系. 植物学报, 1993, 35 (1): 69-79.
[4] 刘光秀. 神农架大九湖地区表土孢粉分析. 西北植物学报, 1990, 10 (2): 170-175.
[5] 于革, 韩辉友. 南京紫金山现代植被表土孢粉的初步研究. 植物生态学报, 1995, 19 (1): 79-84.
[6] Davis M B. On the theory of pollen analysis. American Journal of Science, 1963, 261 (10): 897-912.
[7] 童国榜, 羊向东, 王苏民, 等. 满洲里-大杨树一带表土孢粉的散布规律及数量特征. 植物学报, 1996, 38 (10): 814-821.
[8] 李文漪, 姚祖驹. 表土中松属花粉与植物间数量关系的研究. 植物学报, 1990, 32 (10): 943-950.
[9] 陈承惠, 林绍孟. 西安一钻孔剖面第四纪孢粉组合与古气候初步分析//中国第四纪研究委员会. 第三届全国第四纪学术会议文集. 北京: 科学出版社, 1982: 139-141.
[10] 王开发, 王宪曾. 孢粉学概论. 北京: 北京大学出版社, 1983: 8-10.
[11] Faegri B, Iversen J. Textbook of Pollen Analysis. Oxford: Blackwell Scientific Publications, 1975: 19-71.

砂地柏的生物生态学及其开发利用*

何 军 李广泽 陈利标 陈存根 张 兴

摘要

砂地柏是中国西北干旱沙区的一种重要灌木,对该区生态环境保护具有重要作用。该植物也是中国北方城市的一种重要园林绿化树种。近年来,中国还发现该植物是一种优秀的杀虫植物,并对其杀虫作用进行了较为系统的研究。对砂地柏生境与分布、生长繁殖特点、抗旱机理等生物生态学特性及栽培造林技术进行了较为系统的综述,总结、回顾了中国利用砂地柏进行沙漠治理、园林建设和植物源农药开发方面的进展和成就,并重点探讨、分析了开发砂地柏农药中的植物资源与生态问题。在此基础上,参照国内外开发植物资源和发展"沙产业"的理论成果与实践经验,提出可持续综合开发利用该植物的设想和展望。

关键词:砂地柏;生物生态学;植物源农药;综合开发

砂地柏(*Sabina vulgaris* Ant.)为柏科圆柏属常绿匍匐灌木,亦称沙地柏、叉子圆柏、臭柏、新疆圆柏及爬地柏等,常雌雄异株,稀雌雄同株[1,2]。国外则多以 *Juniperus sabina* Linnaeus 为其学名,也曾用 *Sabina officinalis* Garcke、*Juniperus arenaria* 等,记录有3个变种[3]。

砂地柏是西北干旱、半干旱沙区的一种重要"乡土树种",对该地区生态维护具有重要意义[4]。该植物也是北方城市园林建设的一种新型绿化树种[5,6]。尤为重要的是,砂地柏也是中国首先发现并报道的一种优秀杀虫植物,具有较大的开发利用前景[7]。因此,对其利用价值和研究开发现状的分析,具有重要的生产和科学研究参考价值。

植物资源开发中首先要解决的问题是:长期社会生态效益与短期经济效益之间的矛盾,这一矛盾同样也是砂地柏植物资源综合开发利用的首要问题。笔者在多年对中国西北地区砂地柏植物资源调研及其作为植物农药资源研究的基础上,提出对该植物进行综合开发。笔者对其生物生态学特性、栽培造林技术进行回顾和总结,在此基础上分析、探讨砂地柏植物源农药开发利用的资源及生态问题,并提出了可持续综合开发利用该植物的设想和展望。

---

* 原载于:中国农学通报,2006,22(10):365-369.

1 生物生态学特性

1.1 生境与天然分布

砂地柏适生范围较广,主要分布在温带大陆性干旱、半干旱地区。原产于克罗地亚,广泛分布在欧洲南部和中部地区、高加索山、远东和西伯利亚等地[8]。在中国主要分布在西北、华北地区的干旱石质山坡,天然生长于新疆阿尔泰山和天山山区的亚高山地带,宁夏贺兰山、香山、罗山,青海东北部,甘肃祁连山北坡及古浪、景泰及靖远县,陕西神木、榆林及横山县,内蒙古贺兰山、阴山西段及蛮汉山等地。除山地外,还可生长于固定、半固定沙丘上,内蒙古毛乌素沙地和浑善达克沙地均有分布,其中毛乌素沙地的砂地柏集中成片分布,面积约 261.7km^2 [9, 10]。

1.2 生长与繁殖

砂地柏兼有营养繁殖和有性繁殖两种繁殖方式,因而其种群可通过无性更新和有性更新实现维持[11]。在自然条件下以营养繁殖为主,靠匍匐枝条触地生长,经覆沙后生出大量的不定根,进而抽出新枝来繁衍和扩大灌丛[12]。砂地柏也可以进行天然种子更新,但极为困难[13, 14]。

自然状态下,砂地柏于 3~4 月间开始生长,7~8 月间达到生长高峰,8 月以后生长速度下降,10 月中下旬停止生长,生长季内仅有一个峰值[9, 10, 15]。砂地柏生长以匍匐枝延长为主,新梢生长受不定根活力、覆沙厚度、降水量、立地条件、土壤水分条件等诸多因子的影响[16]。雄球花于前一年 8 月出现,雌球花于当年 4 月下旬至 5 月初出现,5 月上中旬为盛花期,随后转入果期,球果三年成熟,多含两粒种子[15]。

1.3 生理特性

砂地柏在高纬度地区残酷的沙漠和山地生态环境中生长良好,表现出优秀的抗寒、耐旱、耐贫瘠、耐盐碱和抗风蚀沙埋等特性。砂地柏的叶退化为鳞片状和刺状,有较厚角质层,紧贴枝干,气孔少而下陷,束缚水含量高,叶及小枝水势、蒸腾速率和光合速率较低,持水力、临界饱和亏和水分利用效率高,这些特征均与其抗旱性能密切相关[17-20]。根系深度可达 2m,细根极多,对水分的敏感性高于叶和茎,根面积指数会随着土壤含水量的增大而增大,不同土层的根系可共享水分,具有提水作用潜力,这些特征有利于利用有限的土壤水分[21, 22]。砂地柏雌雄株在叶结构和功能、气体交换和水分特征等方面的差异性对其种群适应性和繁衍具有重要意义[23, 24]。

2 砂地柏育苗和造林技术

砂地柏在沙漠治理、盆景制作和园林绿化等方面巨大的开发利用前景促使人们对其繁殖和造林技术进行了深入研究,自 20 世纪 70 年代[25]以来有大量文献对此进行了报道，目前已基本建立了成熟、规范的种苗繁殖和沙地造林技术，并在实践中得以成功应用。

砂地柏人工繁殖多以扦插育苗为主，该技术解决了大量繁殖苗木时种源不足的困难，同时缩短了育苗周期，成为一条繁殖快，成本低，易操作的捷径[26-29]。生产上选用 3~5 年生枝条在整个生长季进行硬枝扦插，可获得很高的成活率[27]。全光雾[30]、温棚容器[31, 32]扦插育苗技术用于砂地柏繁殖，可进一步提高成苗率、缩短苗期、降低成本，是值得推广应用的新技术。

砂地柏造林可以利用直接压条或育苗移栽等多种方式。在半干旱沙区雨季和秋季育苗移栽造林可获得 70%左右的成活率和保存率，三年后新梢生长量达到天然臭柏群落的生长量[33]。在年降水量 500mm 以上、海拔 1300~1500m 的高寒地区草甸沙地和阳坡山脚下，春季进行直接压条造林，成活率可达 80%以上[28]。因而，在沙区营造砂地柏人工林是完全可行的，但必须严控苗木质量、确定适宜的种植密度、避免风蚀、做好幼林管护工作，才能保证造林成功。

3 开发利用途径

3.1 在沙漠生态治理中的地位与作用

砂地柏通过沙埋后生成不定根，克隆形成密集群落成片分布，显著改善沙区土壤结构及群落生态环境，其抗风蚀、保水、固沙、改土及改善环境能力均较强，防风固沙效果比一般灌木树种更为优越[34]。砂地柏群落下层出现枯枝落叶层，土壤剖面发育较好，有机质及细粒物质较多，使湿度增加、温度波动减小，出现了苔藓、地衣和一些喜湿的林下和林缘植物[35]。

通过保护和栽植防风固沙植物，改善沙地土壤、生态环境，是进行沙漠治理的主要途径。砂地柏对维护中国沙区生态环境起着十分重要的作用，它是毛乌素沙地的唯一常绿灌木树种。近年来，通过建立砂地柏自然保护区，以及人工扩大种植，使砂地柏生态建设作用得到充分发挥。如 20 世纪 80 年代在陕北神木县建立的砂地柏自然保护区，约有 7000hm² 的天然林，且每年以 130hm² 以上的速率递增。内蒙古自治区在鄂尔多斯市乌审旗境内建立规划面积 30 000hm² 的砂地柏及其生境的保护区。

3.2 城市园林绿化树种

砂地柏四季常青，整株深绿色，枝条柔软而易于造型，枝型优美、飘逸，似龙游形，观赏效果较好；耐贫瘠，易繁殖，生长粗犷，栽培成本低，适生范围广，尤其在中国北方城市，更是一种不可多得的城镇绿化、园林栽培、盆景布设、生篱培育、美化环境的珍贵树种[6]。20 世纪 90 年代，砂地柏曾一度成为绿化紧俏树种，巨大的经济利益驱动当地农民大量采伐种条，造成砂地柏自然资源严重破坏，笔者 2005 年在神木县臭柏自然保护区调研时曾在多处见到为了保护天然砂地柏群落而建的瞭望台。一些欧洲、美洲国家将砂地柏作为观赏植物的历史可能更为悠久，并且选育出园艺性状和观赏价值更高的 Blue Danube、Broadmoor、Monard 等多个栽培品种，有的申请了专利保护。

3.3 砂地柏农药开发

砂柏杀虫作用的研究始于西北农林科技大学无公害农药研究服务中心，张兴等人[36]在对西北地区杀虫植物的广泛筛选中首先发现并报道了其优异的杀虫作用。随之对其杀虫活性、作用方式及作用机理、活性成分的分离鉴定及构效关系、制剂配方等进行了系统深入的研究。砂地柏种子及茎叶溶剂提取物对小菜蛾、菜青虫、黏虫、棉铃虫、玉米象、赤拟谷盗等重要农业害虫均具有较高生物活性[37-41]，尤其是砂地柏精油成分对家蝇、蚊子等卫生害虫及菜青虫、黏虫、棉铃虫、温室白粉虱、二斑叶螨等农业害虫均具有较强熏蒸毒杀活性[42-44]。从砂地柏非精油部分分离、鉴定出鬼臼毒素、脱氧鬼臼毒素等主要活性成分[45, 46]，从精油中分离得到熏蒸杀虫主成分松油烯-4-醇[47]。对上述几种化合物的杀虫活性、作用机理和构效关系的研究表明，他们均具有较大研究开发潜力。

砂地柏植物源杀虫制剂产品研发也取得了较大的进展。分别以砂地柏粗提物、鬼臼毒素和脱氧鬼臼毒素为主成分，配制出了可湿性粉剂、乳油制剂和微乳剂等多种达到中国农药登记要求的制剂产品[48]。以砂地柏精油为主成分，研制出多种杀虫气雾剂产品，尤其是砂地柏精油与其他植物精油的复配制剂，其挥发效率和药效均得到了较大程度的提高，具有较大应用前景[49]。对砂地柏主要杀虫活性物质鬼臼毒素及其制剂产品进行了系统地环境生态安全性评价，采用酶免疫分析技术研究了他们的环境行为，表明在水系、不同土壤、不同光照条件下基本无残留；并且研究表明他们对鱼、蝌蚪、鹌鹑、家蚕、蜜蜂、蚯蚓、瓢虫等环境生物及保护对象无明显不良影响[50-53]。

多年研究结果表明，砂地柏农药具有活性谱广、高效、无残留、对非靶标生物及环境安全等优点，为一新型植物源无公害农药，极具产业化开发前景。西北农林科技大学无公害农药研究服务中心将已有研究成果在中国申请了 6 项新农药发明专利，其中 3 项已获得授权（http://www.cnpatent.com/index.jsp）。

3.4 其他用途

砂地柏茎叶内含有丰富的油脂，茎枝质地坚硬，易燃烧，热值高[54]；且生长迅速，生物量大于一般灌木树种，是一种优秀的薪炭林树种[55]。

砂地柏四季常青，枝叶体内富含多种养分，营养丰富，羊、驼食后可刺激食欲，且能杀死肠道寄生虫，是一种上好的家畜饲料。尤其是在沙区青黄不接的冬春季节，砂地柏更是沙区家畜主要的反季饲料[56]。

4 砂地柏农药开发中的资源问题

直接利用植物提取物进行农药产品开发，或将其与常规化学农药或其他生物农药进行增效复配加工，在近一段时期内仍将是中国植物源农药产业化开发的主要途径。国内有学者认为：植物源农药研究应以探索活性先导物为主进行间接开发[57]；也有学者提出,直接开发利用植物粗提物比将有效成分提纯加工更有前景[58]。笔者根据国际生物农药发展趋势及国内现状,结合多年的研究开发经验,提出植物源农药研究开发应从直接开发与间接开发两条途径同时着手。砂地柏农药的产业化开发中利用可迅速再生的种子和修剪枝条为原料,基本上不存在资源和成本的限制,所以直接利用可能是更经济、快捷的开发途径。

利用砂地柏种子和修剪枝条进行植物源农药生产,基本上不会造成现有植物资源的破坏,也不会影响其繁殖和再生。砂地柏种子在自然资源再生、治沙造林和园林建设上基本无用。适度剪除2年生以下枝条可促进当年生枝的生长和生物量积累[59],春秋两季修剪整形是砂地柏育林的重要抚育管理措施。这些2年生以下的枝条也不适用于育苗[15],不能妥善处理势必造成资源的浪费。笔者在研究中发现,砂地柏枝叶和种子中均具有较强的杀虫、抑菌活性。利用砂地柏种子和修剪枝条进行植物源农药生产,不但不会造成资源破坏,反而开发了这些在砂地柏林业、园林建设和自然资源扩大、再生中基本无用的植物资源的经济价值,所以说这是一个一举双赢的开发途径。

砂地柏植物源农药的产业化综合开发利用在一定程度上可以促进砂地柏人工生态经济林的营建和维护,使其在沙漠治理中的功能得到更加充分的发挥,进而推动西部干旱、半干旱地区的生态建设。中国沙漠化土地整治必须本着生态效益、经济效益和社会效益统一的目标,贯彻适度利用与多项互补的生态原则,把防治与利用寓于一体[31]。研究和合理开发利用砂地柏天然林和人工林的经济价值,不但可促进沙漠产业发展,而且在一定程度上可以推动沙漠治理进程,使砂地柏植物源农药综合开发的经济效益、生态效益和社会效益得到全面统一的体现。

5 结语与展望

以砂地柏农药产业开发为起点,促进砂地柏大面积推广与种植,在西部广大干旱、半干旱区营建砂地柏人工生态经济林,同时保护、开发砂地柏天然林的经济价值,通过优化生态环境辐射带动其他农林牧业发展,形成颇具特色的砂地柏综合产业,将是对砂地柏这一优秀的治沙植物资源保护、开发和利用的一条较优策略。

国际上对印楝的综合开发为我们提供了最好的借鉴。印楝属楝科植物是世界公认的优秀杀虫植物,国际上已成功地种植印楝用于治理生态环境[60]。1987年,美国救济机构在尼日尔中部狂风暴地区种植了一条560km长的印楝防风林带,保护了3000hm^{2}以上耕地。1992~1997年引入非洲的印楝如今已成为治理撒哈拉沙漠南部地区的重要树种。砂地柏与印楝有许多相同的特性,因此,我们对砂地柏的综合开发,完全可以借鉴国际上对印楝开发的成功经验,使其成为中国优秀的"农药-生态"植物资源。

对砂地柏的综合开发利用也应遵循国内外发展"沙产业"的理论成果与实践经验,建立市场经济条件下产业结构和经营模式,并协调处理好与沙区其他产业之间的关系,这一方面的工作将大大丰富中国发展"沙产业"的理论和实践[61,62]。

就目前的研究现状而言,发展以砂地柏为主体的"沙产业"极需开展以下几方面的工作:①系统考察、调研中国砂地柏种质资源及其自然分布,开展优良品种人工筛选和培育工作，综合比较、分析各品种农艺性状、治沙能力及农药活性，筛选、培育出可满足不同开发利用要求的优良品种；②加快砂地柏植物源农药产业化开发进程，从产品结构、生产技术与规模、应用技术等多个方面逐步完善其作为一种优秀农药植物资源的生产经营和市场开发；③开展天然林保护技术研究，提出天然林保护和人工复壮技术规程，提出优质丰产生态林建设模式，并进行大面积工程示范和推广；④结合中国实际情况，开展砂地柏产业系统的经济学研究，建立市场经济条件下宏观经济调控模型。针对上述问题，笔者呼吁政府部门、企业及各界专家、学者共同关注和参与，合作攻关，对砂地柏进行可持续综合开发，以使这一优秀的"农药-生态"植物资源在发展中国"沙产业"中做出应有的贡献。

参 考 文 献

[1] 中国科学院中国植物志编辑委员会. 中国植物志第七卷. 北京：科学出版社，1978：359-360.

[2] 刘瑛心. 中国沙漠植物志（第一卷）. 北京：科学出版社，1985：6-7.

[3] Farjon A. The taxonomy of multiseed junipers（*Juniperus* sect. *Sabina*）in southwest Asia and East Africa（taxonomic notes on Cupressaceae I）. Edinburgh Journal of Botany，1992，49（3）：251-283.

[4] 魏凤国. 中国珍稀固沙造林树种沙地柏采种、育苗、造林的初步调查报告. 内蒙古林业科技，1980，（3）：8-12.

[5] 赵正龙，刘培华. 适宜北方地区的常绿绿篱树种——臭柏. 陕西林业科技，1983，（1）：69-71.

[6] 孙丽华，李保卫. 西北地区生态园林重要树种——叉子圆柏. 内蒙古农业大学学报（自然科学版），2002，23（3）：120-121.

[7] 张兴，付昌斌，高聪芬，等. 新杀虫植物砂地柏研究进展. 西北农业大学学报，1995，23（4）：53-57.

[8] Yu Y F，Fu L K. Notes on gymnosperms II. New taxa and combinations in *Juniperus*（Cupressaceae）and *Ephedra*（Ephedraceae）from China. Novon：A Journal for Botanical Nomenclature，1997，7（4）：443-444.

[9] 张国盛，董智，王林和. 臭柏生物生态学特性及生长繁殖的研究综述. 内蒙古林学院学报（自然科学版），1997，19（2）：69-75.

[10] 张国盛. 毛乌素沙地臭柏生态生理特性及其群落稳定性. 北京：北京林业大学博士学位论文，2004.

[11] 何维明. 为什么自然条件下沙地柏种群以无性更新为主. 植物生态学报，2002，26（2）：235-239.

[12] 王林和，张国盛，隋明杰，等. 毛乌素沙地臭柏不定根发生特性的研究. 林业科学，2002，38（5）：156-159.

[13] Wesche K，Ronnenberg K，Hensen I. Lack of sexual reproduction within mountain steppe populations of the clonal shrub *Juniperus sabina* L. in semiarid southern Mongolia. Journal of Arid Environments，2005，63（2）：390-405.

[14] 王林和，张国盛，董智. 毛乌素沙地臭柏种子产量及更新的初步研究. 林业科学，1998，34（6）：105-112.

[15] 苏世平，李兰晓. 沙地柏生物学和生态学特性研究. 西北林学院学报，1987，2（2）：29-39.

[16] 王林和，董智，张国盛. 毛乌素沙地天然臭柏群落新梢生长规律的研究. 内蒙古林学院学报（自然科学版），1998，30（3）：15-21.

[17] Dong X J, Zhang X S. Special stomatal distribution in *Sabina vulgaris* in relation to its survival in a desert environment. Trees, 2000, 14: 369-375.

[18] Dong X J, Zhang X S. Some observations of the adaptations of sandy shrubs to the arid environment in the Mu Us Sandland: leaf water relations and anatomic features. Journal of Arid Environments, 2001, 48 (1): 41-48.

[19] 温国胜, 张国盛, 张明如, 等. 干旱胁迫条件下臭柏的气孔蒸腾与角质层蒸腾. 浙江林学院学报, 2003, 20 (3): 268-272.

[20] 周锋利, 宋西德, 齐高强, 等. 臭柏抗旱生理特性研究. 西南林学院学报, 2005, 25 (3): 1-4.

[21] 张国盛, 王林和, 李玉灵, 等. 毛乌素沙地臭柏根系分布及根量. 中国沙漠, 1999, 19 (4): 378-383.

[22] 何维明. 水分因素对沙地柏实生苗水分和生长特征的影响. 植物生态学报, 2001, 25 (1): 11-16.

[23] He W M, Zhang X S, Dong M. Gas exchange, leaf structure, and hydraulic features in relation to sex, shoot form, and leaf form in an evergreen shrub *Sabina vulgaris* in the semi-arid Mu Us Sandland in China. Photosynthetica, 2003, 41 (1): 105-109.

[24] 何维明, 张新时. 砂地柏雌株与雄株的叶结构和功能比较. 云南植物研究, 2002, 24 (1): 64-67.

[25] Schmidt G. New methods for propagation by summer cuttings of certain *Juniperus* spp. and [broadleaved] evergreens. Kerteszeti Egyetem Kozlemenyei, 1974, 37 (5): 71-85.

[26] Chong C, Richer-Leclerc C, Gonzalez J E. Research on woody plant propagation at Mac Donald College. Cahier des Journees Horticoles Ornementales, 1981: 232-241.

[27] 张鸿昌, 王金先. 沙地柏扦插育苗技术. 林业科技通讯, 1992, (7): 19-21.

[28] 张国盛, 李玉灵, 王林和, 等. 半干旱地区臭柏造林初步研究. 内蒙古林学院学报（自然科学版）, 1999, 21 (1): 21-25.

[29] 周锋利, 宋西德, 张永, 等. 臭柏扦插育苗技术. 陕西林业科技, 2004, (1): 91-92, 94.

[30] 梁俊梅, 郝玉英. 全光雾扦插育苗技术. 内蒙古林业, 2001, (3): 26-27.

[31] 陈文宏, 付志芬. 臭柏温棚容器扦插育苗技术. 陕西林业科技, 2004, (1): 93-94.

[32] 魏晓玲. 沙地柏大棚容器扦插育苗技术. 青海农林科技, 2004, (4): 58, 62.

[33] 崔岩, 鲁艳华, 戴继先, 等. 沙地柏春季压条造林技术研究. 河北林业科技, 2002, (6): 8-9.

[34] 李云章, 李春和, 王林和. 臭柏生长与更新特征初探. 内蒙古林学院学报（自然科学版）, 1996, 18 (4): 1-5.

[35] 张国盛, 高润宏, 王林和, 等. 毛乌素沙地臭柏群落结构和生物多样性组成研究. 内蒙古农业大学学报, 2001, 22 (4): 88-91.

[36] 张兴, 冯俊涛, 陈安良, 等. 砂地柏杀虫作用研究概况. 西北农林科技大学学报（自然科学版）, 2002, 30 (4): 130-136.

[37] 余向阳, 高聪芬, 张兴. 砂地柏果实提取物杀虫活性初探. 西北农业大学学报, 1999, 27 (2): 55-59.

[38] 刘建宏, 王东昌, 张兴, 等. 砂地柏提取物对粘虫和玉米象取食、存活及繁殖的影响. 吉林农业大学学报, 2000, 22 (4): 45-47.

[39] 付昌斌, 张兴. 砂地柏果实提取物对棉铃虫生长发育的影响. 西北农业大学学报, 1998, 26 (1): 8-12.

[40] 王兴林,杨崇珍,崔婧芳,等. 10 种植物提取物对棉铃虫生长发育的影响. 西北农业大学学报,1996,24(6):99-102.

[41] 刘建宏,段立超,张兴,等. 砂地柏提取物对棉铃虫生长发育的影响初探. 吉林农业大学学报,2000,22(2):34-37.

[42] 高聪芬,张兴. 砂地柏精油的熏蒸杀虫活性初探. 南京农业大学学报,1997,20(3):50-53.

[43] 侯华民. 植物精油的杀虫活性及熏蒸机理研究. 杨凌:西北农林科技大学硕士学位论文,1998:27-29.

[44] 陈根强. 砂地柏精油主成分松油烯-4-醇杀虫作用研究. 杨凌:西北农林科技大学硕士学位论文,2001:21-38.

[45] 余向阳. 砂地柏果实中杀虫活性成分的分离及生物活性研究. 杨陵:西北农业大学硕士学位论文,1997:25-38.

[46] 王继栋,田暄,张兴. 砂地柏叶中鬼臼毒素的分离与鉴定. 西北农业大学学报,2000,28(6):25-29.

[47] 魏红梅. 几种植物精油的熏蒸杀虫作用及其活性成分研究. 杨凌:西北农林科技大学硕士学位论文,2000:30-43.

[48] 周一万. 植物源杀虫剂鬼臼毒素微乳剂及其复配制剂研究. 杨凌:西北农林科技大学硕士学位论文,2004:23-31.

[49] 张保华. 砂地柏精油增效气雾剂研制. 杨凌:西北农林科技大学硕士学位论文,2004:20-32.

[50] 徐敦明. 植物源杀虫物质鬼臼毒素的酶免疫分析及环境安全性研究. 杨凌:西北农林科技大学博士学位论文,2005:121-124.

[51] 徐敦明,李飞,冯俊涛,等. 几种植物源提制品对鱼的毒性与安全性评价. 农药学学报,2004,6(3):89-92.

[52] Xu D M, Yu X Y, Liu Y Q, et al. Synthesis and identification of antigenic conjugates of podophyllotoxin. Acta Pharmaceutica Sinica,2005,40(6):518-524.

[53] 徐敦明,马志卿,冯俊涛,等. 毒死蜱和鬼臼毒素胁迫对蔬菜上海青抗氧化酶系及丙二醛的影响. 农业环境科学学报,2004,23(6):1089-1092.

[54] 孙立达,朱金兆. 水土保持林综合效益研究与评价. 北京:中国科学技术出版社,1995:137-159.

[55] 张国盛. 毛乌素沙地臭柏生态生理特性及其群落稳定性. 北京:北京林业大学博士学位论文,2004:5-7.

[56] 张明中,朱序弼. 固沙保土常绿针叶灌木——臭柏扦插育苗试验初报. 中国沙漠,1984,4(2):49-56.

[57] 陈万义,王明安. 对我国植物源农药研究中几个问题的思考. 杨凌:第二届全国植物农药暨第六届药剂毒理学术讨论会,2001.

[58] 张兴,李广泽,马志卿,等. 试论"农药无公害化". 西北农林科技大学学报(自然科学版),2002,30(3):130-136.

[59] 何维明. 沙地柏对除叶干扰的生理和生长响应. 应用生态学报,2001,12(2):175-178.

[60] 徐汉虹,张志祥,程东美. 植物源农药与农业可持续发展. 科技导报,2002,(7):42-44.

[61] 马世威,马玉明,姚洪林,等. 沙漠学. 呼和浩特:内蒙古人民出版社,1998:417.

[62] 刘恕. 纪念钱学森建立沙产业理论十周年文集. 北京:中国科学技术出版社,1995:120.

榆林沙区砂地柏生物量与生境之间的关系研究

曹雪峰　何　军　陈　艳　陈存根　李广泽　张　兴

摘要

采用样方和称重法对我国陕西榆林沙区丘间低地（A），固定沙地阳坡（B），固定沙地阴坡（C），沙丘顶部（D），半流动沙地阳坡（E），半流动沙地阴坡（F）6种不同生境砂地柏生物量进行了调查测定，用SAS软件对数据进行了分析。结果表明：①平均树高和物种丰富度是描述地上生物量的主成分，坡向是影响地上生物量的主导生态因子；不同生境间砂地柏地上及地上各器官生物量都存在显著性差异；不同生境生物量大小顺序为：E>B>F>C>A>D，叶是地上生物量中最主要的组成部分。②不同生境间砂地柏根量无显著性差异，但不同土层、不同径级根量除3～5mm根系外其余均存在显著性差异；0～80cm土层是砂地柏根量居集最大的土层，占总根量的76.32%～97.83%，根径<1mm的根量最大，平均约占总根量的38.10%，根径为5～7mm的根量最少，平均仅占4.26%。③用茎枝量可间接反映根量的动态变化。

关键词：砂地柏；生物量；生境；榆林

砂地柏（*Sabina vulgaris* Ant.）为柏科（Cupressaceae）圆柏属常绿匍匐灌木，少数为乔木，亦称叉子圆柏、双子柏、爬柏、臭柏[1]，是我国西北干旱、半干旱沙区一种重要的治沙"乡土树种"[2]，也是北方城市生态园林建设的一种新型绿化树种[3,4]，同时是一种新发现的高效杀虫植物[5]。因此，砂地柏植物资源保护及其合理开发利用倍受人们关注。

近年来，随着林木全树综合利用的发展，生物量的研究越来越受到林业工作者的重视。生物量是反映生态系统中能量动态和储存的基本指标，是生态系统经营者和生态学家最关心的问题之一[6]。但是对砂地柏生物量的研究，特别是不同生态环境与砂地柏生物量的关系的研究却未见报道。本文试图从砂地柏生物量角度研究其不同生境条件天然林生态系统中能量动态和物质的积累情况，从而为充分揭示砂地柏的适应性机理，为科学地制定砂地柏人工林营造技术与经营措施以及天然林资源保护和综合开发利用提供

---

* 原载于：西北林学院学报，2006，21（4）：18-22.

科学依据。

1 材料与方法

1.1 样地调查

2005年5月在陕西榆林神木县大保当臭柏自然保护区选择了6种不同立地类型（生境），并分别设置10m×10m的样地各3块，调查各样地砂地柏的平均树高、平均地径、盖度、物种丰富度等指标[7]。

1.2 地上生物量调查与测定

将各样地分为4个5m×5m大小的样方，分别收割每个样方右下角1m×1m内砂地柏植物的地上部分，并分为叶，一级侧枝（枝）和支持茎（茎）三部分，分别烘干（85℃下烘96h）称重。

1.3 地下生物量（根量）调查与测定

在各样地灌丛边缘约1m处挖100cm宽，100cm深的土壤剖面，每个剖面从外到内，从左到右，从上到下每20cm土层内取土柱（20cm×20cm×20cm）3个，用土壤筛除去沙土，拣出砂地柏植物根系，冲洗、晾晒后烘干（85℃下烘96h）称重，并用游标卡尺测量各径级根系，按径级<1mm、1～3mm、3～5mm、5～7mm、>7mm分类，再分别称量各径级根系重量。

1.4 数据统计与分析

试验数据采用EXCEL和SAS 8.1软件进行统计分析，用DUNCAN新复极差法进行差异显著性检验[8]。

2 结果与分析

2.1 地上生物量分析

2.1.1 主成分分析及相关因子分析

样地调查结果见表1。用平均树高、平均地径、盖度、物种丰富度4个指标对地上生物量进行主成分分析（表2），结果表明平均树高和物种丰富度对地上生物量的贡献率最大，占86.05%，是描述砂地柏地上生物量的主成分。各成分主次地位依次为：平均树高>物种丰富度>盖度>平均地径。选择坡向、坡度、海拔高度3个生态因子对地上生物量作相关分析（表3），结果表明影响地上生物量的主导生态因子为坡向，达显著水平（$P<0.05$），坡度和海拔高度对地上生物量有一定影响，但均不显著，按影响地上生物量

大小的顺序排序各生态因子依次为：坡向>坡度>海拔高度。

表1 样地调查结果表

地貌类型	生境			平均树高（cm）	平均地径（cm）	盖度（%）	物种丰富度
	坡向	坡度（°）	海拔高度（m）				
丘间低地	—	—	1159	53.3	2.110	85	11
固定沙地	阳坡	33	1163	61.4	2.310	90	7
固定沙地	阴坡	24	1184	56.7	1.920	90	8
沙丘顶部	—	—	1172	48.1	1.880	80	7
半流动沙地	阳坡	41	1166	62.2	2.010	95	4
半流动沙地	阴坡	29	1155	58.8	1.890	80	5

表2 主成分分析结果表

特征向量	特征值	百分率（%）	累计百分率（%）
平均树高	2.1451	53.63	53.63
物种丰富度	1.2969	32.42	86.05
盖度	0.4109	10.27	96.32
平均地径	0.1472	3.68	100.00

表3 相关分析结果表

相关因子	相关系数	P 值	显著水平
坡向	0.9748	0.0252	*
坡度	0.9346	0.0654	—
海拔高度	-0.2408	0.6458	—

*表示达显著水平，—表示不显著，下表同。

由于平均树高和物种丰富度是描述地上生物量的主要成分，因此用平均树高和物种丰富度对地上生物量作回归分析，可以反映地上生物量的动态变化。回归方程为 $y = -1021.9639 + 32.9645x_1 + 21.5031x_2$，$R^2=0.9558$，达极显著水平（$P<0.01$）。

2.1.2 不同生境地上生物量分析

从表4可看出，6种不同生境砂地柏地上生物量中以半流动沙地阳坡最大，为1138.79g/m^2，沙丘顶部最小，为699.43g/m^2，而且无论是固定沙地还是半流动沙地，阳坡的生物量都大于阴坡，丘间低地和沙丘顶部生物量均较小，且丘间低地大于沙丘顶部。不同生境生物量大小顺序依次为：半流动沙地阳坡>固定沙地阳坡>半流动沙地阴坡>固定沙地阴坡>丘间低地>沙丘顶部。不同生境砂地柏地上总生物量及地上各器官生物量的方差分析表明，各生境间砂地柏地上总生物量及地上各器官生物量均存在显著性差异。不同生境地上总生物量中丘间低地、固定沙地阴坡与半流动沙地阴坡以及固定沙地阳坡与半流动沙地阳坡分别在5%水平上无显著性差异，其余各生境间生物量均在5%水平上有显著性差异。

同时，由表 4 还可以看出，砂地柏地上各组成器官中以叶生物量最大，占地上总生物量的 54.23%～62.62%，各组成器官生物量大小顺序依次为：叶>枝>茎。枝和茎的生物量分别占地上总生物量的 24.75%～32.53% 与 9.60%～17.07%。可见，叶是砂地柏地上生物量中最主要的组成部分。

表 4　不同生境砂地柏地上总生物量及各器官生物量

生境	地上总生物量（g/m²）	各器官生物量（g/m²）		
		叶	枝	茎
丘间低地	992.05±34.5017b	577.21±13.7010b	245.53±13.8184d	169.31±7.5497a
固定沙地阳坡	1108.57±48.4193a	646.27±15.4262a	355.84±26.2071ab	106.47±7.3246c
固定沙地阴坡	1025.48±74.3659b	642.12±49.1602a	283.65±19.7117c	99.71±11.4730c
沙丘顶部	699.43±36.2953c	403.07±16.0362c	203.26±13.6221e	93.10±8.2295c
半流动沙地阳坡	1138.79±11.9479a	633.22±7.3214a	363.60±15.6468a	141.98±11.7080b
半流动沙地阴坡	1031.45±43.5244b	59.32±19.4128b	335.57±11.1624b	136.56±13.7917b

注：表中数据均用 $\bar{x}$ ±SD 表示，标不同字母表示同列间有显著性差异（$P<0.05$），下表同。

2.2　根量分析

2.2.1　不同生境各土层根量分析

从表 5 可看出，不同生境砂地柏根量在各土层中总体上呈现随土层深度加深而降低的趋势，但除丘间低地和沙丘顶部外，表层 0～20cm 土壤中的根量较下层 20～40cm 土壤中的根量少。0～80cm 土层是砂地柏根量居集最大的土层，占总根量的 76.32%～97.83%。如以 20cm 厚土层中的根量占 0～100cm 土体总根量的 20% 以上作为根系集中分布层的指标，砂地柏根系在丘间低地主要集中在 0～20cm，固定沙地阳坡和半流动沙地阳坡集中在 20～80cm，固定沙地阴坡集中在 60～100cm，沙丘顶部集中在 0～20 和 60～80cm，半流动沙地阴坡集中在 20～60cm。不同生境砂地柏总根量及各土层根量的方差分析表明，各生境间总根量在 5% 水平上无显著性差异，但不同土层根量均存在显著性差异。

表 5　不同生境砂地柏总根量及各土层根量

生境	总根量（g）	各土层根量（g）				
		0～20cm	20～40cm	40～60cm	60～80cm	80～100cm
丘间低地	37.341±16.2807a	20.708±14.2993a	6.684±1.8796b	5.530±2.8639cd	3.610±2.1781b	0.809±0.1924b
固定沙地阳坡	32.600±6.9839a	4.943±0.9001b	6.908±0.3662b	11.448±2.5233ab	6.850±3.8282ab	2.451±0.5468b
固定沙地阴坡	34.814±7.2372a	4.544±0.8592b	6.754±2.1996b	3.598±0.6789d	11.675±5.7078a	8.243±5.8249a

续表

生境	总根量（g）	各土层根量（g）				
		0～20cm	20～40cm	40～60cm	60～80cm	80～100cm
沙丘顶部	38.386±3.7831a	10.726±4.4294ab	5.375±1.0572b	6.244±0.3280cd	10.564±0.2666ab	5.477±3.9234ab
半流动沙地阳坡	31.708±7.3835a	2.990±1.8291b	6.456±2.6510b	13.347±2.2782a	6.457±5.1330ab	2.458±1.2985b
半流动沙地阴坡	32.311±9.9834a	3.346±1.8526b	13.487±2.0275a	8.333±2.3563bc	4.458±3.1616ab	2.687±1.2628b

2.2.2 不同生境各径级根量分析

由表6可看出，不同生境砂地柏根量总体上以根径<1mm 的根系最多，平均约占总根量的38.10%，其次为根径>7mm 的根系，平均约占总根量的30.38%，根径为5～7mm的根量最少，平均仅占4.26%。如以某径级的根量占0～100cm 土体总根量的20%以上作为根径集中分布的指标，砂地柏根系主要由<3mm 的细根组成，尤其是<1mm 的毛细根所占比例最高，其根量约占剖面总根量的30%以上，最高达55.45%。不同生境砂地柏各径级根量的方差分析表明，各生境间除3～5mm 根量在5%水平上无显著性差异外，其余不同径级根量均存在显著性差异。

表6 不同生境砂地柏各径级根量

生境	各径级根量（g）				
	<1mm	1～3mm	3～5mm	5～7mm	>7mm
丘间低地	5.856±1.3141b	7.684±1.9252a	1.805±1.4281a	0.798±1.1226b	21.197±16.2567a
固定沙地阳坡	10.676±1.9523ab	5.679±0.4444ab	4.083±1.2573a	0.000±0.0000b	12.170±6.9779ab
固定沙地阴坡	13.208±1.9004ab	5.403±1.0008ab	2.984±1.8190a	0.577±0.9988b	12.642±4.4200ab
沙丘顶部	12.762±0.3388ab	7.173±2.7264a	5.198±2.8698a	4.597±0.4920a	8.658±1.0605ab
半流动沙地阳坡	17.581±8.7063a	3.994±1.2254b	3.261±1.2258a	1.890±3.2742ab	4.981±4.9340b
半流动沙地阴坡	17.295±10.0537a	6.364±0.8614ab	3.035±2.4681a	1.233±2.1356b	4.394±1.7168b

2.2.3 不同生境各土层各径级根量分析

图1表明，不同生境间根径<3mm 的根量在各土层中普遍存在较大变化，而根径>3mm 的根量在各土层中总体上变化较小。如以某径级根量占某土层根量的20%以上作为根径集中分布的指标，根径<1mm 和1～3mm 的根系在不同生境不同土层中都有集中分布，分别占土层根量的25.32%～90.03%和20.51%～56.57%，3～5mm 的根系主要集中在20～40cm 以及80～100cm 土层中，占该土层根量的22.28%～27.40%，5～7mm 的根系仅集中在60～80cm 土层中，占该土层根量的27.43%～43.52%，根径>7mm 的根系除20～40cm 土层外，其余各土层均有集中分布，占该土层根量的20.46%～92.57%。

2.3 根量与地上生物量的相关及回归分析

实际工作中，砂地柏根系数据的获取既费工、费时，又容易造成生态环境破坏，引起水土流失。因而很有必要在较难获得的根量与较易测得的地上生物量（包括叶、茎枝

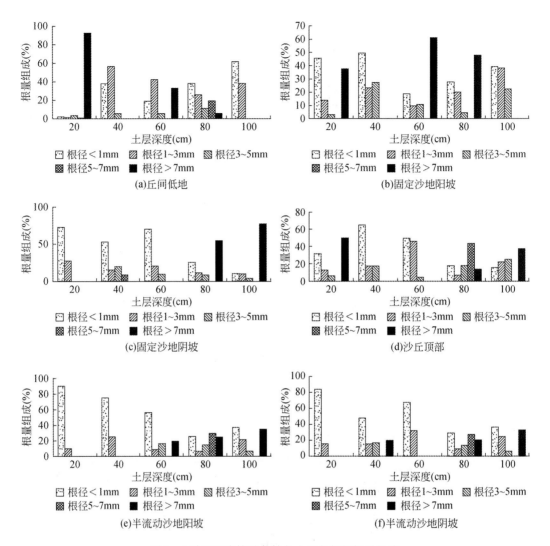

图 1　6 种不同生境砂地柏各土层各径级根量组成

量）之间建立某种回归关系。通过根量与地上生物量、叶量、茎枝量的相关分析（表 7）表明，根量与茎枝量相关性最显著（$P<0.05$），因此用茎枝量对根量作回归分析，可以间接反映根量的动态变化。回归方程为 $y=48.4901-0.0331x$，$R^2=0.7346$。

表 7　相关分析结果表

相关关系	相关系数	P 值	显著水平
地上生物量	-0.8372	0.0376	*
叶量	-0.6964	0.1243	—
茎枝量	-0.8936	0.0164	*

3 结论与讨论

通过主成分分析及相关因子分析表明,平均树高和物种丰富度是描述砂地柏地上生物量的主成分,坡向是影响地上生物量的主导生态因子。6 种不同生境阳坡的平均树高和生物量均大于阴坡,这与光合作用有关,充分反映了砂地柏为阳性喜光树种的生态学特性。不同生境地上及地上各器官生物量的方差分析表明,各生境间砂地柏地上及地上各器官生物量均存在显著性差异。其中半流动沙地阳坡的生物量最大,表明半流动沙地阳坡可能是沙区营造砂地柏人工林、获取最大生物量的最佳选择之地。各器官生物量中以叶最大,说明叶是地上生物量中最主要的组成部分。程俊侠等[9]已研究表明不同生境和年龄砂地柏叶中鬼臼毒素含量均明显高于茎,鬼臼毒素是一种重要的生理活性物质,除具杀虫活性外,还有抗癌[10]及除草[11, 12]活性。可见叶是砂地柏地上最重要、最有效以及最有潜力的利用器官。

不同生境砂地柏根量及各土层、各径级根量的方差分析表明,各生境间根量在 5%水平上无显著性差异,但不同土层、不同径级根量除 3~5mm 根系外,其余均存在显著性差异。砂地柏根量在各土层中总体上呈现随土层深度加深而降低的趋势,这符合植物根系垂直分布的普遍规律,也与前人对其他植物根系的分布研究结果一致[13-15]。0~80cm 土层是砂地柏根量居集最大的土层,占总根量的 76.32%~97.83%。各径级根量中以根径<1mm 的根系最多,平均约占总根量的 38.10%,根径为 5~7mm 的根系最少,平均仅占 4.26%,可见砂地柏根系的可塑性较大,也反映了其在强干旱环境中吸收水分的适应性,这可能是砂地柏适应环境能力强的一个原因[16]。然而目前对砂地柏资源的利用主要集中在地上部分,地下根系的利用还较少,但是砂地柏根系发达、根量往往是地上生物量的好几倍[17],因而充分发掘和利用砂地柏根系资源是解决砂地柏资源综合开发利用的一条重要出路。

另一方面,为了更好地保护及利用砂地柏资源,建议在建立砂地柏自然保护区的同时促进砂地柏大面积推广与人工种植,在西部广大干旱、半干旱地区营建砂地柏人工生态经济林,并且保护、开发砂地柏天然林的生态经济价值,通过优化生态环境辐射带动其他农林牧业发展,形成颇具特色的砂地柏综合产业,这将是砂地柏植物资源保护、开发和利用的一条较优策略。

实际工作中,为了避免测定根量而引起生态环境的破坏和水土流失,可用茎枝量来间接反映根量的动态变化。

参 考 文 献

[1] 郑万钧. 中国树木志第一卷. 北京:中国林业出版社,1983:345-362.

[2] 魏凤国. 中国珍稀固沙造林树种沙地柏采种、育苗、造林的初步调查报告. 内蒙古林业科技,1980,(3):8-12.

[3] 赵正龙,刘培华. 适宜北方地区的常绿绿篱树种——臭柏. 陕西林业科技,1983,(1):69-71.

[4] 孙丽华,李保卫. 西北地区生态园林重要树种——叉子圆柏. 内蒙古农业大学学报,2002,23(3):

120-121.

[5] 张兴，付昌斌，高聪芬，等. 新杀虫植物砂地柏研究进展. 西北农业大学学报，1995，23（4）：53-57.

[6] 李景文. 森林生态学. 2版. 北京：中国林业出版社，1994：21-25.

[7] 内蒙古大学生物系. 植物生态学试验. 北京：高等教育出版社，1986.

[8] 胡小平，王长发. SAS基础及统计实例教程. 西安：西安地图出版社，2001.

[9] 程俊侠，苏世平，杨永志，等. 不同生境和年龄沙地柏茎叶中鬼臼毒素含量的SFE-HPLC分析. 西北农林科技大学学报（自然科学版），2005，33（4）：57-60.

[10] Bohlin L，Rosen B. Podophyllotoxin derivatives: drug discovery and development. Drug Discovery Today，1996，1（8）：343-351.

[11] Arinoto M，Matsuura S，Muro C，et al. Inhibitory activity of podophyllotoxin and matairesino-derivative lignans on the root growth of *Brassica campestris*. Broscience，Biotechnology，and Biochemistry，1994，58（1）：189-190.

[12] Oliva A，Moraes R M，Watson S B，et al. Aryltetralin lignans inhibit plant growth by affecting the formation of mitotic microtubular organizing centers. Pesticide Biochemistry and Physiology，2002，72（1）：45-54.

[13] 王文卿，马占杰，冯玲正. 青海浅山区梯田护埂植物——甘蒙柽柳. 水土保持研究，2003，10（2）：112-115.

[14] Li P，Zhao Z，Li Z B. Vertical root distribution character *Robinia pseudoacacia* on the Loess Plateau in China. Journal of Forestry Research，2004，15（4）：87-92.

[15] 白永飞. 降水量季节分配对克氏针茅草原群落初级生产力的影响. 植物生态学报，1999，23（2）：155-160.

[16] 李生宇，李红忠，雷加强，等. 塔克拉玛干沙漠高矿化度水灌溉苗木地下生物量研究. 西北植物学报，2005，25（5）：999-1006.

[17] 陕西森林编辑委员会. 陕西森林. 西安：陕西科学技术出版社，1986：267-269.

不同生境和年龄沙地柏茎叶中鬼臼毒素含量的 SFE-HPLC 分析*

程俊侠　苏世平　杨永志　陈存根　张　兴

摘要

对采自我国北方沙区 7 种不同生境（固定沙地、流动沙地、阳坡、阴坡、凸地、人工林和凹地）的沙地柏茎叶中鬼臼毒素含量进行了 SFE-HPLC 分析，结果表明：①7 种不同生境（按上述顺序）间沙地柏茎中鬼臼毒素平均含量分别为 2.512mg/g、2.031mg/g、2.328mg/g、1.993mg/g、2.567mg/g、2.029mg/g 和 2.493mg/g，无显著性差异；而在 7 种不同生境（按上述顺序）间沙地柏叶中鬼臼毒素平均含量分别为 8.613mg/g、8.451mg/g、8.303mg/g、8.134mg/g、8.012mg/g、6.748mg/g 和 6.2823mg/g，存在显著差异。②7 种不同生境沙地柏叶中鬼臼毒素含量均明显高于茎。③不同年龄沙地柏茎、叶中鬼臼毒素含量差异极显著，茎中含量最高 5.211mg/g，最低只有 0.3589mg/g，叶中最高为 9.268mg/g，最低为 5.186mg/g；按鬼臼毒素含量从高到低排序依次为：1 年生叶>2 年生叶>1 年生茎>2 年生茎>3 年生茎。

关键词：沙地柏；茎叶；生境；鬼臼毒素；SFE-HPLC

沙地柏（Sabina vulgaris Ant.）为柏科（Cupressaceae）圆柏属常绿匍匐灌木，少数为乔木，亦称叉子圆柏、臭柏、新疆圆柏及爬地柏等[1]，是西北干旱、半干旱沙区的一种重要治沙"乡土树种"，对维护该区生态环境具有重要意义[2]。同时，沙地柏也是北方城市园林建设的一种新型绿化树种[3, 4]。张兴等[5, 6]在对我国西北地区杀虫植物筛选中，首先发现并报道了其杀虫活性，并进一步对沙地柏种子进行了系统研究，证明鬼臼毒素物质是其主要活性成分之一，具有较大的开发利用前景。

鬼臼毒素类物质是一类重要的生理活性物质，除具杀虫活性外，还有抗癌[7]及除草[8, 9]活性。目前临床上大量使用的抗癌药物 VP-16、VP-23 等均以天然鬼臼毒素为合成原料，从而使其主要的原料来源小檗科（Berberidaceae）鬼臼亚科（Podophylloideae）植物资源面临枯竭[10]，寻找替代植物资源成为解决这一问题的有效途径之一。沙地柏

---

* 原载于：西北农林科技大学学报（自然科学版），2005，33（4）：57-60.

在我国分布广泛、资源丰富，有望成为鬼臼毒素类物质的主要天然资源。

对于沙地柏及其主要次生代谢物质鬼臼毒素类化合物的综合开发利用而言，明确其不同生境及植株不同部位和不同器官鬼臼毒素的含量是十分必要的。西北农林科技大学无公害农药研究服务中心对沙地柏种子中的鬼臼毒素类物质，如鬼臼毒素、脱氧鬼臼毒素、苦鬼臼、表鬼臼等鬼臼类物质的分离纯化技术及其活性都进行了研究，同时对鬼臼和脱氧鬼臼毒素的有关毒理进行了研究。但由于种子3年才能成熟，因而利用种子作为植物源农药来源显然是不够的，还有必要对沙地柏茎叶中鬼臼毒素含量进行研究。为此，本研究对采自我国北方沙区 7 种不同生境的沙地柏茎叶中鬼臼毒素含量进行了SFE-HPLC分析，以明确生态环境与沙地柏合成积累鬼臼毒素之间的关系，为其进一步开发利用奠定基础。

1 材料与方法

1.1 材料

1.1.1 试验材料

沙地柏茎、叶于2003年12月采自陕西榆林大保当臭柏自然保护区。用烘箱在60℃条件下烘干，粉碎过30目（0.6mm）筛，保存于低温冰箱（-45℃）备用。

1.1.2 主要仪器

超临界流体萃取系统：ISCO^{TM} 2-10 萃取仪，260D 柱塞泵及泵控仪，2ml/min 同轴加温限流管及其控制仪。

高效液相色谱系统：Waters^{TM} 600E 泵，996PDA 紫外检测器，Millennium 色谱管理工作站。

1.1.3 化学试剂

鬼臼毒素标准品，纯度大于95%，由兰州大学化学化工学院田暄教授提供。CO_2，纯度不低于99.9%，陕西省兴平化工厂生产。分析纯级甲醇、二氯甲烷等试剂，西安试剂厂生产。

1.2 试验方法

1.2.1 试验设计

选择固定沙地、流动沙地、阳坡、阴坡、凸地、人工林和凹地 7 种不同生境，采集沙地柏1年生、2年生、3年生茎及1年生、2年生叶。采用超临界CO_2萃取技术（SFE）对不同沙地柏材料进行萃取，并用高效液相色谱仪（HPLC）定量分析各萃取物中鬼臼毒素的含量。每处理设3次重复。采用二因素完全随机等重复试验方差分析法，对试验结果进行统计分析。

1.2.2 沙地柏茎叶中鬼臼毒素超临界CO_2萃取条件

采用先静态后动态的萃取方式,静态萃取时间5min,萃取压力41.37MPa,萃取仓温度为35℃,样品量为1.0g;动态萃取CO_2流量为40ml,流速为1.0ml/min,限流管温度60~65℃,收集溶剂为二氯甲烷。

1.2.3 萃取物中鬼臼毒素含量的高效液相色谱分析方法

色谱柱:Diamonsil C_{18} 反相柱;流动相为甲醇:水(体积比)=65:35,流速为1ml/min;检测波长为217nm,在此条件下鬼臼毒素与其他杂质峰分离度良好。配制不同浓度梯度鬼臼毒素标准液,建立标准曲线,采用外标法测定鬼臼毒素含量。

2 结果与分析

2.1 沙地柏茎中鬼臼毒素含量

从表1可以看出,7种不同生境间沙地柏1年生茎中鬼臼毒素含量无显著性差异,7种生境间2年生茎中鬼臼毒素含量间也无显著性差异。1年生和2年生茎中鬼臼毒素含量分别为2.893~5.211mg/g,1.522~2.669mg/g;而3年生茎中鬼臼毒素含量存在显著性差异,流动沙地中鬼臼毒素含量仅有0.3589mg/g,而阴坡高达1.355mg/g,在5%水平上流动沙地和阴坡间有显著性差异。同时,从表1还可以看出,在不同生境中,随着年龄的增长,沙地柏茎中鬼臼毒素含量逐年降低且降低程度不一。其中阴坡沙地柏茎中鬼臼毒素含量下降比较缓慢,从1年生的2.893mg/g降至3年生的1.355mg/g;而固定沙地和流动沙地中降低较明显,分别从4.668mg/g降至1.118mg/g和从4.212mg/g降至0.3589mg/g。以生境和年龄为变异来源,对沙地柏茎中鬼臼毒素含量进行方差分析表明,生境对沙地柏茎中鬼臼毒素含量无显著性影响。

表1 不同生境和年龄沙地柏茎中鬼臼毒素的含量

生境	1年生(mg/g)	2年生(mg/g)	3年生(mg/g)	平均值(mg/g)
固定沙地	4.668aA	1.750aB	1.118abcC	2.512a
流动沙地	4.212aA	1.522aB	0.358qcC	2.031a
阳坡	3.501aA	2.301aB	1.182abC	2.328a
阴坡	2.893aA	1.732aB	1.355aC	1.993a
凸地	3.987aA	2.669aB	1.045abcC	2.567a
人工林	3.465aA	1.974aB	0.648abcC	2.029a

续表

生境	1年生（mg/g）	2年生（mg/g）	3年生（mg/g）	平均值（mg/g）
凹地	5.211aA	1.710aB	0.558bcC	2.493a

注：1.鬼臼毒素含量为3次重复的平均值。2.表中大写字母表示同行间的差异。标不同大写字母者，表示鬼臼毒素含量有显著性差异（$P<0.05$）；表中小写字母表示同列间的差异。标不同小写字母者，表示鬼臼毒素含量有显著性差异（$P<0.05$），下表同。

由表1可知，不同年龄沙地柏茎中鬼臼毒素含量间有极显著性差异。在7种生境中，按鬼臼毒素含量从高到低排序依次为：1年生茎>2年生茎>3年生茎。在1年生茎中鬼臼毒素含量最高达5.211mg/g，在3年生茎中鬼臼毒素含量最高只有1.355mg/g。

2.2 沙地柏叶中鬼臼毒素含量

从表2可以看出，沙地柏1年生叶中鬼臼毒素含量在7种不同生境间无显著性差异，鬼臼毒素含量在7.379～9.268mg/g；2年生叶中鬼臼毒素含量在7种不同生境间有显著差异，流动沙地鬼臼毒素含量最高为8.200mg/g，人工林中鬼臼毒素含量最低为5.186mg/g。对叶中鬼臼毒素含量的方差分析表明，生境对沙地柏叶中鬼臼毒素含量有显著性影响。表2结果还表明，在固定沙地和流动沙地中，1年生和2年生沙地柏叶中鬼臼毒素含量无显著性差异。固定沙地1年生叶中鬼臼毒素含量为7.566mg/g，而2年生叶中为7.126mg/g；流动沙地中1年生鬼臼毒素含量为8.703mg/g，2年生叶中为8.200mg/g。而其他5类生境中1年生叶与2年生叶中鬼臼毒素含量均有显著性差异，即1年生叶中鬼臼毒素含量显著高于2年生叶中鬼臼毒素含量。

表2 不同生境和年龄沙地柏叶中鬼臼毒素的含量

生境	1年生（mg/g）	2年生（mg/g）	平均值（mg/g）
固定沙地	7.566aA	7.126abA	8.613a
流动沙地	8.703aA	8.200aA	8.451a
阳坡	8.189aA	5.307bB	8.303ab
阴坡	8.966aA	7.635aB	8.134ab
凸地	9.248aA	7.977aB	8.012ab
人工林	7.379aA	5.186bB	6.748bc
凹地	9.268aA	7.602abB	6.282c

3 结论与讨论

3.1 生境与沙地柏中鬼臼毒素含量的关系

本研究结果表明，沙地柏中鬼臼毒素含量与生境之间的相互关系比较复杂，不同生境沙地柏茎中鬼臼毒素含量无显著性差异，而不同生境沙地柏叶中鬼臼毒素含量有显著差异。有研究[11, 12]表明，环境对植物次生代谢物质含量有明显影响，如小麦萎蔫时小麦中的脱落酸含量可增加40倍[11]，淡土植物和盐生植物由非盐生条件逐步转移至高盐分环境中，都能诱导脯氨酸生成量的逐步增加[12]等。鬼臼毒素作为沙地柏中的一种次生代谢物质，从理论上说其在植株中的含量必然会受到生境的影响，但本研究结果表明，生境对茎中鬼臼毒素含量影响不显著。这可能是由于本研究仅测试比较了气候、土壤等条件相一致的大范围内不同小生境的沙地柏样品，也可能是鬼臼毒素并不是沙地柏产生环境抗逆性的主要次生代谢物质。为此，有必要在更大范围内，如在甘肃、青海、新疆、内蒙古和陕西等沙地柏分布区进行采样，系统地分析生境与沙地柏茎、叶中鬼臼毒素含量间的关系，探讨生境中哪些因子对鬼臼毒素含量起决定性作用。

3.2 沙地柏中鬼臼毒素的主要积累器官

本研究结果表明，在7种不同生境中，随年龄增长，沙地柏茎和叶中鬼臼毒素积累量降低，按鬼臼毒素含量从高到低排序依次为：1年生叶>2年生叶>1年生茎>2年生茎>3年生茎。沙地柏叶中鬼臼毒素含量明显高于茎中，说明沙地柏中的次生代谢物质鬼臼毒素在幼苗或新生的组织器官中积累较多。植物的幼苗或新生的组织器官中含有大量的活性物质，同时在这些幼苗或新生的组织器官中所含的次生代谢物质的量比植物中其他部位要高得多[13, 14]。鬼臼毒素作为沙地柏植物中的一种重要的次生代谢物质，其在沙地柏中的积累规律与一般植物的次生代谢物质在其体内的积累规律是一致的。

3.3 沙地柏的综合利用

本研究结果表明，在7种不同生境中，沙地柏茎和叶中鬼臼毒素积累量随着年龄增加而降低，在幼苗中鬼臼毒素含量最大。而沙地柏有繁殖快、再生能力强的生物学特性[15]，因此可以进行人工栽培[16-18]或有计划地采集其嫩枝叶，提取鬼臼毒素、脱氧鬼臼毒素等鬼臼毒素类物质和精油等成分，用于医药或农药研究开发，这有利于人类在进行可持续性生态环境保护的同时有效地利用沙地柏资源，以达到"双赢"的目的。

参 考 文 献

[1] 中国科学院中国植物志编辑委员会. 中国植物志第七卷. 北京：科学出版社，1978：359-360.

[2] 魏凤国. 中国珍稀固沙造林树种沙地柏采种、育苗、造林的初步调查报告. 内蒙古林业科技，1980，(3)：8-12.

[3] 赵正龙，刘培华. 适宜北方地区的常绿绿篱树种——臭柏. 陕西林业科技，1983，(1)：69-71.

[4] 孙丽华，李保卫. 西北地区生态园林重要树种——叉子圆柏. 内蒙古农业大学学报，2002，23（3）：120-121.

[5] 张兴，付昌斌，高聪芬，等. 新杀虫植物砂地柏研究进展. 西北农业大学学报，1995，23（4）：53-57.

[6] 张兴，冯俊涛，陈安良，等. 砂地柏杀虫作用研究概况. 西北农林科技大学学报（自然科学版），2002，30（4）：130-134.

[7] Bohlin L, Rosén B. Podophyllo toxin derivatives: drug discovery and development. Drug Discovery Today, 1996, 1 (8): 343-351.

[8] Arinoto M, Matsuura S, Muro C, et al. Inhibitory activity of podophyllotoxin and matairesino-derivative lignans on the root growth of *Brassica campestris*. Bioscience Biotechnology and Biochemistry, 1994, 58 (1): 189-190.

[9] Oliva A, Moraes R M, Watson S B, et al. Aryltetralin lignans inhibit plant growth by affecting the formation of mitotic microtubular organizing centers. Pesticide Biochemistry and Physiology, 2002, 72 (1): 45-54.

[10] 杨显志, 邵华, 张玲琪, 等. 鬼臼毒素资源研究现状. 中草药, 2001, 32 (11): 1042-1044.

[11] Wink M. Evolution of secondary metabolites from an ecological and molecular phylogenetic perspective. Phytochemistry, 2003, 64 (1): 3-19.

[12] 杜近义, 胡国赋, 秦际威. 植物次生代谢产物的生态学意义. 生物学杂志, 1999, 16 (5): 9-10.

[13] Verpoorte R. Exploration of nature's chemodiversity: the role of secondary metabolites as leads in drug development. Drug Discovery Today, 1998, 3 (5): 232-238.

[14] 顾德兴. 次生代谢物质和共同进化. 生物学通报, 1990, (8): 13-15.

[15] 张国盛, 董智, 王林和. 臭柏生物生态学特性及生长繁殖的研究综述. 内蒙古林学院学报（自然科学版）, 1997, 19 (2): 69-75.

[16] 邬建华, 李玉珊. 砂地柏露地压条繁殖试验报告. 锡林郭勒林业科技, 1984, (1): 8-10.

[17] 陕西省林科所延安树木园. 叉子圆柏扦插育苗试验初探. 陕西林业科技, 1983, (1): 35-40.

[18] 刀子俊, 符亚儒, 何忠义. 臭柏播种育苗试验. 陕西林业科技, 1984, (4): 42-43.

RP-HPLC 法同时测定沙地柏中三种鬼臼毒素类化合物的含量*

陈 艳　李广泽　曹雪峰　陈存根　张 兴

摘要

用 RP-HPLC 法同时测定了沙地柏三种鬼臼类化合物（鬼臼毒素、脱氧鬼臼毒素和苦鬼臼毒素）的含量。采用 YMC C_{18} 反相柱，甲醇∶水（55∶45）为流动相，紫外检测波长为 290nm，鬼臼毒素和脱氧鬼臼毒素在 62.50～1000.00μg/ml 范围内的线性方程分别为：$Y=(3.5024+252.1221X)\times10^{-6}$，$Y=(3.5805+621.0468X)\times10^{-6}$；相关系数为 $r=0.9999$ 和 0.9992；回收率分别为 100.932%（RSD=1.388%）和 98.968%（RSD=1.108%）；苦鬼臼毒素在 6.25～100.00μg/ml 范围内的线性方程为：$Y=(4.7818+6369.7680X)\times10^{-6}$，相关系数 $r=0.9996$，回收率为 100.110%（RSD=1.344%）。沙地柏叶中的鬼臼毒素、脱氧鬼臼毒素和苦鬼臼毒素含量分别为 3.894mg/g、3.345mg/g、0.427mg/g，茎中的含量分别为 2.225mg/g、1.829mg/g、0.241mg/g；超临界流体萃取沙地柏叶中的三种化合物含量分别为 2.327mg/g、2.116mg/g、0.191mg/g，茎中的含量分别为 1.784mg/g、1.446mg/g、0.108mg/g。该方法步骤简便，结果准确，分析速度快。

关键词：沙地柏；鬼臼毒素；脱氧鬼臼毒素；苦鬼臼毒素；RP-HPLC

沙地柏（*Sabina vulgaris* Ant.）属柏科圆柏属常绿匍匐灌木，少数为乔木，又称叉子圆柏、新疆圆柏、爬地柏等[1]。该植物为一味传统中草药，对其化学成分研究表明，沙地柏中含有木脂素类、萜类、香豆素等类物质，其中鬼臼毒素类化合物是其重要药用成分[2,3]。对鬼臼毒素类化合物的化学和药理研究已有 100 余年历史，并且成功开发出 etoposide（VP16）、teniposide（VM26）和 etopophos 等多个临床应用的抗癌药物，因而受到人们的极大关注[4]。张兴等[5]首次报道了沙地柏的杀虫作用，并进一步证实鬼臼毒素类化合物是其重要杀虫活性成分[6]。由于鬼臼类人工半合成药物需求量的大幅增

---

* 原载于：西北林学院学报，2007，22（2）：127-130.

加,其主要供源植物鬼臼属植物已成为濒危物种[7]。因此,开发包括沙地柏这种体内富含鬼臼类化合物的植物具有重要的意义,而对其体内鬼臼毒素类化合物的定量分析方法亟待建立。

鬼臼毒素的定量分析方法有变色酸法[8]、羟胺-三氯化铁法[9]、薄层扫描法[10]等,目前以高效液相色谱法(HPLC)为主。程俊侠[11]、王继栋[12]等采用了HPLC法分别对沙地柏中鬼臼毒素和脱氧鬼臼毒素的含量进行了定量分析。本研究建立了一种同时测定沙地柏中鬼臼毒素、脱氧鬼臼毒素和苦鬼臼毒素 3 种鬼臼毒素类化合物含量的 RP-HPLC 法,并用此法对沙地柏茎和叶的超临界流体和索氏提取法提取产物进行了定量分析。

1 材料与方法

1.1 材料

沙地柏植物样品于 2005 年 5 月采集于陕西榆林大保当臭柏自然保护区。鬼臼毒素(podophyllotoxin)、脱氧鬼臼毒素(deoxypodophyllotoxin)、苦鬼臼毒素(picropodophyllotoxin)标准品(纯度大于 95%,由西北农林科技大学无公害农药研究服务中心从沙地柏中分离提纯得到,并经兰州大学田暄教授确认其化学结构)。

仪器:高效液相色谱系统:Waters^{TM} 600 型高效液相色谱,采用 Waters^{TM} 996 型二极管阵列紫外检测器,并配有 Waters 公司的工作站软件系统。

超临界流体萃取系统:ISCO^{TM} 2-10 萃取仪,260D 柱塞泵及泵控仪,2ml/min 同轴加温限流管及其控制仪。

1.2 方法

1.2.1 对照品溶液的制备

分别称取一定量的鬼臼毒素、脱氧鬼臼毒素、苦鬼臼毒素标准品,加甲醇定容于 10ml 容量瓶中,配制成浓度分别为 62.50mg/L、125.00mg/L、250.00mg/L、500.00mg/L 和 1000.00mg/L 的鬼臼毒素、脱氧鬼臼毒素的标准溶液,苦鬼臼毒素标准溶液的浓度分别为 6.25mg/L、12.50mg/L、25.00mg/L、50.00mg/L 和 100.00mg/L。

1.2.2 样品溶液的提取制备

将沙地柏样品于 60℃烘箱中烘干,粉碎,过 30 目筛,分别按以下两种方法提取:①索氏法提取:称取沙地柏叶样品 5.0g,用滤纸包好后置索氏提取器中,加入氯仿适量,热回流提取至无色,减压浓缩至浸膏状,用甲醇定容于 50ml 容量瓶中。②超临界 CO_2 萃取:上样量 1.0g,萃取压力 41.37Mpa,萃取温度 45℃,静态萃取 15min,然后动态萃取,CO_2 用量 30ml,氯仿接收,并用甲醇定容于 10ml 容量瓶中。

1.2.3 液相色谱条件

色谱柱：YMC-C_{18} 反相柱（4.6mm×250mm，5μm）；流动相为甲醇：水=55：45（V/V）；流速 1.0ml/min；检测波长为 290nm；进样量 5μl。

2 结果与分析

2.1 色谱条件的选择

分别对不同比例甲醇-水流动相条件下的分离效果进行了考察，当甲醇体积分数大于 55%时，目的组分出峰时间较短，各峰重叠，干扰分析；当甲醇体积分数小于 55%时，尽管各个目的组分能彻底分开，但峰形展宽严重，故选择甲醇：水=55：45（V/V）作为流动相。3 种物质在 217nm 和 290nm 均有特征吸收，但此处有吸收的成分比较多，基线也不够平稳，故本研究选用 290nm 作为检测波长。

2.2 标准曲线的建立

3 种标准品配制的对照品溶液，分别进行 RP-HPLC 分析测定，以峰面积 Y 为纵坐标，标准品浓度 X 为横坐标进行线性回归（表 1）。3 种化合物的回归方程在线性范围内相关系数均达 0.9990 以上，线性关系良好。

表 1　3 种化合物的回归方程

化合物	回归方程	相关系数	线性范围（mg/L）
鬼臼毒素	$Y = (4.781\ 883+6\ 369.768X) \times 10^{-6}$	0.999 6	62.5～1 000
脱氧鬼臼毒素	$Y = (3.502\ 496+252.122\ 1X) \times 10^{-6}$	0.999 9	62.5～1 000
苦鬼臼毒素	$Y = (3.580\ 590+621.046\ 8X) \times 10^{-6}$	0.999 2	6.25～100

2.3 稳定性实验

取沙地柏叶的索氏提取样品溶液，每隔 2h 测定一次，计算鬼臼毒素峰面积平均值为 1 373 556（RSD=1.013%），脱氧鬼臼毒素峰面积平均值为 1 222 678（RSD=1.296%），苦鬼臼毒素峰面积平均值为 20 602（RSD=1.212%），供试品溶液在 24h 内基本稳定。

2.4 精密度实验

取同一对照品溶液，重复进样 6 次，测定色谱分析方法的精密度（表 2），3 种化合物的精密度均在 2%以下，表明仪器精密度良好，测得数据准确可靠。

表 2　3 种化合物的精密度

化合物	峰面积						标准偏差（%）
	1	2	3	4	5	6	
鬼臼毒素	3 527 366	3 664 582	3 626 826	3 574 126	3 621 564	3 581 265	1.341
脱氧鬼臼毒素	3 655 243	3 652 013	3 652 987	3 520 140	3 685 016	3 620 689	1.598
苦鬼臼毒素	482 585	482 365	475 263	486 547	486 987	475 896	1.050

2.5　加样回收实验

精密称取已测含量的沙地柏样品 3 份，加入一定量的标准品，按照供试液的制备方法进行处理，计算回收率（表 3），3 种化合物的回收率均达 98%以上，回收效果良好。

表 3　3 种化合物的加样回收率

化合物	含量（mg）	加入量（mg）	测得量（mg）	回收率（%）	平均回收率（%）	标准偏差（%）
鬼臼毒素	3.890	4.012	7.883	99.511	100.932	1.388
	3.921	4.006	7.966	100.995		
	3.887	4.025	8.001	102.289		
脱氧鬼臼毒素	3.415	4.005	7.427	100.205	98.968	1.108
	3.364	4.016	7.316	98.098		
	3.434	4.008	7.394	98.602		
苦鬼臼毒素	0.425	1.003	1.422	98.588	100.110	1.344

2.6　样品含量测定

按 1.2.2 样品制备方法，测定提取液中 3 种鬼臼类化合物的含量（表 4），3 种化合物在沙地柏叶片中的含量均高于茎中的含量，其中鬼臼毒素含量最高，叶中含量为 3.894mg/g，苦鬼臼毒素含量最低，叶中的含量仅为 0.427mg/g。两种提取方法中，索氏提取法的提取率较高。标准品和样品的色谱图见图 1 和图 2。

表 4　沙地柏茎叶样品的 CO_2 超临界提取物与索氏法提取物中 3 种化合物的含量

提取方法	鬼臼毒素（mg/g）		脱氧鬼臼毒素（mg/g）		苦鬼臼毒素（mg/g）	
	叶	茎	叶	茎	叶	茎
索氏提取	3.894±0.440	2.225±0.354	3.345±0.347	1.829±0.387	0.427±0.0421	0.241±0.0417
超临界提取	2.327±0.124	1.784±0.245	2.116±0.241	1.446±0.165	0.191±0.0224	0.108±0.0254

3　结论与讨论

3.1　讨论

实验发现，超临界萃取法的提取率较经典的索氏提取法的提取率要低，主要原因可

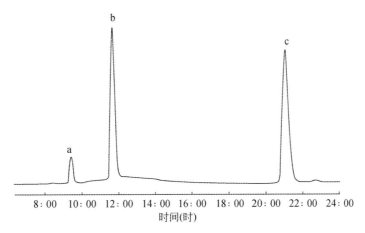

图 1 标准品的 HPLC 图谱

注：a 为苦鬼臼毒素，b 为鬼臼毒素，c 为脱氧鬼臼毒素，标准品三者混合比例为 a∶b∶c=1∶10∶10。下同。

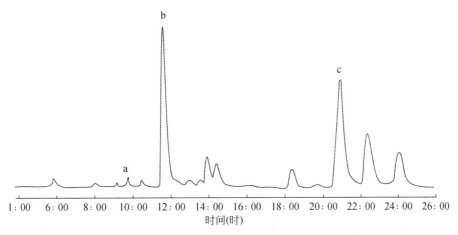

图 2 样品（沙地柏叶超临界萃取物）的 HPLC 图谱

能是萃取条件不是最优化条件，压力、温度和 CO_2 用量这 3 个主要影响因素的组合不是最优组合。可通过设计正交试验，确定最优化组合，还可通过加入夹带剂以提高萃取率。鬼臼毒素、脱氧鬼臼毒素和苦鬼臼毒素在沙地柏中的含量比例不同，鬼臼毒素含量最高，苦鬼臼毒素含量最低；在不同器官中分布也不同，叶中的含量要高于茎中的含量。

3.2 结论

实验结果表明，采用本文建立的 RP-HPLC 分析测定条件，鬼臼毒素、脱氧鬼臼毒素和苦鬼臼毒素均具有良好的线性关系和分离度，而且样品中的大部分色谱峰均得到有效的分离，可用于检测多种提取方法制备液中的鬼臼毒素、脱氧鬼臼毒素和苦鬼臼毒素含量。

参 考 文 献

[1] 中国科学院中国植物志编辑委员会. 中国植物志第七卷. 北京：科学出版社，1978：359.
[2] 张兴，付昌斌，高聪芬，等. 新杀虫植物砂地柏研究进展. 西北农业大学学报，1995，23（4）：53-57.
[3] 江苏新医学院. 中药大辞典. 上海：上海科学技术出版社，1986.
[4] Schacter L. Etoposide phosphate：what，why，where，and how? Seminars in Oncology，1996，23（6 Suppl 13）：1-7.
[5] 张兴，冯俊涛，陈安良，等. 砂地柏杀虫作用研究概况. 西北农林科技大学学报（自然科学版），2002，30（4）：130-134.
[6] Gao R，Gao C，Tian X，et al. Insecticidal activity of deoxypodophyllotoxin, isolated from *Juniperus sabina* L，and related lignans against larvae of *Pieris rapae* L. Pest Management Science，2004，60（11）：1131-1136.
[7] 杨显志，邵华，张玲琪，等. 鬼臼毒素资源研究现状. 中草药，2001，32（11）：1042-1044.
[8] 王丽平，叶海燕，郁人海. 八角莲注射液的比色测定. 上海第二医科大学学报，1990，10（4）：341-343.
[9] 李广泽. 砂地柏化学成分及其杀虫活性研究. 杨凌：西北农林科技大学博士学位论文，2006.
[10] 董晓萍，曾莉. 川产八角莲中鬼臼毒素的分离测定及含量测定. 天然产物研究与开发，1994，6（2）：17-20.
[11] 程俊侠，苏世平，杨永志，等. 不同生境和年龄沙地柏茎叶中鬼臼毒素含量的 SFE-HPLC 分析. 西北农林科技大学学报（自然科学版），2005，33（4）：57-60.
[12] 王继栋，张兴. 沙地柏中脱氧鬼臼毒素含量与杀虫活性测试. 西北农业大学学报，2000，28（5）：14-17.

叉子圆柏——新变种

张廷桢　陈存根

A new variety of *Sabina vulgaris* Ant.

Chang Ting-ghien　　Chen Chun-gen

榆林叉子圆柏　新变种　绵羊臭柏（陕西神木）。

Sabina vulgaris Ant. var. *yulinensis* T.C. Chang et C. G. Chen, var. nov.

A var. *vulgari* recedit eaulibus erecto-ascendentibus, ramulis pallide flavi-viridibus, ramulis fructiferis erectis, galbulis raris.

Shaanxi（陕西）：Shenmu（神木），Caitugou（采兔沟），alt.1100 m.arenicola, Chang Acad.Sin.）；Ting-chien et Chen Chun-gen 77701（Typus, in Herb.Bot.Bor.-Oecid. Yulin（榆林），Wushilisha（五十里沙），arenicola, Chun-gen et Han Chen En-xian 771011.

本变种的形体与原变种（山羊臭柏，陕西神木）相似，不同点为本变种茎直立性较强，小枝淡黄绿色，雌花和球果着生于直立的小枝顶端，且较稀少。

产陕西神木、榆林，与原变种丛状混交或自成群落，对侧柏蠹蛾抗性较差，固沙性能不及原变种。

---

* 原载于：植物分类学报，1981，19（2）：263.

蒲城县张家山地区适地适树调查*

邹年根　罗伟样　陈存根
边成先　李李民　焦新民

　　浦城县张家山地区位于该县西北部，跨高阳、大孔、高楼河、坡头四个公社，属黄土高原沟壑区南缘东段，是渭北高原突起的石灰岩孤立山地，海拔 800~1280m，年平均气温 11.3℃，绝对最高气温 39.4℃，绝对最低气温-16.7℃，无霜期 180d 左右，年平均降雨量 559.3mm，年蒸发量 1.725mm；年平均风速 3.4m/s，最大风速 10.8~3.8m/s。

　　自 1972 年以来，在张家山开展大面积植树造林中，先后选用的树种有：刺槐、油松、侧柏、苦楝、臭椿、榆树等，结合造林，笔者进行了一些造林技术的试验和调查。整理如下。

1　造林立地条件类型区划

　　为了做到适地适树，根据土层厚度、土壤质地与坡向等划分以下 5 个类型。

　　1）阳坡薄层石砾山地粗骨土：主要分布在南部山地阳坡（南坡）以及北部的半阳坡（四坡）。岩石裸露，土层厚度约 10~30cm。土体内含有大量钙结核及石灰岩风化碎片。土壤质地粗糙，含水量低。草被有黄菅草、蒿类等，灌木以酸刺为多。

　　2）阳坡厚层山地褐色土：分布于阳坡、半阳坡。土体内含有钙结核，土层厚度 80~100cm 以上，土壤质地稍好。灌木有酸刺，草被有黄菅草、蒿类等。

　　3）阴坡薄层山地褐色土：分布于该地区的北坡和东北坡。岩石裸露，土层厚度 20~60cm。灌木有黄蔷薇、狼牙刺，草被有黄菅草、蒿类等。土壤水分条件较阳坡好。

　　4）阴坡厚层山地褐色土：分布于北坡及东北坡。土层深厚，土内钙结核极少。土壤质地轻壤或中壤，含水量较高。植被茂密，以黄菅草、蒿类为主。灌木有黄栌、虎榛子、杭子梢等。

　　5）坡脚、沟洼褐色壤质土：分布于坡脚、沟洼处。土层深厚达 1m 以上，土体内钙结核少，上层土壤质地疏松下层有黏化现象。由于上部水土流失，此处为肥力较高的坡积土，宜于林木生长。

＊原载于：陕西农业科学，1979，（9）：31-33.

2 立地条件与林木成活生长的关系

2.1 土壤厚度和质地对林木成活生长的影响

土层厚度和质地不同,对林木生长影响很大,见表1。

表1 张家山地区山地主要造林树种生长情况

立地类型	坡向	树种	调查地点	树龄(a)	树高(m) 平均长量	树高(m) 年平均生长量	胸径(cm) 平均长量	胸径(cm) 年平均生长量	生长势
5	北坡	刺槐	张家山林场北沟	7	7.30	1.04	5.5	0.78	健壮
1			银铜梁	6	1.00	0.17	1.5	0.25	衰弱
4	东		原畔	7	3.80	0.54	4.1	0.59	良好
2	南		架子山	5	4.80	0.96	4.4	0.88	健壮
1	北		捶布石沟	6	1.00	0.16	1.7	0.28	衰弱
1	南	油松	太白山北梁	6	1.20	0.20	3.0	0.50	健壮
3	北		银铜梁	7	1.00	0.14	2.1	0.30	健壮
4	北		分山碑界山	7	1.80	0.26	2.7	0.39	健壮
3	北		捶布石沟	6	1.10	0.18	2.4	0.40	良好
4	北		松树坡	7	1.90	0.27	4.0	0.57	健壮
4	北		九娘峪	17	5.30	0.31	11.4	0.66	健壮
1	南	侧柏	九娘峪	23	5.25	0.20	11.4	0.33	健壮
3	北		橡树湾		4.40		7.6		良好
1	南	臭柏	分山碑	7	1.80	0.26	2.8	0.40	较弱
2	南		九娘峪	5	2.11	0.42	2.6	0.52	良好
1	南			5	0.72	0.14	1.3	0.26	衰弱

由表1可以看出该地各主要树种生长差异很大,特别是臭椿、刺槐,只适宜在土层深厚的壤质土上生长,即在第2、4、5类立地条件类型。在富含钙结核的阳坡和阴坡薄层粗骨土上即第1类立地类型,生长十分缓慢,往往形成"小老树",甚至造林二、三年后死亡。又据在张家山银铜梁西坡同一刺槐造林的不同地段调查,处于坡下部的土层虽较上部为厚,钙结核含量也较少,但因土壤质地不同,下部(20cm以下)为红胶泥,土质黏重,而上部(10~20cm)土质疏松;并且有机质和氮的含量也不相同,下部分别为1.641%和0.1260%,上部分别为2.183%和0.3165%。因此,坡下部一年生刺槐生长量小于坡上部,前者树高、地径分别为0.87m和0.38cm,后者为1.07m和1.19cm。

从表1还可以看出,侧柏对于瘠薄干旱土壤的适应能力较强,油松次之。在高楼河公社橡树湾第3立地类型上栽植的侧柏,23年生年平均高生长量为20cm,平均胸径生长量为 0.33cm；在大孔公社的九娘峪调查，侧柏在岩石裸露的石灰岩山地薄层粗骨土上生长也很正常，天然更新良好，每平方米有 2.3 株幼树。油松在刺槐不宜生长的条件下，仍能正常生长。

2.2 不同坡向对林木生长的影响

对不同坡向生长的林木进行了调查，结果列于表 2。

表 2 看出，不同坡向林木生长存在着差异。根据 1974 年 4~5 月在九娘峪和指挥山土壤含水量测定，阴坡较阳坡高 6.58%，这对林木生长是有利的，与表 2 情况相符。

表 2 不同坡向林木生长比较

树种	地点	坡向	造林时间	树高（m）	地径（cm）	冠幅（m）	1977 年新梢生长量（cm）	1978 年新梢生长量（cm）
刺槐	指挥山	阳	1975 年春	2.0	2.5	0.95×0.86	56	28
		阴	1975 年春	2.7	3.2	1.34×1.40	77	56
油松	指挥山	阳	1976 年春	0.4	1.2	0.31×0.31	12	21
		阴	1976 年春	0.6	1.7	0.48×0.46	21	31
毛白杨	架子山	阳	1974 年萌生	3.7	4.2	0.90×0.87	55	15
		阴	1975 年萌生	3.6	4.3	1.14×0.82	55	86

2.3 地形部位时林木生长的影响

据调查，油松、刺槐、苦楝等树种，尤其苦楝坡下部均比坡上部或梁峁生长好。如生长于原畔凹形斜坡处和梁顶的苦楝树高、地径分别为 1.5m、2.45cm 和 0.3m、1.56cm。这是因为凹形斜坡背风向阳，土层较厚，有利于林木生长，而相距不远的梁顶，土层较薄，苦楝干梢严重，生长衰弱。

城市绿色植物的生境评价及对策
——以西安市为例*

权东计　李海燕　陈存根

摘要

为了找出各区的主导因子，对绿地配置提出指导性的建议，本文运用层次分析法和专家打分法对西安市区的植物生境进行评价。结果表明影响西安市植物生境的主要因素有土壤污染、大气污染、固体垃圾、城市热岛、人为活动等，南郊是最适合植物生长，其次是明城墙以内和北郊。植物生境的评价为充分发挥绿地的生态效益提供了新思路。

关键词：城市；植物生境；评价；层次分析法

1　环境背景

本课题研究的主要范围是东、北、南以绕城高速为界，西以西三环为界，总面积约 $178.7km^2$。西安明城墙以内是商业活动和政治活动中心，人流和交通流比较集中，并且受人类活动影响的历史最悠久。南郊是大学集中区和高新技术开发区所在地，特别是近几年来，随着经济活动中心的南移，南郊受人类活动影响越来越大。东西郊是工业城，人口密度也相对较高，而人口密度最少的是北郊。北郊的农耕地和空闲地面积最大，其次是西郊，而东郊和南郊则相对较少。北郊和西郊由于多年使用污水灌溉，土壤污染严重。

2001 年西安市工业废气排放量达 $273.9806×10^4m^3$，工业废水排放量达到 $7487×10^4t$，研究范围内有污染的企业大约 53 家[1]（表 1），大气污染以 SO_2、NO_2 和 TSP 最突出。其年平均等值线分布图是以明城墙以内为中心，向外呈环状分布，按照其污染的程度和范围，量算出该 3 种污染物所污染的面积占各区的比重（表 2）。

2001 年研究区域的工业固体废弃物的排放量为 $105×10^4t$，而生活垃圾达 $131.6×10^4t$[2]，其组成随市民生活水平的变化而趋于复杂，处理方式主要是堆放。1984 年和 1988

---

* 原载于：西北大学学报（自然科学版），2006，36（5）：827-830.

年陕西省地质矿产局综合研究队两次航空遥感拍摄的彩色航片显示：西安市区周围有各类垃圾场多处，1984年为550处，1988年增至626处，占地约$386×10^4m^2$，形成垃圾包围城市的严重态势，由于没有采取有效的处理方式，垃圾越堆越多，露天堆放或仅在表层覆盖黄土的城市垃圾，不仅在堆放过程中散发污臭，污染大气环境，而且在分解过程中释放有害液体渗入地下，造成土壤和地下水污染[3]。

表1 西安各分区工业污染源统计表 （单位：个）

分区	大污染源	中污染源	小污染源	总计
西郊	4	5	18	27
东郊	3	5	7	15
北郊	4	1	4	9
南郊	1			1
明城			1	1
总计				53

表2 3种污染物污染面积占各区的比例

分区	TSP	SO_2	NO_2
西郊	0.1133	0.1892	0.3473
东郊	0.0716	0.1089	0.1903
北郊	0.0895	0.0204	0.0776
南郊	0.0833	0.1094	0.1923
明城	1.0000	1.0000	1.0000

资料来源：根据西安市城市总体规划图（1995—2020）等有关资料测量得出（以1994年为基准）。

城市热岛效应加剧了西安市的夏季高温天气，事实上，西安市已是我国北方夏季气温最高的城市。热岛效应的最强中心位置主要在西安明城墙内的中心市区，城墙向外呈环状逐渐减弱。西安夏季极端最高气温为45.2℃，平均每年最高气温≥35℃的日数为23d，出现≥40℃的酷热天气为0.7d，同时由于城市下垫面的特殊性质，使地面温度高达50~60℃，对植物的正常生长发育构成危害。

2 西安市城市绿地的生境评价

2.1 指标体系的构建

影响西安市植物生境的因素很多，为了简化评价工作，在选择评价指标时，坚持结合实际情况，充分考虑植物生境的系统性，突出关键性指标的原则，以使数据采集、处理和评价具有较强的可操作性和可行性[4]。

结合有关专家的意见，运用层次分析法（APH），将西安市的植物生境潜力评价的基本层次概括为土壤污染（B_1）、污染工业（B_2）、固体废弃物（B_3）、大气污染（B_4）以及其他因素（B_5）5个方面；第二层评价指标层包括13项，具体模型如图1所示。

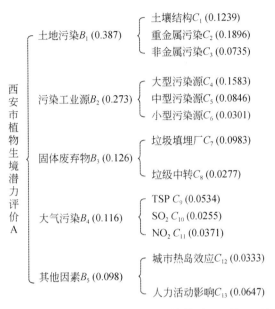

图1　城市绿地生境评价指标层次结构模型及评价因子权重

2.2　确定评价指标的权重[5-7]

评价因子权重的确定是关键的一步，它直接影响评价结果的合理性。这里运用专家咨询和层次分析（APH）相结合的方法进行权重配赋。

1）向有关专家发放征询卷，根据专家征询结果确定因子的相对重要性，按照层次分析法的标定系列（表3）得出相应的标定值。

2）列出各因子间相对重要性的标定值矩阵（表4），并计算各行特征根 T_i。

$$T_i = n\sqrt[n]{\prod_{k=1}^{n} X_{ik}} \quad (i=1,2,3,\cdots,n) \tag{1}$$

3）求各评价因子的权重值 Q_i。

$$Q_i = \frac{T_i}{\sum_{i=1}^{n} T_i} \quad (i=1,2,3,\cdots,n) \tag{2}$$

为了确定各评价因子的相对重要性，作者向有关专家发出征询卷30份，回收26份。通过对原始有效数据进行处理，并根据上述方法，参照有关研究成果，并通过公式 CR=CI/RI 进行了一致性检验，其一致性检验值 CR=0.083 67<0.1，说明判断矩阵的一致性可以接受，得出各评价指标的权重值（图1）。

2.3 指标量化与处理

1）采用规范的统计资料。C_4，C_5，C_6，C_7 和 C_8 可通过西安市城市总体规划等资料获取。

2）C_9，C_{10} 和 C_{11} 可通过量算西安市区的大气污染物 TSP、SO_2 和 NO_2 的年平均等值线分布图等间接手段，获取其占各区的面积比例。

3）其余指标难以量化，因此采用专家组征询问答的方式，对各指标进行打分（采用10进制，评分值满分为10，分别划为 10～9，8～7，6～5，4～3，2～0 的5个等级），通过计算机处理得出各指标的得分。

4）经过量化后的上述指标单位不统一，所以必须对之进行无量纲化。这里运用如下公式进行转化。

$$P_i = 100 \cdot C_i / \sum_{i=1}^{n} C_i \tag{3}$$

式中，P_i 为某指标转换后的无量纲值，C_i 为转换前的该指标值，$\sum_{i=1}^{n} C_i$ 为所有评价区域该指标的总和。

2.4 综合评价值的确定

综合评价值选择加权求和多指标综合评价模型求得，即把各评价指标的权重值和分值代入数学模型 $E = \sum_{i=1}^{n} Q_i P_i$（$E$ 为植物生境综合评估结果值，Q_i 为第 i 个评价指标的权重，P_i 为第 i 个评价指标的分值，n 为评价指标的数目），最终得出西安市各区的评价值（表5）。

表3　因子相对重要性标定系列

重要度	极重要	很重要	重要	比较重要	同等重要	稍不重要	不重要	很不重要	极不重要
标定值	9	7	5	3	1	1/3	1/5	1/7	1/9

注：2，4，6，8 及其倒数为以上两判断之间的中间状态对应的标度值。

表4　相对重要性标定值矩阵

		X_2	...	X_n
X_1	1	X_{12}	...	X_{1n}
X_2	X_{21}	1	...	X_{2n}
...	...	...	...	...
X_n	X_{n1}	X_{n2}	...	1

注：X_r（$r=1$，2，3…n）为第 r 个评价因子；X_{ik}（$i=1$，2，3…n；$k=1$，2，3…n）为第 i 个因子与第 k 个因子进行相对重要性比较而获得的标定值。

表 5 综合评价表

评价因子	西郊	东郊	北郊	南郊	明城墙以内
土壤结构	1.9663	2.6341	1.1498	2.9302	3.7096
重金属污染	4.9467	3.1474	7.4949	1.6476	1.7235
非金属污染	2.4417	1.7824	1.5391	0.5858	1.0011
垃圾填埋厂	2.4575	4.9150	0.0000	1.2288	1.2288
垃圾中转站	0.0000	0.0000	1.8468	0.9232	0.0000
TSP	0.4454	0.2814	0.3524	0.3279	3.9329
SO_2	0.3379	0.1946	0.0365	0.1953	1.7858
NO_2	0.7127	0.3907	0.1595	0.3944	2.0527
大型污染源	5.2761	3.9575	5.2761	1.3202	0.0000
中型污染源	3.8451	3.8451	0.7699	0.0000	0.0000
小型污染源	1.8060	0.7022	0.4015	0.0000	0.1002
城市热岛效应	0.5258	0.6633	0.2627	0.6513	1.2268
人为活动影响	1.0041	1.0041	0.5609	1.5651	2.3357
总计	25.7652	23.5178	19.8502	11.7699	19.0969
排序	5	4	3	1	2

2.5 综合分析

通过综合评价值可以看出西安市最具有植物生境潜力的是南郊，南郊以较大的优势远远超出第二等级的明城墙以内和北郊，而东郊和西郊的植物生境最差。因此，根据植物适宜生长环境的要求，南郊是最适合植物生长，其次是明城墙以内和北郊。

2.5.1 内部分块

为了更有效地分析各区内部的植物生境情况，以便对绿地配置提出指导性的建议，结合现有的路网结构和土地利用类型，对各个区进行分块。

1）西郊：以红光路、丰镐路西关正街为界，把西郊分为南北两部分，以丈八北路为界把南半部分为西南和东南两部分。

2）东郊：以幸福路、东三环为界，把东郊分为西、中和东 3 部分。

3）北郊：东西以朱宏路、辛王路为界，南北以铁路为界，分为 4 部分，即西北部、北部、东北部和南部。

4）南郊：以吉祥路—小寨路—西影路、雁塔南路为界，把南郊分为 3 部分，即北部、西南部和东南部。

2.5.2 西郊

在西郊，影响植物正常生长的因子最多，主要的有重金属和非金属污染、固体垃圾、工业污染源。北部是工业占绝对优势，有污染的工业比较多，排放出大量的废气、废水和废渣，垃圾到处堆放，土壤污染严重，必须治理污染源，垃圾无害化处理，尤其要治理污水未经处理直接排入潏河和沣惠渠。在选用植物时，不仅要考虑抗土壤重金属和非金属污染能力强，而且抗大气污染能力也要强；西南部和东南部植物生境比较好，但西南部农田比较多，要注意治理潏河和沣惠渠，防止污水灌溉污染土壤。

2.5.3 东郊

在东郊，影响植物正常生长的因子比较多，主要的有非金属污染、固体垃圾、工业污染源。其中西部建筑物密集，绿化时须进行土壤整治；中部土壤污染主要是由于引浐河水灌溉引起的，建议对浐河两岸的排污企业进行治理；东部的纺织企业比较多，还有灞桥电厂等有污染的企业，排放出大量的废气、废水和废渣，垃圾到处堆放，土壤污染严重，要进行绿化，并且保证植物的正常生长，必须治理污染源，垃圾无害化处理，在选用植物时，不仅要考虑抗土壤非金属污染能力强，而且抗大气污染能力也要强。

2.5.4 北郊

在北郊，影响植物生境潜力的主要因子是土壤重金属污染。由于北郊污水灌溉时间比较长，土壤重金属污染尤其严重，并且污染工业比较多，污水大多来自潏河和各种灌溉渠道。因此，必须对河流上游污染源进行治理。西北部和南部分别是西汉和隋唐城遗址，土壤结构破坏严重，绿化时必须进行土壤整治；北部和东北部是污灌区，重金属污染严重，在选用植物种类时，须选用具有修复受重金属污染土壤能力的植物。

2.5.5 南郊

通过各个评价因子可以看出，在南郊，影响植物生境潜力的主要因子是土壤结构、固体垃圾物、NO_2 和人为活动的影响。就植物生境而言，东南部的条件最好，西南部和北部条件较差，必须进行土壤整治，对固体垃圾物进行回收，统一处理，逐步减少垃圾堆放量，以减少其对土壤的污染。近年来，南郊发展迅速，车辆不断增多，汽车尾气排放量也随之增加，大气污染越来越突出。因此，必须采取措施，减少汽车尾气的排放。在选用植物种类时，需要考虑既体现城市新形象，又对大气污染物 NO_x 有较强的抗性和吸收能力的树种。

2.5.6 明城墙以内

在明城墙以内，影响植物生境潜力的主要因子是土壤结构、大气污染、城市热岛效应和人为活动影响。由于西安古城历史悠久，土壤结构已严重破坏，土壤贫瘠，不适合植物正常生长，必须进行土壤整治或取有肥力的土壤进行整治；明城墙以内是西安的中心，人多车辆也多，大气污染比较严重，城市热岛效应非常明显，必须采取有效措施，减少车辆的进入，以改善大气环境。在选用植物种类时，需要考虑既要体现古都风貌，又要耐贫瘠，对大气污染物（TSP、SO_2、NO_x）有较强的抗性和吸收能力的树种。

3 小结

随着城市经济的快速发展，用地规模的不断扩展，城市环境问题日益突出，并且大多数城市只是追求绿地面积，很少考虑植物的生境，有针对性地配置植物，致使许多植物不能正常生长，其生态效益没有充分发挥。本文针对植物生境问题做了初步探讨，并从分析植物的生境入手，分析各区影响因素的主导因子，并提出相应对策。

参 考 文 献

[1] 西安市统计局. 西安统计年鉴：2002. 北京：中国统计出版社，2002.
[2] 马俊杰. 环境质量评价原理与方法. 西安：西安地图出版社，1997.
[3] 西安市地方志编纂委员会. 西安市志（第六卷·科教文卫）. 西安：西安出版社，2002.
[4] 吴永兴，李卫江. 现代农业园区综合评价指标体系的构建及评价方法研究. 经济地理，2002，22（5）：530-533.
[5] 刘荣增. 我国城镇密集区发展演化阶段的划分与判定. 城市规划，2003，27（9）：78-80.
[6] 康艳，刘康，李团胜，等. 陕西省森林生态系统服务功能价值评估. 西北大学学报（自然科学版），2005，35（3）：351-354.
[7] 万绪才，李刚，张安. 区域旅游业国际竞争力定量评价理论与实践研究——江苏省各地市实例分析. 经济地理，2001，21（3）：355-358.

西安市彩叶植物种类及应用调查

蔡 彤　郭军战　阮 煜

摘要

本文通过对西安市的彩叶植物种类及应用进行调查,总结了西安地区主要彩叶植物种类,分析了彩叶植物在西安市园林中的应用现状,并对今后西安市的彩叶植物发展提出了建议。

关键词：彩叶植物；分类；园林应用；西安

彩叶植物的定义,有广义和狭义之分,广义上凡在生长季节叶片可以比较稳定的呈现非绿色（排除生理、病虫害、栽培和环境条件等外界因素的影响）的植物都可称作彩叶植物。狭义上彩叶植物不包括秋色叶植物,它要在春秋两季甚至春夏秋三季均呈现彩色,尤其在夏季旺盛生长的季节仍保持彩色不变,一些热带、亚热带地区的彩叶植物,甚至终年保持彩色[1]。彩叶植物正是基于其自身优点已经在世界各城市园林中广泛应用并成为世界园林植物贸易中的重要产业。我国彩叶植物的应用和研究起步较晚,但近些年来发展迅速,成绩突出。本文在调查总结了西安市目前彩叶植物的种类和应用状况的基础上提出了相应的建议,以期西安地区的彩叶植物领域可以得到更快更好的发展。

1　西安市自然概况

西安市位于 107°40′E～109°49′E 和 33°39′N～34°45′N。东西最长为 204km,南北最宽为 116km,总面积 9983km²。西安地处陕西省关中平原偏南地区,北部为冲积平原,南部为剥蚀山地。大体地势是东南高,西北与西南低,呈一簸箕状,是我国地理上北方与南方的重要分界。

2　调查方法

对西安市现有的主要道路、广场、公共绿地、公园、居住区、企事业单位以及风景名胜区等各类绿地有重点地进行了详细调查。对不同彩叶植物种类的生长状况、绿化和美化效果等作了记录并加以总结分析。

---

* 原载于：西北林学院学报,2008,23（4）：196-199.

3 结果与分析

3.1 彩叶植物种类

本次调查共收集彩叶植物 113 种，归属于 43 科。其中较为常见的彩叶植物 68 种，33 科（表 1），乔木 34 种，占总数的 50%，灌木 24 种，约占总数的 35.3%，藤本 4 种，约占总数的 5.9%，草本 6 种，约占总数的 8.8%。西安园林绿地中应用种类较多的科有：槭树科、漆树科、蔷薇科、无患子科、小檗科。应用数量最大，频率最高的树种有：紫叶小檗、金叶女贞、紫叶李、银杏、红枫。

表 1　西安市常见彩叶植物

中文名	学名	科	属性	叶色	叶色类型
紫红鸡爪槭	Acer palmatum	槭树科	常绿小乔木	红色或紫红色	常色叶
血皮槭	Acer griseum	槭树科	落叶乔木	红色或紫红色	常色叶
元宝枫	Acer truncatum	槭树科	落叶小乔木	嫩红色 橙黄或红色	春、秋色叶
三角枫	Acer buergerianum	槭树科	落叶乔木	暗红色	秋色叶
五角枫	Acer mono	槭树科	落叶乔木	红色或黄色	秋色叶
金叶复叶槭	Acer negudo cv.kellys Gold	槭树科	落叶乔木	金黄色	秋色叶
黄栌	Cotinus coggygria	漆树科	落叶小乔木	红色	秋色叶
火炬树	Rhus typhina	漆树科	落叶小乔木	橙黄或红色	秋色叶
黄连木	Pistacia chinensis	漆树科	落叶乔木	嫩红色 橙黄或深红色	春、秋色叶
盐肤木	Rhus chinensi	漆树科	落叶小乔木	金黄色	秋色叶
漆树	Rhus typhina L.	漆树科	落叶小乔木	红色	秋色叶
紫叶李	Prunus cerasifera Ehrh.cv. Atropurpurea Jacq.	蔷薇科	落叶乔木	紫红色	常色叶
美人梅	Pnunus blireana cv.Meiren Mei	蔷薇科	落叶乔木	红色	常色叶
樱花	Prunus yedoensis	蔷薇科	落叶乔木	红色	秋色叶
无患子	Sapindus mukorossi	无患子科	落叶乔木	金黄色	秋色叶
栾树	Koelreuteria paniculata	无患子科	落叶乔木	红色 黄色	春、秋色叶
全缘叶栾树	Koelreuteria bipinnata	无患子科	落叶乔木	黄色	秋色叶
重阳木	Bischofia polycarpa	大戟科	落叶乔木	红色	秋色叶
乌桕	Sapium sebiferum	大戟科	落叶乔木	红色	秋色叶
毛白杨	Populus tomentosa	杨柳科	落叶乔木	黄色	秋色叶

续表

中文名	学名	科	属性	叶色	叶色类型
垂柳	Salix babylonica	杨柳科	落叶乔木	黄色	春色叶
合欢	Albizia julibrissin	豆科	落叶乔木	黄色	秋色叶
金叶国槐	Sophora japonica	豆科	落叶乔木	金黄色	常色叶
日本花柏	Chamaecyparis pisifera	柏科	常绿乔木	金黄色	常色叶
香椿	Toona sinensis	楝科	落叶乔木	嫩红色	春色叶
紫薇	Lagerstroemia indica	千屈菜科	落叶小乔木	黄色	秋色叶
柿树	Diospyros kaki	柿树科	落叶乔木	红色	秋色叶
水杉	Metasequoia glyptostroboides	杉科	落叶乔木	棕褐色	秋色叶
银杏	Ginkgo biloba	银杏科	落叶乔木	黄色	秋色叶
七叶树	Aesculus chinensis	七叶树科	落叶乔木	红色	春、秋色叶
金叶榆	Ulmus pumila cv.jinye	榆科	落叶乔木	金黄色	秋色叶
鹅掌楸	Liriodendron chinense	木兰科	落叶乔木	黄色	秋色叶
臭椿	Ailanthus altissima	苦木科	落叶乔木	嫩红色	春色叶
二球悬铃木	Platanus acerifolia	悬铃木科	落叶乔木	金黄色	秋色叶
棣棠	Kerria japonica	蔷薇科	落叶灌木	黄色	秋色叶
金叶绣线菊	Spitaea cantoniensis	蔷薇科	落叶灌木	黄色	秋色叶
花叶平枝栒子	Cotoneaster horizontalis	蔷薇科	落叶灌木	黄色斑点	常色叶
石楠	Photinia serrulata	蔷薇科	常绿灌木	红色	春色叶
金叶风箱果	Physocarpusopulifolius	蔷薇科	落叶灌木	金黄色	常色叶
日本小檗	Berberis thunbergii	小檗科	落叶灌木	黄色	秋色叶
紫叶小檗	Berberis thunbergii cv. atropurpurea	小檗科	常绿灌木	紫红色	常色叶
南天竹	Nandina domestica	小檗科	常绿灌木	红色	秋色叶
锦熟黄杨	Buxus sempervirens	黄杨科	常绿灌木	叶中部金黄色	常色叶
金边黄杨	Euonymus japonicus var. Aureo-marginatu	黄杨科	常绿灌木	叶缘金黄色	常色叶
金叶锦熟黄杨	Buxus semper-virens cv. Latifolia Maculita	黄杨科	常绿灌木	金黄色	常色叶
洒金珊瑚树	Viburnum awabuki	忍冬科	常绿灌木	金黄色	常色叶
金叶接骨木	Sambacus Canasensis 'Aurea'	忍冬科	落叶灌木	金黄色	常色叶
金边锦带花	Weigela florida 'Bristol Ruby'	忍冬科	落叶灌木	金黄色	常色叶
金叶女贞	Ligustrum vicaryi	木犀科	常绿灌木	金黄色	常色叶
金叶连翘	Forsythia 'Koreanna' Sawon Gold	木犀科	落叶灌木	金黄色	常色叶
金叶卫矛	Euonymus fortunei cv. Gold	卫矛科	落叶灌木	金黄色	常色叶
金边冬青卫矛	Euonymus japonicus Aureomarginatus	卫矛科	落叶灌木	叶缘金黄色	常色叶
红瑞木	Cornus alba	山茱萸科	落叶灌木	红色	秋色叶

续表

中文名	学名	科	属性	叶色	叶色类型
洒金柏	*Platycladus orientalis*	柏科	常绿灌木	黄绿色	常色叶
金边六月雪	*Serissa japonica* cv. 'Variegata'	茜草科	常绿灌木	叶缘金黄色	常色叶
红花檵木	*Loropetalum chinense* Oliver var. *rubrum*	金缕梅科	常绿灌木	暗红色	常色叶
红背桂	*Excoecaria cochinchinensis*	大戟科	常绿灌木	叶表绿色，叶背紫红	常色叶
金脉爵床	*Rostellularla Pricumbens*	爵床科	常绿灌木	金脉	常色叶
金银花	*Lonicera japonica*	忍冬科	半常绿藤本	红色	秋色叶
扶芳藤	*Euonymus fortunei*	卫矛科	常绿藤本	红色	秋色叶
金叶常春藤	*Hedera helix*	五加科	常绿藤本	金黄色	常色叶
爬山虎	*Parthenocissus tricuspidata*	葡萄科	常绿藤本	金黄色	秋色叶
银边麦冬	*Liriope platyphylla*	百合科	常绿草本	叶缘银色	常色叶
羽衣甘蓝	*Brassica oleracea* var. *acephala*	十字花科	两年生草本	白色、紫色	常色叶
紫叶酢浆草	*Oxalis vidacea* 'Purple Leaves'	酢浆草科	多年生草本	紫色	常色叶
彩叶草	*Coleus*	唇形科	多年生草本	多种颜色	常色叶
花叶冷水花	*Piles cadierei*	荨麻科	多年生草本	花叶	常色叶
彩色叶番薯	*Ipomoea batatas* Rainbow	旋花科	多年生草本	花叶	常色叶

3.2 彩叶植物分类

3.2.1 按观赏季节分类

西安市彩叶植物按其所呈色彩的季节可分为 3 类[1]（表 1）：①春色叶类，春色叶植物是指春季新发生的嫩叶呈现显著不同叶色的植物。有些常绿树的新叶不限于春季发生，一般称为新叶有色类，但为方便描述，一般统称为春色叶植物。春色叶植物的新叶一般为红色、紫红色或黄色，如石楠、臭椿、垂柳等。②秋色叶类，秋色叶植物是指秋季叶色变化比较均匀一致，持续时间长，观赏价值高的植物。秋色叶植物主要为落叶树种，但少数常绿树种秋叶艳丽，也可作秋色叶植物应用。大多数秋色叶植物的叶色呈现红色，并有紫红、暗红、鲜红、橙红、红褐色等变化和各种过渡性颜色，如乌桕，部分种类呈现黄色，如银杏、元宝枫等。③常色叶类，常色叶植物是指在整个生长期内或常年叶片呈现异色的植物，其中大多数是由芽变或杂交产生，并经人工选育的观赏品种。常色叶植物叶色多呈红色、紫红色或黄色，少部分呈翠绿色或蓝绿色等其他颜色，如红色的紫红鸡爪槭，紫红色的紫叶李、紫叶小檗、红花继木，黄色的金叶女贞等。西安市常见的彩叶植物中常色叶植物应用数量最多且多为引进栽培种，主要是一些灌木、多年生草本和藤本；秋色叶植物次之，主要是一些秋季落叶乔木；春色叶植物最少，且仅在早春刚发出的嫩叶呈现出彩叶，观赏期较短。

3.2.2 按叶色性状分类

西安市彩叶植物按叶色性状可分成 5 大类[2]：①单色叶类，是指彩叶植物在生长季节仅呈现一种彩色叶色，如银杏、鸡爪槭、枫香、红檵木等。②双色叶类，某些植物其叶背与叶表的颜色显著不同，在微风中就形成特殊的闪烁变化的效果，这类植物称为"双色叶类"，如红背桂等。③斑叶及花叶类，是指植物绿叶上具有其他颜色的斑点或花纹，如金心黄杨、彩叶草等。④镶边类，是指植物的边缘为一层彩色，如金边黄杨、金边吊兰等。⑤彩脉类，是指植物的叶脉呈现彩色，如金脉爵床等。西安市的彩叶植物主要为单色叶类，双色叶类、斑叶花叶类、镶边类及彩脉类都较为少见，且主要是作为室内盆栽观赏。

3.3 彩叶植物的观赏特性及园林应用

彩叶植物的观赏价值主要在于其叶色呈现非绿色且具有其他植物无可比拟的优越性，如色彩鲜艳、观赏期长、抗逆性强、易于栽培且景观效果富于变化。因此只要配置得当，就能够取得优美的景观效果。一般常见的园林配置方式有以下几种。

3.3.1 孤植

在一个较为空旷开阔的空间，远离其他植物种植一株乔木就叫孤植。彩叶植物叶色独特，因此选择一些体形高大、姿态优美的彩叶植物作为景观的中心和视觉焦点，在园林景观中可起到画龙点睛的作用。例如兴庆公园北门口的五角枫，冠大荫浓，秋景美丽，且在树下形成了一个小型广场，可供人们晨练、休息和开展一些娱乐活动。

3.3.2 丛植

同类植物三五成群地配置在园林绿地中则是丛植。例如在西门城墙入口处丛植的红枫，配合其上层的油松及下层的大叶黄杨，形成了错落有致、色彩丰富的景观效果，既有横向的色彩变化，又有纵向的层次变化，是西门城墙下一处醒目的风景。青龙寺门口草坪上的红叶小檗，兴庆公园沉香亭周围小山坡上的金叶女贞，都是利用自身的不同颜色与其上下层植物形成富于变化的园林景观。

3.3.3 群植和片植

成片地种植构成风景林就是群植和片植。例如城市运动公园中的银杏林，在秋季形成一片金黄，格外迷人。

3.3.4 列植

列植就是将同种树木成行成列的栽植。一般多用于规则式园林或用作行道树。南大街的人行道上种植着一排银杏，夏季可以遮阴，到了秋季也是一处美景。而在大雁塔北广场则以银杏列植，并在其下配以座椅，使整个广场变得更加活跃和实用。

3.3.5 色块种植和基础种植

色块和基础种植是指灌木以较小密度成片种植的方式。其应用范围非常广泛，包括花坛、花境、绿篱、垂直绿化、立交桥绿化等。可应用的材料广泛，搭配的方式多样。这种造景方式在西安十分普遍。例如西安几乎所有的道路的分车带内都块植金叶女贞与红叶小檗。二环沿线的立交桥也均采用金叶女贞和红叶小檗形成色带。在城市运动公园中运用金叶女贞和红叶小檗栽植形成奥运五环的色块图案，主体明确，成景效果好。

4 建议

4.1 加强引种驯化和品种选育

从调查中发现，西安市的彩叶植物品种还不够丰富，发展也不均衡，常见的彩叶植物种类较少。乔木类大量应用的仅有少数几种，如银杏、紫叶李、栾树、五角枫。灌木类也限于金叶女贞、紫叶小檗等常见灌木。藤本类更加稀少，仅以爬山虎最为常见。色彩也以红色、黄色居多而缺少更为丰富的颜色。因此建议相关部门加强彩叶植物的引种、驯化和品种选育工作。例如，浙江森禾林业率先引进的石楠"红罗宾"，现已在南方很多城市广泛应用，取得了不错的效果，该经验值得推广学习。此外还应重视本地树种和野生彩叶植物资源的开发利用，使常见彩叶植物的种类更加丰富，色彩也更加绚烂。陕西本地树种中的秋色叶的柿树、春色叶的香椿树等都可以合理应用。

4.2 优化应用配置和加强养护管理

在园林植物配置中，彩叶植物可以丰富构图，增添色彩，形成绚丽的图案和不同的季相效果。但西安市的彩叶植物配置模式较单一，灵活多变，具有创意的彩叶植物配置较为少见。园林工作者在进行植物配置时，应丰富植物配置模式，从而使建筑更加人性化，使水体更加妩媚多姿，使居住区四季有景、三季有花。使整个城市变得更加美丽和生动。

在重视彩叶植物配置的同时还必须提高养护管理水平。因为植物的种植是一次性的，但养护管理工作却是长久的，如果养护管理不当将无法体现彩叶植物的绿化美化效果。因此，必须在优化植物配置的同时，加强养护管理，使彩叶植物呈现最佳景观效果。

4.3 重视植物的形态特点和生理特性

西安市的彩叶植物应用数量和面积正逐年增加，但总体来说，西安市彩叶植物的应用和研究仍处于初级阶段，对每种彩叶树的生理特性，叶色变化规律及植物配置模式缺乏深入和系统的研究，致使其彩化功能没有充分发挥。

比如各种彩叶植物由于生长环境的不同，产生了不同的变种和品种，其叶色叶型均有所区别，如红继木和鸡爪槭不同变种或品种间的叶色差别就比较大。因此上述方面有待深入研究。而且同一种彩叶植物其表现性状，也会随着温度、湿度、特别是光照强度和土壤的变化而变化。例如，鸡爪槭在向阳和光照强度大的地方，叶片明显色泽鲜红。而在污染严重地区许多彩叶植物色泽较差，甚至难以成活。因此在选择彩叶植物时务必要考虑当地栽植条件及小气候条件，同时要重视平时的养护管理，使其达到最鲜艳的颜色，产生最佳的景观效果。

参 考 文 献

[1] 袁涛. 彩叶植物漫谈. 植物杂志，2001，(5)：12-13.
[2] 张启翔，吴静. 彩叶植物资源及其在园林中的应用. 北京林业大学学报，1998，20（4）：126-127.

珍稀濒危植物距瓣尾囊草组织培养*

杜保国　杨锋利　陈存根　杨娅君　朱东阳　沈　军

摘要

为了保护和繁殖距瓣尾囊草这一濒危物种,探索适宜的离体快繁技术,本文以其带芽根状茎为外植体,采用 0.1% $HgCl_2$ 溶液浸泡消毒 3～8min,然后接种到添加不同种类和浓度激素的 MS 培养基中进行培养,观察并统计污染率、始出芽时间、发芽率和生长情况等指标。结果表明:将外植体剥去粗糙表皮后,在 0.1% $HgCl_2$ 溶液浸泡 5min 能达到较好的消毒效果,污染率仅为 6.7%,且不会杀死外植体;较适宜的初代培养基为 MS+1.0mg/L 6-BA+0.1 mg/L NAA,其发芽率最高,为 50%,叶片嫩绿,生长正常。

关键词:距瓣尾囊草;组织培养;生长情况

距瓣尾囊草(*Urophysa rochkii*)为毛茛科(Ranunculaceae)尾囊草属(*Urophysa* Ulbr.)植物,是我国种子植物特有属。世界上的尾囊草仅有两种,全部自然分布在我国境内,而距瓣尾囊草仅在江油市涪江上游区段有少量分布。该植物花瓣有距的特征,对于揭示毛茛科耧斗菜属(*Aquilegia* Linn.)这一类群内的系统发育关系有非常重要的科研价值;该植物富含芳香类油脂,花瓣和叶片颜色随着不同的时段不断变化,可作为重要的香料植物和园林观赏植物。1925 年,美国植物采集家 J. F. Rock 在涪江上游初次采集到距瓣尾囊草。直至 2006 年,我国科研人员在江油市国家重点水利工程——武都引水工程规划库区再次发现了该植物,目前仅存 200 株左右。水库蓄水后,其现有生存环境将被淹没,面临灭绝危险。

国内外对距瓣尾囊草的研究极少,仅对其生物生态学特性、生存现状及栽培进行了初步研究[1,2]。该植物自然生存环境为贫瘠的石壁缝隙,以种子繁殖为主。种子成熟后,果柄自然向石缝弯曲,散落种子。由于石缝土壤瘠薄、干燥,繁殖率极低。本研究希望运用组织培养方法,探索适合该植物的离体繁殖技术,建立起快速、稳定的离体繁殖体系,解决该植物的繁殖问题,为进一步保护这一珍稀濒危植物,在一定程度上缓解水利工程建设和生物多样性保护之间的矛盾探索有效途径。

---

* 原载于:江苏农业科学,2010,(4):42-43.

1 材料与方法

1.1 试验材料

以2008年11月在江油市涪江上游观雾山自然保护区境内采集的距瓣尾囊草植株为试验材料。

1.2 试验方法

1.2.1 外植体的预处理

将生长良好的植株剪掉叶和叶柄,只保留完好的带芽根状茎,用洗洁精和软毛刷将根部污渍洗刷干净,再在自来水下冲洗3h,然后将其外部粗糙表皮剥掉。

1.2.2 外植体的消毒

在超净工作台上,将经过预处理的外植体先用75%酒精浸泡30s,无菌水漂洗2次,再用0.1% $HgCl_2$ 溶液分别浸泡3min、5min、8min(表1),然后倒去 $HgCl_2$ 溶液,用无菌水漂洗3次。

表1 不同处理时间的消毒效果

处理号	消毒时间(min)	接种外植体总数(个)	污染外植体数(个)	污染率(%)
1	3	32	7	21.9
2	5	30	2	6.7
3	8	30	0	0.0

1.2.3 初代培养

用消毒镊子取出经过消毒的外植体,用消毒滤纸吸干表面水分,将多余的根沿下部剪掉,保留长1.0~1.5cm的带芽根状茎。然后,将其接种到添加不同种类和浓度激素组合的培养基中(表2)。每3d观察1次,记录始萌动时间、萌发率和生长情况等。数据分析使用SPSS13.0统计软件。

1.2.4 试验条件

本试验均以MS为基本培养基,蔗糖30g/L,琼脂8g/L,pH为5.8,培养温度(25±2)℃,光照时间12h/d,光照强度2000 lx。

2 结果与分析

2.1 不同处理时间的消毒效果

由表1可知,0.1% $HgCl_2$ 溶液消毒时间为3min时,污染率较高,为21.9%;当消毒时间延长至 5min 时，污染率显著降低，仅为 6.7%。观察发现，经过 3min 和 5min 处理的外植体，在接种后 4d 时，就出现芽萌发生长现象，无消毒致死现象；当消毒时间为 8min 时，虽然没有出现污染，但是大部分外植体失去生长能力，甚至被杀死。由此可见，将剥去粗糙表皮的外植体在 0.1% $HgCl_2$ 溶液中浸泡消毒 5min，既能达到较好的消毒效果，又不至于杀死外植体，为较适宜的消毒方式。

2.2 初代培养激素组合的筛选

2.2.1 不同激素组合对初代培养萌发率的影响

在试验的 6 种激素组合中，萌发率存在显著差异（表 2）。其中以添加 1.0mg/L 6-BA+0.1mg/L NAA 的 2 号培养基效果最好，发芽率最高，达到了 50%。其次为添加 0.5mg/L 6-BA+0.1mg/L NAA 的 1 号培养基，为 40%。总体来说，随着 6-BA 浓度的升高，萌发率呈先升高后降低的趋势，在 0.5~3.0mg/L 范围内，以 1.0mg/L 时为最佳，6-BA 浓度过高和过低萌发率均有所下降。另外，在 0.5mg/L6-BA+1.0mg/LTDZ 的 5 号培养基和 2.0mg/L KT+0.1mg/L NAA 的 6 号培养基中萌发率也较低，仅为 20% 左右。

表 2　不同激素组合对初代培养的影响

培养基号	激素组合（mg/L）				萌发率（%）	始萌动时间（d）	生长情况
	6-BA	KT	NAA	TDZ			
1	0.5		0.1		40a	7a	生长缓慢
2	1.0		0.1		50a	4c	生长较快，叶色嫩绿，新叶多且叶柄较长
3	2.0		0.1		12.5d	5bc	长势良好，叶色嫩绿
4	3.0		0.1		20cd	6ab	有叶片长出，15d 左右生长缓慢，叶片具褐色斑点
5	0.5			1.0	22.2cd	6ab	15d 左右停止生长，叶片略带褐色
6		2.0	0.1		25bc	5bc	有芽萌动，但无叶片长出

注：不同字母表明结果有显著差异（P<0.05）。

2.2.2 不同激素组合对生长情况的影响

从表 2 可以看出，在试验的 6 个组合中，在始萌动时间上也存在显著差异。以添加 1.0 mg/L 6-BA+0.1mg/L NAA 的 2 号培养基效果最好，始萌动时间最短，仅为 4d，并且新芽生长较快，10d 时长至 7mm 左右，分支多，新生叶叶色嫩绿，叶柄较长（图 1）。低浓度的 6-BA 不利于新芽的生长，而 6-BA 浓度升高到 3.0mg/L 时，不但发芽率降低，而且生长缓慢，叶片出现褐色斑点。试验中还发现，培养 4 周左右时，部分 1 号培养基出现变黄现象，原本透明的培养基变得模糊，可能是外植体分泌物所致，将其转接至新配置的原培养基中，此现象减轻或消失。

图 1 在 1.0mg/L 6-BA+0.1mg/L NAA 的 2 号培养基中的生长状况

3 讨论与结论

在植物组织培养中，植物激素对器官分化的调节起非常重要的作用，尤其细胞分裂素与生长素的比值对组织的发育方向起决定作用[3]。试验中固定 NAA 浓度，通过调节 6-BA 浓度达到不同的细胞分裂素与生长素比值组合，发现当细胞分裂素和生长素的比值为 10∶1 时，各项指标达到最高。有学者[4, 5]在试验中发现只有很高浓度的 KT 才可能促进木本植物的器官发生，而极低浓度的 TDZ 就可以通过去除顶端优势诱导器官发生，从而使得不定芽或侧芽直接在培养的茎尖上形成。试验也尝试使用了 TDZ 和 KT 两种激素（表 2），但并未取得满意的效果。

由于距瓣尾囊草近期才被再次发现，且处于濒危状态，材料稀少、珍贵，我们只对其进行了初步的探索性研究。但是由于该植物为多年生草本，只有根状茎，无腋芽，给组织培养工作带来了很大的困难。在查阅毛茛科其他属植物组织培养研究报道的基础上[3-6]，本试验直接采用 MS 为基本培养基，取得了一定的效果，但并未与其他种类的基本培养基进行比较。同时，试验发现，剥去根部粗糙表皮后再对外植体进行消毒处理，可以降低消毒剂浸泡的时间，减少消毒剂对植物组织的伤害。采用 0.1% $HgCl_2$ 溶液浸泡消毒 5min 达到较好的消毒效果，外植体接种在添加 1.0mg/L 6-BA+0.1mg/L NAA 的 MS 培养基中，4d 即有芽生长现象，发芽率达到了 50%，叶色嫩绿。但总体来说外植体的发芽率偏低，以及如何将组培苗移栽到野外等内容有待进一步深入研究。

参 考 文 献

[1] 刘友权，刘刚，赵勋，等. 距瓣尾囊草的生物生态学特性及栽培试验. 四川林业科技，2007，28（2）：47-48.

[2] 刘友权，徐作英，赵勋，等. 距瓣尾囊草生存环境调查及栽培试验研究. 中国种业，2009，（2）：69-70.

[3] 张子学，丁为群，唐勇，等. 白头翁组织培养研究. 中国中药杂志，2004，29（3）：215-218.

［4］Preece J E，Huetttman C A，Ashby W C. Micro- and cutting propagation of silver maple. I. Results with adult and juvenile propagules. Journal of the American Society for Horticultural Science，1991，116（1）：142-148.

［5］徐晓峰，黄学林. 应用正交设计建立青花菜植株的再生体系. 广西植物，2002，22（6）：513-516.

［6］李洪忠，彭世勇，于艳，等. 花毛茛叶片组织培养的初步探索. 辽宁农业职业技术学院学报，2004，6（3）：4-5.

基于线粒体基因 *cyt b* 和 *COI* 的莺科部分鸟类系统发育*

雷 忻　尹祚华　廉振民　陈存根

戴传银　Anton Krištín　雷富民

── 摘要

　　雀形目（Passeriformes）莺科（Sylviidae）鸟类广泛分布于旧大陆，该科许多种类的系统发育关系一直存在争议。本研究采用分子系统学方法，对莺科 11 属 37 种鸟类的 *cyt b* 全基因序列和 *COI* 部分基因序列进行系统发育分析，构建了 ML 和 Bayesian 系统发育树。结果显示，柳莺属（*Phylloscopus*）并非单系发生，鹟莺属（*Seicercus*）可能是其同类或其属下的一个类群；在柳莺属内，乌嘴柳莺（*P. magnirostris*）与极北柳莺（*P.borealis*）亲缘关系较近；黄腰柳莺（*P. proregulus*）、云南柳莺（*P. yunnanensis*）、橙斑翅柳莺（*P.pulcher*）及灰喉柳莺（*P. maculipennis*）亲缘关系较近；黄腹柳莺（*P. occisinensis*）、巨嘴柳莺（*P. schwarzi*）、棕眉柳莺（*P. armandii*）、叽喳柳莺（*P. collybita*）及褐柳莺（*P. fuscatus*）亲缘关系较近；树莺属（*Cettia*）并非单系发生，与拟鹟莺属（*Abroscopus*）和地莺属（*Tesia*）聚在一起；大苇莺属（*Acrocephalus*）为单性系；此外，林莺属（*Sylvia*）与绣眼鸟属（*Zosterops*）的亲缘关系、以及鹪莺属（*Prinia*）、缝叶莺属（*Orthotomus*）及扇尾莺属（*Cisticola*）三者间的亲缘关系也被支持。

关键词：系统发育；莺科；柳莺属；*cyt b*；*COI*；中国

---

* 原载于：Chinese Birds，2010，1（3）:175-187.

Phylogenetic relationships of some Sylviidae species based on complete mtDNA *cyt b* and partial *COI* sequence data

Lei Xin　Yin Zuohua　Lian Zhenmin　Chen Cungen　Dai Chuanyin
Anton Krištín　Lei Fumin

Abstract: Members of the passerine family Sylviidae are distributed widely around the Old World and the phylogenetic relationships of many species still remain controversial. In this study, we investigated the phylogeny and relationships among 37 species of 11 genera by analyzing DNA sequences obtained from the complete mitochondrial cytochrome b (*cyt b*) and partial cytochrome oxidase I (*COI*) genes. The data were analyzed by maximum-likelihood analysis and Bayesian inference. The results demonstrate that the current genus *Phylloscopus* is non-monophyletic, while *Seicercus* is synonymized with *Phylloscopus* or is a group within the genus *Phylloscopus*. We may conclude that within *Phylloscopus* there are close relations between *P. magnirostris* and *P. borealis*; among *P. proregulus*, *P. yunnanensis*, *P. pulcher* and *P. maculipennis*, as well as among *P. occisinensis*, *P. schwarzi*, *P. armandii*, *P. collybita* and *P. fuscatus*. Monophyly of the genus *Cettia* could not be corroborated; it is closely related to the genera *Abroscopus* and *Tesia*. However monophyly of *Acrocephalus* is supported. Furthermore, the close relationships between *Sylvia* and *Zosterops* and among *Prinia*, *Orthotomus* and *Cisticola* are also supported.

Keywords: molecular phylogeny; Sylviidae; *Phylloscopus*; cytochrome *b* gene; cytochrome oxidase I gene; China

Introduction

Sylviidae, a family of small Old World warblers, has proven to be a controversial group and, for a long time, problematic in taxonomy, owing to subtle morphological distinctions in many species and subspecies[1]. Traditionally, taxonomists considered that these warblers should be grouped in the subfamily Sylviinae, consisting of 60 genera and 348 species[2]. Many previous studies on the relations among the Sylviidae species and their taxonomic status are mostly based on morphological and ecological characteristics[2-4]. However, cryptic species are quite common in Sylviidae and sonogram analysis and molecular genetic approaches have been frequently used to solve issues of species delimitation and taxonomic relationships [5, 6]. Since the first analyses of DNA-DNA hybridization, Sylviinae has been elevated as the family Sylviidae and divided into four subfamilies: Acrocephalinae, Megalurinae, Garrulacinae and Sylviinae, while some genera have been modulated [7]. After this, most species were studied using molecular approaches and their relationships were revised repeatedly, especially in Europe [5, 6, 8].

In China, based on traditional morphological taxonomic approaches, Cheng [9, 10] recognized 98 or 95 species in 18 genera and listed them in the subfamily Sylviinae under the family Muscicapidae, including the genera *Tesia*, *Cettia*, *Bradypterus*, *Megalurus*, *Locustella*, *Acrocephalus*, *Hippolais*, *Sylvia*, *Phylloscopus*, *Regulus*, *Seicercus*, *Abroscopus*, *Tickellis*, *Leptopoecile*, *Orthotomus*, *Cisticola*, *Graminicola* and *Prinia*. Recently, Cheng's classification was revised by Zheng [1] mostly based on Sibley and Monroe's taxonomic treatment and sequences, in which Sylviinae has been elevated to the family Sylviidae consisting of 16 genera, while *Regulus* was promoted as the family Regulidae, while *Cisticola* and *Prinia* were placed (similar as in Dickinson [11]) in the family Cisticolidae. Although a few studies on the phylogenetic relations of the species are available from Asia, there are still many taxonomic problems about the relationships among some genera, especially from China which harbors abundant warbler diversity and the classification and phylogenetic relationships of many more putative species and genera in Sylviidae still remain unsolved [12-15]. In our study we investigated the phylogenetic relationships among genera and some species of Sylviidae, based on sequence data of mitochondrial DNA, in an attempt to reconstruct a phylogenetic topology for the constituents of this group and to assess the validity of the taxonomic status of some controversial genera and species.

The mitochondrial cytochrome *b* (*cyt b*) gene is the most widely used genetic marker for phylogenetic studies and has been the most readily available source of sequence data in avian studies [16-19]. Cytochrome oxidase I (*COI*) gene is also a very useful tool for DNA-barcoding, allowing studies of avian species delimitation and their phylogenies [20-24]. In this study, we selected species as in-group following Zheng's classification of Sylviidae [1] and then investigated the phylogeny and relations among some species and genera by DNA sequencing of the complete *cyt b* and partial *COI* genes.

1 Materials and methods

1.1 Selection of in-group taxon and out-groups

We included 36 Sylviidae species in the study (Table 1). In attempting to enhance viewing the phylogenetic relationships of Sylviidae species, we also included *Zosterops japonica* from Zosteropidae. We used *Lanius isabellinus* and *Dicrurus hottentottus* as out-groups. Samples were collected mostly from China. Only the Locustella fluviatilis, Sylvia communis and Phylloscopus collybita species are from Slovakia (Europe). All birds were collected complying with the current laws in China and Slovakia.

Table 1 Species list, samples used, mitochondrial DNA *cyt b* and *COI* gene sequences

Species	Museum No.	Sample type	Collection sites	GenBank Accession No.	
				cyt b	*COI*
Locustella certhiola	IOZ571	Muscle	Qinhuangdao, Hebei, China	HQ608848	HQ608859
Locustella fluviatilis	IOZ2264	Blood	Slovakia	HQ608847	HQ608858
Locustella lanceolata	IOZ576	Muscle	Qinhuangdao, Hebei, China	HQ608849	HQ608860
Sylvia curruca	IOZ2282	Muscle	Xinjiang, China	HQ608839	HQ608880
Sylvia communis	IOZ2272	Blood	Slovakia	HQ608840	HQ608881
Phylloscopus fuscatus	IOZ4369	Muscle	Suifenhe, Heilongjiang, China	HQ608823	HQ608868
Phylloscopus coronatus	IOZ10776	Blood	Qinhuangdao, Liaoning, China,	HQ608834	HQ608874
Phylloscopus collybita	IOZ2304	Blood	Slovakia	HQ608821	HQ608872
Phylloscopus schwarzi	IOZ432	Blood	Tianjin, China	HQ608825	HQ608863
Phyllosopus armandii	IOZ581	Blood	Qinhuangdao, Hebei, China	HQ608831	HQ608871
Phylloscopus occisinensis	IOZ1104	Muscle	Wenxian, Gansu, China	HQ608829	HQ608869
Phylloscopus pulcher	IOZ3960	Muscle	Yanbian, Sichuan, China	HQ608826	HQ608864
Phylloscopus maculipennis	IOZ4081	Muscle	Miyi, Sichuan, China	HQ608828	HQ608866
Phylloscopus proregulus	IOZ1766	Muscle	Wuxue, Hubei, China	HQ608830	HQ608861
Phylloscopus yunnanensis	IOZ8273	Muscle	Shennongjia, Hubei, China	HQ608833	HQ608873
Phylloscopus reguloides	IOZ3746	Muscle	Panzhihua, Sichuan, China	HQ608827	HQ608865
Phylloscopus magnirostris	IOZ4204	Muscle	Meigu, Sichuan, China	HQ608822	HQ608867
Phylloscopus borealis	IOZ429	Muscle	Foping, Shaanxi, China	HQ608832	HQ608870
Phylloscopus trochiloides	IOZ430	Muscle	Tianjin, China	HQ608824	HQ608862
Cettia fortipes	IOZ4583	Muscle	Taibai, Shaanxi, China	HQ608836	HQ608878
Cettia robustipes	IOZ2563	Muscle	Foping, Shaanxi, China	HQ608835	HQ608876
Cettia diphone	IOZ4648	Muscle	Taibai, Shaanxi, China	HQ608838	HQ608879
Cettia flavolivaceus	IOZ4241	Muscle	Meigu, Sichuan, China	HQ608837	HQ608877
Seicercus burkii	IOZ1125	Muscle	Wenxian, Gansu, China	HQ608856	HQ608892
Seicercus castaniceps	IOZ3586	Muscle	Foping, Shaanxi, China	HQ608857	HQ608893
Tesia castaneocoronata	IOZ4261	Muscle	Meigu, Sichuan, China	HQ608852	HQ608888
Abroscopus albogularis	IOZ3126	Muscle	Wuyi mountain, Fujian, China	HQ608846	HQ608894
Acrocephalus orientalis	IOZ4331	Muscle	Dunhua, Liaoning, China	HQ608853	HQ608889
Acrocephalus aedon	IOZ418	Muscle	Suifenhe, Heilongjiang, China	HQ608854	HQ608890
Acrocephalus bistrigiceps	IOZ578	Blood	Qinhuangdao, Hebei, China	HQ608855	HQ608891

Continued

Species	Museum No.	Sample type	Collection sites	GenBank Accession No. cyt b	COI
Prinia criniger	IOZ4183	Muscle	Yanyuan, Sichuan, China	HQ608842	HQ608884
Prinia atrogularis	IOZ4703	Muscle	Guilin, Guangxi, China	HQ608845	HQ608886
Prinia flaviventris	IOZ1432	Muscle	Jiedong, Guangdong, China	HQ608843	HQ608883
Prinia subflava	IOZ1250	Muscle	Nanning, Guangxi, China	HQ608844	HQ608885
Orthotomus sutorius	IOZ82	Muscle	Chaoan, Guangdong, China	HQ608841	HQ608882
Cisticola juncidis	IOZ1310	Muscle	Haifeng, Guangdong, China	HQ608851	HQ608887
Zosterops japonica	IOZ2538	Muscle	Foping, Shaanxi, China	HQ608850	HQ608875
Dicrurus hottentottus	IOZ2049	Muscle	Foping, Shaanxi, China	EF113121	EF422250
Lanius isabellinus	IOZ717	Muscle	Xinjiang, China	EF113120	EF422251

1.2 Extraction, amplification and sequencing

Total genomic DNA was extracted from blood or muscle specimens using the TIANamp Genomic DNA Kit (TIANGEN) as per instructions of the manufacturer. Nucleotide sequence data were obtained from the mitochondrial *cyt b* gene and *COI*.

The primers used to amplify the *cyt b* gene were L14827 and H16065[25], L14731 and H16067[26], L14851 and H16058[27], L14863 and H16058[27]. The primers L6615 and H7956[28] were used for the *COI* gene. Amplification products were sequenced with the same primers as used for PCR amplification.

PCR reactions were carried out under the following conditions: an initial denaturation at 94℃ for 8min; 36 cycles at 94℃ for 30 s, 45–48℃ for 1 min and 72℃ for 2min, followed by a final extension of 10 min at 72℃. For all taxa, both strands of DNA were sequenced using an ABI3730 automated sequencer. The DNA sequences are deposited at GenBank (accession number from HQ608821 to HQ608894).

1.3 Alignment and sequence properties

All DNA sequence datasets were edited using the DNASTAR package (SeqMan), and the sequences of the two gene regions were aligned using ClustalW 1.83[29]. No gaps, insertions, or deletions were found in the aligned sequences and all sequences were translated into amino acid sequences to verify the alignments. Both separated and combined datasets were analyzed. The final sequences included complete *cyt b* gene (1143 bp) and part of *COI* gene (1176 bp). Statistics for nucleotide variation and pairwise genetic distances were computed with MEGA 3.1[30].

1.4 Phylogenetic analyses

Phylogenetic analyses were performed on the combined sequences from the *cyt b* and *COI* genes. In addition, phylogenetic signals in the two datasets were compared by analyzing each gene region separately.

Maximum-likelihood(ML)analyses and incongruence length difference(ILD or partition homogeneity) tests were performed using Paup* 4.0b10. For ML, the optimal model of evolution was determined by hierarchical likelihood ratio tests (hLRTs) in Modeltest 3.06[31]. Parameters for the ML analyses were estimated from the data (Table 2). Furthermore, the GTR+I+G model was identified as the best fit for our data using hLRTs criteria in Modeltest. Bootstrap support values were based on 100 replicate, maximum-likelihood analyses.

The datasets were also analyzed by Bayesian inference. The models for nucleotide substitutions were selected for the two genes individually using the Akaike Information Criterion[32]. We ran four Markov chains for 5 million generations each with trees sampled every 100 generations. The trees saved during the "burn-in phase" (the first 100000 generations in each analysis) were discarded. The posterior probabilities were then calculated from the remaining 49000 saved trees. The remaining trees from both analyses (produced automatically in MrBayes v3.1b) were used to create a majority rule consensus tree. Posterior probabilities greater or equal to 95% were considered significant[33].

2 Results

2.1 Sequence characteristics

In *cyt b*, 523 of 1143 sites varied among taxa and 448 sites (39%) were parsimony-informative. The *COI* gene was less variable than *cyt b*: 424 of 1176 sites varied among taxa and 386 sites (33%) were parsimony-informative. The combined sequences of the two gene segments had 2319 sites, of which 834 (36%) were parsimony-informative.

Pairwise distances among the 37 in-group species and 2 out-group species are summarized in Table 2. In *cyt b* gene, the observed intra-generic sequence divergence ranged from 0.001 (*Acrocephalus orientalis* and *A. aedon*, *Phylloscopus proregulus* and *P. yunnanensis*) to 0.138 (*Phylloscopus collybita* and *P. trochiloides*). Inter-generic *cyt b* comparisons ranged from 0.118 (*Phylloscopus coronatus* and *Cettia diphone*, *Prinia criniger* and *Orthotomus sutorius*) to 0.204 (*Sylvia curruca* and *Acrocephalus aedon*). The smallest divergence in *cyt b* between the in-group and out-group was 0.182 (*Locustella lanceolata* and *Lanius isabellinus*), and the largest 0.232 (*Sylvia curruca* and *Dicrurus hottentottus*). In the *COI* gene, the smallest intra-generic sequence divergence within the in-group was 0.001 (*Phylloscopus proregulus* and *P. yunnanensis*, *Phylloscopus schwarzi* and *P. armandii*,

Acrocephalus orientalis and *A. aedon*) and the largest 0.144 (*Phylloscopus collybita* and *P. maculipennis*). Inter-generic *COI* comparisons ranged from 0.111 (*Cettia fortipes* and *Abroscopus albogularis*) to 0.176 (*Prinia criniger* and *Seicercus castaniceps*, *Cisticola juncidis* and *Phylloscopus trochiloides*). The smallest divergence observed between the in-group and the two out-groups was 0.150 (*Orthotomus sutorius* and *Dicrurus hottentottus*, *Sylvia communis* and *Dicrurus hottentottus*) while the largest divergence was 0.187 (*Acrocephalus bistrigiceps* and *Dicrurus hottentottus*).

cyt b and *COI* had very similar nucleotide compositions, so the two genes, when combined, had a more uniform nucleotide composition than any individual gene. Nucleotide bias of the two genes was similar to that observed in birds in previous studies [21, 23]. At the first codon position, the four bases were equally distributed. At the second position, the amount of G was decreased and that of T increased. The strong bias for an excess of C and paucity of G was shown at the third codon positions.

2.2 Phylogenetic analysis

We analyzed the topologies of ML and Bayesian trees produced by the combined sequences of the two gene segments. The trees, resulting from the maximum-likelihood analysis and Bayesian inference have practically identical topologies when the frequency of occurrence is set to 50% (Fig. 1 and Fig. 2).

The taxa fall into five major clades. *Sylvia* and *Zosterops* are clustered within Clade 1 (ML: 63%; Bayesian: 100%). In Clade 2, *Seicercus* is nested within *Phylloscopus* (ML: 99%; Bayesian: 94%) and the latter genus is divided into three clades in ML tree: Clade A1 with P. collybita, P. fuscatus, P. oc cisinensis, P. schwarzi and P. armandii (ML: 72%; Bayesian: 100%), Clade A2 with *P. pulcher*, *P. mac- ulipennis*, *P. proregulus* and *P. yunnanensis* (ML: 95%; Bayesian: 100%) and Clade B with *P. trochiloides*, *P. reguloides*, *P. coronatus*, *P. magnirostris*, *P. borealis*, *Seicercus burkii* and *S. castaniceps* (ML: 99%, Bayesian: 100%). However, in the Bayesian tree, Clade B is divided into two small clades: Clade B1 with *P. reguloides*, *P. coronatus*, *Seicercus burkii* and *S. castaniceps* (94%) and Clade B2 with *P. trochiloides*, *P. magnirostris* and *borealis* (90%). The close relationship among *Tesia*, *Abroscopus* and *Cettia* receives good bootstrap and posterior probability support (ML: 100% and 76%; Bayesian: 100% and 78%). Clade 4 comprises only three members of *Acrocephalus*. *Locustella*, *Prinia*, *Orthotomus* and *Cisticola* are clustered within Clade 5 (ML: 60%; Bayesian: 100%). Our results here show a close relationship among *Cisticola*, *Orthotomus* and *Prinia* with good nodal support (ML: 100% and 66%; Bayesian: 100% and 100%).

Table 2 Observed pairwise genetic distances for the *cyt b* gene (below diagonal) and the *COI* gene (above diagonal)

	1	2	3	4	5	6	7	8	9	10	11	12	13	14	15	16	17	18	19	20
1		0.130	0.101	0.156	0.154	0.152	0.170	0.149	0.158	0.160	0.147	0.164	0.163	0.162	0.149	0.149	0.155	0.156	0.156	0.153
2	0.115		0.107	0.156	0.156	0.163	0.165	0.140	0.145	0.146	0.144	0.157	0.157	0.150	0.155	0.143	0.147	0.153	0.156	0.155
3	0.108	0.117		0.149	0.144	0.152	0.147	0.136	0.145	0.146	0.138	0.143	0.143	0.158	0.156	0.133	0.149	0.143	0.153	0.150
4	0.178	0.192	0.183		0.121	0.128	0.150	0.145	0.130	0.131	0.130	0.145	0.145	0.154	0.144	0.146	0.151	0.144	0.131	0.150
5	0.173	0.183	0.169	0.134		0.145	0.154	0.151	0.127	0.126	0.136	0.153	0.154	0.156	0.148	0.152	0.146	0.164	0.141	0.157
6	0.183	0.188	0.174	0.187	0.170		0.153	0.149	0.150	0.148	0.137	0.145	0.144	0.144	0.126	0.141	0.137	0.139	0.130	0.144
7	0.159	0.158	0.150	0.156	0.172	0.167		0.128	0.127	0.128	0.124	0.128	0.127	0.116	0.129	0.132	0.136	0.136	0.134	0.137
8	0.161	0.174	0.159	0.166	0.162	0.168	0.117		0.123	0.118	0.111	0.114	0.113	0.120	0.127	0.119	0.114	0.128	0.114	0.141
9	0.168	0.168	0.153	0.174	0.167	0.174	0.122	0.123		0.008	0.097	0.114	0.113	0.116	0.114	0.131	0.120	0.127	0.113	0.131
10	0.166	0.164	0.148	0.168	0.163	0.171	0.117	0.121	0.008		0.098	0.113	0.112	0.120	0.113	0.132	0.121	0.126	0.114	0.132
11	0.169	0.178	0.161	0.165	0.166	0.160	0.128	0.118	0.111	0.106		0.120	0.122	0.130	0.121	0.135	0.126	0.126	0.127	0.130
12	0.163	0.150	0.156	0.155	0.155	0.156	0.119	0.119	0.115	0.109	0.113		0.001	0.117	0.106	0.115	0.117	0.121	0.127	0.137
13	0.164	0.149	0.155	0.154	0.157	0.156	0.118	0.119	0.116	0.110	0.114	0.001		0.116	0.105	0.115	0.117	0.121	0.127	0.137
14	0.175	0.160	0.156	0.172	0.156	0.163	0.124	0.126	0.126	0.121	0.116	0.086	0.087		0.109	0.134	0.133	0.127	0.122	0.143
15	0.166	0.166	0.173	0.166	0.165	0.172	0.114	0.126	0.122	0.118	0.115	0.091	0.092	0.095		0.130	0.125	0.127	0.125	0.136
16	0.153	0.164	0.169	0.167	0.152	0.164	0.131	0.117	0.112	0.112	0.116	0.101	0.102	0.104	0.107		0.076	0.103	0.105	0.100
17	0.17	0.176	0.164	0.178	0.172	0.165	0.134	0.140	0.126	0.122	0.122	0.120	0.121	0.113	0.125	0.085		0.112	0.094	0.111
18	0.161	0.167	0.158	0.163	0.168	0.151	0.127	0.132	0.142	0.139	0.132	0.114	0.113	0.125	0.125	0.101	0.108		0.104	0.112
19	0.163	0.164	0.148	0.160	0.159	0.159	0.135	0.127	0.134	0.134	0.130	0.117	0.118	0.126	0.124	0.095	0.109	0.091		0.126

Continued

	1	2	3	4	5	6	7	8	9	10	11	12	13	14	15	16	17	18	19	20
20	0.158	0.166	0.159	0.170	0.162	0.171	0.138	0.132	0.129	0.125	0.122	0.113	0.114	0.119	0.129	0.101	0.106	0.110	0.110	0.106
21	0.149	0.153	0.154	0.178	0.160	0.158	0.148	0.134	0.143	0.136	0.123	0.123	0.124	0.129	0.118	0.109	0.120	0.101	0.117	0.108
22	0.161	0.149	0.145	0.164	0.158	0.145	0.134	0.123	0.140	0.136	0.115	0.104	0.105	0.117	0.133	0.101	0.113	0.097	0.110	0.176
23	0.187	0.188	0.181	0.203	0.198	0.190	0.178	0.172	0.171	0.167	0.172	0.161	0.162	0.164	0.176	0.156	0.171	0.183	0.160	0.177
24	0.188	0.190	0.182	0.204	0.200	0.191	0.179	0.171	0.172	0.168	0.173	0.162	0.163	0.165	0.177	0.158	0.172	0.184	0.161	0.155
25	0.169	0.181	0.167	0.182	0.186	0.182	0.151	0.151	0.156	0.152	0.159	0.150	0.149	0.155	0.163	0.149	0.156	0.162	0.156	0.145
26	0.168	0.170	0.164	0.186	0.169	0.177	0.159	0.146	0.153	0.146	0.158	0.122	0.123	0.147	0.143	0.129	0.143	0.145	0.141	0.146
27	0.169	0.171	0.165	0.187	0.170	0.178	0.160	0.147	0.154	0.147	0.159	0.123	0.125	0.148	0.145	0.128	0.144	0.146	0.142	0.126
28	0.162	0.169	0.157	0.185	0.155	0.163	0.155	0.141	0.146	0.140	0.137	0.132	0.133	0.139	0.153	0.119	0.127	0.136	0.134	0.138
29	0.168	0.167	0.167	0.191	0.168	0.167	0.152	0.145	0.158	0.152	0.156	0.133	0.132	0.154	0.147	0.127	0.146	0.139	0.137	0.181
30	0.199	0.201	0.188	0.189	0.191	0.204	0.168	0.149	0.182	0.177	0.157	0.160	0.161	0.173	0.168	0.149	0.162	0.169	0.156	0.173
31	0.191	0.181	0.174	0.200	0.198	0.187	0.164	0.161	0.166	0.160	0.173	0.157	0.156	0.170	0.161	0.157	0.167	0.158	0.156	0.146
32	0.158	0.182	0.168	0.177	0.150	0.176	0.145	0.148	0.149	0.144	0.160	0.156	0.157	0.156	0.157	0.139	0.156	0.168	0.157	0.155
33	0.168	0.181	0.172	0.184	0.160	0.192	0.162	0.160	0.159	0.156	0.164	0.151	0.152	0.158	0.172	0.146	0.160	0.174	0.164	0.151
34	0.171	0.192	0.171	0.186	0.171	0.184	0.166	0.161	0.162	0.155	0.169	0.151	0.152	0.166	0.162	0.157	0.160	0.174	0.156	0.149
35	0.169	0.191	0.167	0.181	0.168	0.184	0.164	0.159	0.165	0.157	0.167	0.149	0.150	0.164	0.163	0.155	0.160	0.171	0.154	0.155
36	0.163	0.169	0.164	0.171	0.173	0.184	0.150	0.152	0.156	0.152	0.161	0.142	0.143	0.154	0.152	0.149	0.158	0.165	0.149	0.160
37	0.165	0.168	0.166	0.191	0.165	0.209	0.165	0.156	0.176	0.171	0.170	0.149	0.150	0.163	0.155	0.160	0.165	0.168	0.161	0.196
38	0.19	0.193	0.182	0.218	0.203	0.218	0.198	0.186	0.199	0.196	0.194	0.195	0.197	0.196	0.199	0.192	0.200	0.208	0.183	0.198
39	0.203	0.211	0.194	0.232	0.214	0.200	0.212	0.205	0.210	0.203	0.203	0.193	0.194	0.214	0.207	0.202	0.208	0.203	0.213	0.198

Continued

	21	22	23	24	25	26	27	28	29	30	31	32	33	34	35	36	37	38	39
1	0.158	0.162	0.161	0.159	0.146	0.146	0.146	0.155	0.167	0.162	0.161	0.148	0.154	0.141	0.142	0.146	0.148	0.172	0.171
2	0.138	0.159	0.153	0.154	0.144	0.152	0.153	0.150	0.169	0.144	0.163	0.162	0.163	0.160	0.161	0.150	0.147	0.177	0.167
3	0.148	0.148	0.149	0.148	0.145	0.137	0.138	0.142	0.149	0.143	0.150	0.152	0.159	0.156	0.155	0.133	0.140	0.160	0.163
4	0.144	0.144	0.135	0.136	0.138	0.136	0.136	0.154	0.140	0.131	0.141	0.157	0.148	0.156	0.159	0.146	0.142	0.168	0.158
5	0.147	0.155	0.129	0.130	0.145	0.154	0.153	0.154	0.153	0.144	0.154	0.165	0.158	0.170	0.171	0.144	0.148	0.171	0.150
6	0.130	0.147	0.141	0.140	0.133	0.137	0.138	0.144	0.144	0.144	0.150	0.166	0.151	0.158	0.160	0.159	0.148	0.179	0.162
7	0.132	0.141	0.156	0.155	0.162	0.149	0.146	0.150	0.157	0.148	0.154	0.163	0.164	0.163	0.165	0.160	0.151	0.179	0.171
8	0.121	0.131	0.147	0.148	0.141	0.131	0.130	0.139	0.143	0.146	0.136	0.169	0.153	0.156	0.159	0.145	0.168	0.179	0.158
9	0.127	0.119	0.132	0.131	0.129	0.126	0.125	0.139	0.153	0.133	0.141	0.161	0.145	0.157	0.158	0.141	0.148	0.164	0.158
10	0.128	0.118	0.133	0.132	0.131	0.127	0.126	0.138	0.154	0.134	0.142	0.160	0.146	0.158	0.160	0.142	0.149	0.163	0.159
11	0.128	0.128	0.140	0.141	0.130	0.125	0.122	0.140	0.140	0.149	0.146	0.156	0.151	0.154	0.154	0.133	0.152	0.154	0.165
12	0.114	0.128	0.139	0.138	0.143	0.124	0.123	0.134	0.141	0.134	0.138	0.174	0.164	0.161	0.163	0.147	0.155	0.155	0.160
13	0.113	0.128	0.138	0.137	0.142	0.125	0.124	0.133	0.140	0.133	0.137	0.174	0.163	0.161	0.163	0.147	0.154	0.155	0.161
14	0.116	0.137	0.136	0.135	0.141	0.153	0.151	0.150	0.154	0.140	0.157	0.155	0.169	0.165	0.165	0.164	0.166	0.172	0.172
15	0.118	0.122	0.135	0.134	0.127	0.133	0.132	0.148	0.148	0.146	0.153	0.164	0.166	0.161	0.166	0.159	0.142	0.174	0.177
16	0.100	0.115	0.149	0.150	0.138	0.134	0.133	0.144	0.145	0.147	0.149	0.158	0.163	0.155	0.156	0.141	0.169	0.169	0.172
17	0.106	0.114	0.145	0.146	0.132	0.133	0.134	0.138	0.150	0.137	0.142	0.164	0.152	0.156	0.155	0.140	0.164	0.175	0.174
18	0.103	0.106	0.143	0.142	0.133	0.134	0.134	0.152	0.161	0.144	0.155	0.158	0.161	0.161	0.161	0.160	0.166	0.167	0.162
19	0.100	0.112	0.131	0.130	0.128	0.133	0.131	0.148	0.144	0.136	0.133	0.161	0.139	0.154	0.153	0.135	0.157	0.175	0.175
20	0.112	0.116	0.148	0.149	0.148	0.149	0.147	0.149	0.150	0.152	0.150	0.154	0.160	0.156	0.157	0.144	0.176	0.164	0.165
21		0.117	0.151	0.152	0.139	0.130	0.129	0.151	0.143	0.150	0.146	0.176	0.158	0.150	0.154	0.139	0.155	0.179	0.168
22	0.113		0.146	0.145	0.135	0.128	0.127	0.146	0.144	0.154	0.151	0.151	0.157	0.152	0.155	0.140	0.158	0.182	0.192
23	0.165	0.157		0.001	0.113	0.130	0.131	0.136	0.151	0.138	0.151	0.164	0.162	0.163	0.160	0.151	0.143	0.166	0.156

Continued

	21	22	23	24	25	26	27	28	29	30	31	32	33	34	35	36	37	38	39
24	0.166	0.158	0.001																
25	0.155	0.144	0.125	0.126															
26	0.137	0.125	0.172	0.173	0.160														
27	0.138	0.126	0.173	0.175	0.161	0.001	0.003												
28	0.135	0.118	0.169	0.170	0.151	0.086	0.087	0.114											
29	0.131	0.132	0.178	0.180	0.159	0.101	0.102	0.090	0.127										
30	0.165	0.156	0.175	0.176	0.170	0.134	0.135	0.121	0.151										
31	0.165	0.148	0.179	0.181	0.173	0.127	0.128	0.122	0.128	0.135	0.134								
32	0.161	0.146	0.181	0.182	0.157	0.152	0.153	0.153	0.169	0.175		0.170							
33	0.166	0.149	0.181	0.182	0.161	0.166	0.167	0.145	0.176	0.183	0.183	0.089	0.096						
34	0.161	0.152	0.192	0.193	0.187	0.159	0.161	0.160	0.173	0.172	0.172	0.119		0.114	0.127				
35	0.158	0.147	0.190	0.191	0.185	0.157	0.158	0.160	0.171	0.170	0.170	0.117	0.114	0.004		0.004			
36	0.148	0.144	0.177	0.178	0.171	0.152	0.153	0.141	0.156	0.165	0.172	0.118	0.129	0.124	0.124		0.137		
37	0.148	0.154	0.179	0.180	0.177	0.181	0.182	0.158	0.170	0.192	0.183	0.138	0.142	0.129	0.127	0.137		0.127	
38	0.196	0.184	0.209	0.211	0.200	0.197	0.198	0.185	0.212	0.192	0.204	0.205	0.213	0.203	0.206	0.198	0.196		0.165
39	0.201	0.199	0.228	0.229	0.215	0.210	0.209	0.188	0.211	0.222	0.214	0.211	0.225	0.217	0.219	0.204	0.219	0.177	

Note: 1, *Locustella fluviatilis*; 2, *Locustella certhiola*; 3, *Locustella lanceolata*; 4, *Sylvia curruca*; 5, *Sylvia communis*; 6, *Zosterops japonica*; 7, *Phylloscopus collybita*; 8, *Phylloscopus fuscatus*; 9, *Phylloscopus schwarzi*; 10, *Phylloscopus armandii*; 11, *Phylloscopus occisinensis*; 12, *Phylloscopus proregulus*; 13, *Phylloscopus yunnanensis*; 14, *Phylloscopus maculipennis*; 15, *Phylloscopus pulcher*; 16, *Phylloscopus magnirostris*; 17, *Phylloscopus borealis*; 18, *Phylloscopus reguloides*; 19, *Seicercus burkii*; 20, *Phylloscopus trochiloides*; 21, *Seicercus castaniceps*; 22, *Phylloscopus coronatus*; 23, *Acrocephalus orientalis*; 24, *Acrocephalus aedon*; 25, *Acrocephalus bistrigiceps*; 26, *Cettia robustipes*; 27, *Cettia fortipes*; 28, *Cettia diphone*; 29, *Cettia flavolivaceus*; 30, *Abroscopus albogularis*; 31, *Tesia castaneocoronata*; 32, *Prinia cringer*; 33, *Prinia atrogularis*; 34, *Prinia flaviventris*; 35, *Prinia subflava*; 36, *Orthotomus sutorius*; 37, *Cisticola juncidis*; 38, *Lanius isabellinus*; 39, *Dicrurus hottentott*.

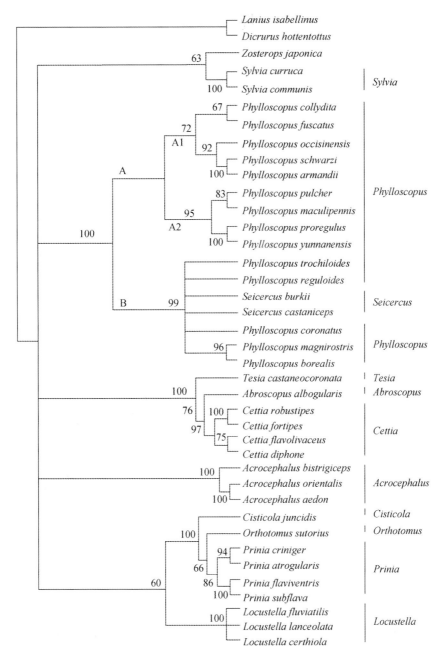

Fig. 1 The maximum likelihood tree（Bootstrap values are shown at nodes on the maximum likelihood trees）from analysis of the *cyt b* and *COI* sequences

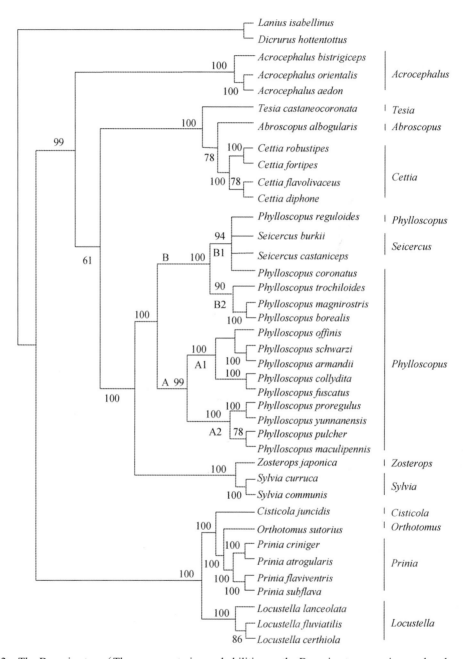

Fig. 2　The Bayesian tree（The mean posterior probabilities on the Bayesian tree are given only where they were 50% or higher）from analysis of the *cyt b* and *COI* sequences

3 Discussion

3.1 Relationships between *Phylloscopus* and *Seicercus*

The genera *Seicercus* and *Phylloscopus* have been traditionally believed to be closely related [34-36]. Sibley and Ahlquist [36] and Sibley and Monroe [7] placed *Phylloscopus* and *Seicercus* in Acrocephalinae of Sylvioidea, while Dickinson [11] erected the subfamily Phylloscopinae including *Phylloscopus*, *Seicercus* and *Abroscopus*. Olsson et al. [37, 38] suggested that both *Phylloscopus* and *Seicercus* are paraphyletic. Alström et al. [7] strongly corroborated the viewpoints of Olsson et al. [37, 38] that *Seicercus* is nested within *Phylloscopus* and thus the latter genus is non-monophyletic. However, *Seicercus* and *Phylloscopus* were still, for twenty years, widely believed to be two distinct genera in the China checklist [1, 9, 10].

In our study, the maximum-likelihood and Bayesian analyses both suggest that *Seicercus* is a close relative of *Phylloscopus*, especially of *P. reguloides*, *P. coronatus*, *P. trochiloides*, *P. magnirostris* and *P. borealis*. Although only two species of *Seicercus* (*S. burkii* and *S. castaniceps*) were studied, we strongly support the idea that the monophyly of *Phylloscopus* is invalid [37, 38]. Two species of *Seicercus* were grouped with five species of *Phylloscopus* (Clade B) and the largest genetic distance among them (0.117) was lower than the largest distance among 14 species of *Phylloscopus* (0.138). Furthermore, *Phylloscopus* and *Seicercus* species have many similar morphological characters, such as incompact feathers on forehead, prolonged shaft propers, many supplementaries before rectal bristles and twelve tail feathers. In view of this evidence, we support the viewpoint that *Phylloscopus* is non-monophyletic, which should include *Phylloscopus* and *Seicercus*, and suggest that *Phylloscopus* and *Seicercus* could be combined into one genus and that the complete species of these two former genera are necessarily involved in further review.

3.2 Relationships within *Phylloscopus*

The genus *Phylloscopus* has the most taxonomic problems. Little is known about this genus in China, except for the morphological review by Jia et al. [39]. As well, new species in *Phylloscopus* have frequently been found [14, 15, 38], e.g. twelve new species were found in China over a period of ten years during the last century [40]. Therefore, a taxonomic revision of some species and subspecies is still needed. However, taxonomic arrangements have traditionally relied on similarities in morphology and ecology [1, 9, 10]. Based on DNA sequence data from our current study with strong support from some closely related species, allow us to cast new insights into the evolution of these birds.

We found two deeply distinct divergent clades (Clades A and B) of *Phylloscopus* in both maximum-likelihood and Bayesian trees (Fig. 1 and Fig. 2). Clade A includes two small clades: Clade A1 (including *P. collybita*, *P. fuscatus*, *P. occisinensis*, *P. schwarzi* and *P. armandii*) and Clade A2 (including *P. pulcher*, *P. maculipennis*, *P. proregulus* and *P. yunnanensis*). Clade B includes five species of *Phylloscopus* in a ML tree and there is a close relationship between *P. magnirostris* and *P. boreali*. Clade B is divided into two sister groups in a Bayesian tree: Clade B1 (including *P. reguloides*, *P. corontus*, *Seicercus burkii* and *S. castaniceps*) and Clade B2 (including *P. trochiloides*, *P. magnirostris* and *P. borealis*). The positions of these species were stable and strongly supported by the trees. Our molecular results are also corroborated by some morphological and ecological characters. There are some morphological similarities of *P. magnirostris* and *P. boreali* among these three species, except for the sixth primary remiges, for example the olive green body and a pair of brown wings. In Clade A1, species *P. occisinensis*, *P. collybita*, *P. fuscatus*, *P. schwarzi* and *P. armandii* share the same morphological character (no stripes on the wings). Species *P. proregulus*, *P. pulcher*, *P. maculipennis* and *P. yunnanensis* in Clade A2 have some distinct morphological characters (one yellow caestus and two yellow stripes on the wings) and inhabit elevations above 1500 m a.s.l. Olsson et al.[38] also supported the two close relations between *P. proregulus* and *P. maculipennis* and between *P. collybita* and *P. schwarzi* on the basis of DNA analysis (*cyt b*, 12S and myoglobin intron II). We may conclude then that there are close relationships between *P. magnirostris* and *P. borealis*, among *P. proregulus*, *P. yunnanensis*, *P. pulcher* and *P. maculipennis*, among the following five species, *P. occisinensis*, *P. collybita*, *P. fuscatus*, *P. schwarzi* and *P. armandii*. Because the Clade B1 and Clade B2 were not supported on the ML trees, the relationships among these species cannot be resolved in this study.

However, there are currently over 30 Phylloscopus species recognized in China and over 50 across the world[1,41]. Unfortunately, because only 16 representatives from *Phylloscopus* and *Seicercus* were included in this study, the validity of *Phylloscopus* is premature for a revision by us and the suggestion needs to be proven in future studies.

3.3 Taxonomic status of *Sylvia* and *Zosterops*

Monroe and Sibley[41] considered the *Sylvia* genus within Sylviidae and *Zosterops* genus in Zosteropidae (both families in the superfamily Sylvioidea). Cheng[10] placed *Sylvia* into Sylviinae under the family Muscicapidae and *Zosterops* into Zosteropidae. Mackinnon and Phillipps[42] and Zheng[1] also considered that *Sylvia* and *Zosterops* fell into two separate families, Sylviidae and Zosteropidae. Recently, a close association of *Zosterops* and *Sylvia* has been suggested by several studies on the basis of mitochondrial and nuclear DNA sequences[43-46]. Furthermore, Alström et al.[6] showed that *Sylvia*, *Zosterops*, *Garrulax* and *Timaliini* are clustered within the same clade and suggested the name *Timaliidae* for this clade. Although few morphological similarities exist between *Zosterops* and *Sylvia*, their close relationship is strongly supported in our study, based on mitochondrial gene sequences. However, we have only one sample of *Zosterops* and two samples of *Sylvia*. A phylogenetic study of these two genera should be considered, at best, as uncertain, but needs to be undertaken in the future.

3.4 Relationships among *Cettia*, *Abroscopus* and *Tesia*

The genera *Cettia*, *Abroscopus* and *Tesia* were placed in Acrocephalinae by Sibley and Monroe[7]. Some taxonomists considered that *Cettia*, *Tesia* and *Urosphena* were near relatives, as were *Tickellia* and *Abroscopus*, but *Abroscopus* has not previously been considered to be closely related with *Cettia* and *Tesia*[2, 7, 11, 47, 48]. The study by Alström et al.[6] of myoglobin intron II and mt-cytochrome *b* gene confirmed that *Cettia* was non-monophyletic and that there were near relationships among *Cettia*, *Tesia*, *Urosphena*, *Abroscopus* and *Tickellia*.

In this study, the *Tesia* and *Abroscopus* species grouped with four species from *Cettia*, forming a strongly supported clade (Fig. 1 and Fig. 2). The sequence divergence in *cyt b* between *Abroscopus albogularis* and *Cettia* species is from 0.121 (*A. albogularis* and *C. diphone*) to 0.151 (*A. albogularis* and *C. flavolivaceus*). However, the sequence divergence in *cyt b* between *A. albogularis* and the taxa of other genera in Sylviidae is from 0.131 to 0.192. Hence, the sequence divergences in *cyt b* between *A. albogularis* and *Cettia* species are smaller than those between *A. albogularis* and other generic species in Sylviidae. Similarly, the sequence divergences in *cyt b* between *T. castaneocoronata* and *Cettia* species are also smaller than those between *T. castaneocoronata* and other Sylviid genera. Although both trees depict *Cettia* as a monophyletic group, we await more study samples to clarify it as a monophyletic or non-monophyletic group.

3.5 Relations among other genera

Sibley and Monroe[7] suggested that the Cisticolidae family included *Prinia* and *Cisticola* and that both *Orthotomus* and *Locustella* were placed into Acrocephalinae of Sylviidae. All the same, in some molecular studies, *Prinia*, *Orthotomus* and *Cisticola* have been found to be closely related, based on mi- tochondrial *cyt b* and 16S RNA, mitochondrial ND2 and 12S RNA[49] and nuclear RAG-1 and RAG-2[50]. Nguembock et al.[51] supported the placement of two Orthotomus species within the Cisticolidae. Alström et al.[6] also supported this and suggested that *Prinia*, *Orthotomus*, *Cisticola* and other genera not studied here could be placed into Cisticolidae. Our results revealed a close relationship among *Prinia*, *Orthotomus* and *Cisticola* with good nodal support. Although *Locustella* species are clustered with a sister group comprising *Prinia*, *Orthotomus* and *Cisticola* in a terminal branch, the nodal support value derived by bootstrap of this clade is low in the maximum-likelihood analysis. Accordingly, more species from four genera *Locustella*, *Prinia*, *Orthotomus* and *Cisticola* are needed to resolve their evolutionary and phylogenetic relationships decisively.

Haffer[52] suggested that *Acrocephalus* and *Locustella* are closely related, but that was disputed by Helbig and Seibold[8]. Leisler et al.[53] and Helbig and Seibold[8] proposed that *Acrocephalus* is non-monophyletic. In the present study, three members of *Acrocephalus* are clustered within the same clade with very high bootstrap and posterior probability. However, we have only a limited supply of samples and further extensive studies are therefore needed to review the taxonomic status and phylogeny of these two genera.

参 考 文 献

[1] Zheng G M. A Checklist on the Classification and Distribution of the Birds of China. Beijing: Science Press, 2005.

[2] Mayr E, Cottrell G W. Checklist to the Birds of the World, Vol. XI. Cambridge: Museum of Comparative Zoology, 1986.

[3] La Touche J D D. A Handbook of the Birds of Eastern China, Vol. 1, Passeriformes. London: Taylor and Francis, 1925-1934.

[4] Vaurie C. The Birds of the Palearctic Fauna: Passeriformes. London: H. F. and G. Witherby Ltd., 1965.

[5] Drovetski S V, Zink R M, Fadeev I V. Mitochondrial phylogeny of *Locustella* and related genera. Journal of Avian Biology, 2004, 35 (2): 105-110.

[6] Alström P, Ericson P G P, Olsson U, et al. Phylogeny and classification of the avian superfamily Sylvioidea. Molecular Phylogenetics and Evolution, 2006, 38: 381-397.

[7] Sibley C G, Monroe Jr B L. Distribution and Taxonomy of Birds of the World. New Haven: Yale University Press, 1990.

[8] Helbig A J, Seibold I. Molecular phylogeny of Palearctic-African *Acrocephalus* and *Hippolais* warblers (Aves: Sylviidae). Molecular Phylogenetics and Evolution, 1999, 11 (2): 246-260.

[9] Cheng T H. A Complete Checklist of Species and Subspecies of the Chinese Birds. Beijing: Science Press, 1994.

[10] Cheng T H. A Complete Checklist of Species and Subspecies of the Chinese Birds (Revised Edition). Beijing: Science Press, 2000.

[11] Dickinson E C. The Howard and Moore Complete Checklist of the Birds of the World. London: Christopher Helm, 2003.

[12] Alström P, Olsson U, Rasmussen P C, et al. Morphological, vocal and genetic divergence in the *Cettia acanthizoides* complex (Aves: Cettiidae). Zoological Journal of Linnean Society, 2007, 149: 437-452.

[13] Alström P, Rasmussen P C, Olsson U, et al. Species delimitation based on multiple criteria: the Spotted Bush Warbler *Bradypterus thoracicus* complex (Aves: Megaluridae). Zoological Journal of Linnean Society, 2008, 154: 291-307.

[14] Martens J, Sun Y-H, Päckert M. Intraspecific differentiation of Sino-Himalayan bush-dwelling *Phylloscopus* leaf warblers, with description of two new taxa (*P. fuscatus*, *P. fuliginventer*, *P. affinis*, *P. armandii*, *P. subaffinis*). Vertebrate Zoology, 2008, 58 (2): 233-265.

[15] Päckert M, Blume C, Sun Y H, et al. Acoustic differentiation reflects mitochondrial lineages in Blyth's leaf warbler and white-tailed leaf warbler complexes (Aves: *Phylloscopus reguloides*, *Phylloscopus davisoni*). Biological Journal of the Linnean Society, 2009, 96 (3): 584-600.

[16] Johnson K P. Taxon sampling and the phylogenetic position of Passeriformes: evidence from 916 avian cytochrome *b* sequences. Systematic Biology, 2001, 50 (1): 128-136.

[17] Klicka J, Fry A J, Zink R M, et al. A cytochrome-*b* perspective on Passerina bunting relationships. The Auk, 2001, 118: 610-623.

[18] Thomassen H A, Wiersema A T, de Bakker M A, et al. A new phylogeny of swiftlets (Aves: Apodidae) based on cytochrome-*b* DNA. Molecular Phylogenetics and Evolution, 2003, 29 (1): 86-93.

[19] Sheldon F H, Whittingham L A, Moyle R G, et al. 2005. Phylogeny of swallows (Aves: Hirundinidae) estimated from nuclear and mitochondrial DNA sequences. Molecular Phylogenetics and Evolution, 35 (1): 254-270.

[20] DeFilippis V. Evolution of the mitochondrial encoded cytochrome oxidase I gene versus the cytochrome *b* gene in ten species of Picidae. Detroit: Wayne State University, Master Thesis, 1995.

[21] Weibel A C, Moore W S. Molecular phylogeny of a cosmopolitan group of woodpeckers (*Genus Picoides*) based on *COI* and *Cyt b* mitochondrial gene sequences. Molecular Phylogenetics and Evolution, 2002, 22 (1): 65-75.

[22] Hebert P D N, Stoeckle M Y, Zemlak T S, et al. Identification of birds through DNA barcodes. PLoS Biology, 2004, 2 (10): e312 (1657-1663).

[23] Webb D M, Moore W S. A phylogenetic analysis of woodpeckers and their allies using 12S, *Cyt b* and *COI* nucleotide sequences (class Aves; order Piciformes). Molecular Phylogenetics and Evolution, 2005, 36 (2): 233-248.

[24] Aliabadian M, Kaboli M, Nijman V, et al. Molecular identification of birds: performance of distance-based DNA barcoding in three genes to delimit parapatric species. PLoS ONE, 2009, 4 (1): e4119.

[25] Pasquet E, Cibois A, Baillon F, et al. What are African monarchs (Aves, Passeriformes)? A phylogenetic analysis of mitochondrial genes. Comptes Rendus Biologies, 2002, 325 (2): 107-118.

[26] Saetre G P, Borge T, Lindell J, et al. Speciation, introgressive hybridization and nonlinear rate of molecular evolution in flycatchers. Molecular Ecology, 2001, 10 (3): 737-749.

[27] Groth J G. Molecular phylogenetics of finches and sparrows: consequences of character state removal in cytochrome *b* sequences. Molecular Phylogenetics and Evolution, 1998, 10 (3): 337-390.

[28] Sorenson M D, Ast J C, Dimcheff D E, et al. Primers for a PCR-based approach to mitochondrial genome sequencing in birds and other vertebrates. Molecular Phylogenetics and Evolution, 1999, 12 (2): 105-114.

[29] Thompson J D, Gibson T J, Plewniak F, et al. The Clustal X windows interface: flexible strategies for multiple sequence alignment aided by quality analysis tools. Nucleic Acids Research, 1997, 25 (24): 4876-4882.

[30] Kumar S, Tamura K, Nei M. MEGA3: Integrated software for molecular evolutionary genetics analysis

and sequence alignment. Briefings in Bioinformatics, 2004, 5: 150-163.

[31] Posada D, Crandall K A. MODELTEST: testing the model of DNA substitution. Bioinformatics, 1998, 14 (9): 817-818.

[32] Akaike H. Information theory as an extension of the maximum likelihood principle//Petrov B N, Csaki F. Second International Symposium on Information Theory. Budapest: Akademiai Kiadó, 1973: 267-281.

[33] Leache A D, Reeder T W. Molecular systematics of the eastern fence lizard (*Sceloporus undulatus*): a comparison of parsimony, likelihood, and Bayesian approaches. Systematic Biology, 2002, 51: 44-68.

[34] Ticehurst C B. A Systematic Review of the Genus *Phylloscopus*. London: Trustees of the British Museum, 1938.

[35] Watson G E, Traylor M A, Mayr E. Family Sylviidae, Old World warblers//Mayr E, Cottrell G W. Checklist to the Birds of the World, Vol XI. Cambridge: Museum of Comparative Zoology, 1986.

[36] Sibley C G, Ahlquist J E. Phylogeny and Classification of Birds. New Haven: Yale University Press, 1990.

[37] Olsson U, Alström P, Sundberg P. Non-monophyly of the avian genus *Seicercus* (Aves: Sylviidae) revealed by mitochondrial DNA. Zoologica Scripta, 2004, 33 (6): 501-510.

[38] Olsson U, Alström P, Ericson P G P, et al. Non-monophyletic taxa and cryptic species—evidence from a molecular phylogeny of leaf-warblers (*Phylloscopus*, Aves). Molecular Phylogenetics and Evolution, 2005, 36 (2): 261-276.

[39] Jia C X, Sun Y H, Bi Z L. The taxonomic status of Chinese Phylloscopus species. Acta Zootaxonomica Sinica, 2003, 28 (2): 202-209.

[40] Irwin D E, Alström P, Olsson U, et al. Cryptic species in the genus Phylloscopus (Old World leaf warblers). Ibis, 2001, 143 (2): 233-247.

[41] Monroe Jr B L, Sibley C G. A World Checklist of Birds. New Haven & London: Yale University Press, 1993.

[42] MacKinnon J R, Phillipps K. A Field Guide to the Birds of China. Oxford: Oxford University Press, 2000.

[43] Barker F K, Barrowclough G F, Groth J G. A phylogenetic hypothesis for passerine birds: taxonomic and biogeographic implications of an analysis of nuclear DNA sequence data. Proceedings Biological Sciences, 2002, 269: 295-308.

[44] Barker F K, Cibois A, Schikler P, et al. Phylogeny and diversification of the largest avian radiation. Proceedings of the National Academy of Sciences of the United States of America, 2004, 101: 11040-11045.

[45] Cibois A. 2003. *Sylvia* is a babbler: taxonomic implications for the families Sylviidae and Timaliidae. Bulletin of British Ornithologists' Club, 2005, 123: 257-261.

[46] Ericson P G P, Johansson U S. Phylogeny of Passerida (Aves: Passeriformes) based on nuclear and mitochondrial sequence data. Molecular Phylogenetics and Evolution, 2003, 29 (1): 126-138.

[47] Wolters H E. Die Vogelarten der Erde. Hamburg & Berlin: Paul Parey, 1975-1982.

[48] Inskipp T, Lindsey N, Duckworth W. An Annotated Checklist of the Birds of the Oriental Region. Sandy: The Oriental Bird Club, 1996.

[49] Sefc K M, Payne R B, Sorenson M D. Phylogenetic relationships of African sunbird-like warblers: Moho (*Hypergus atriceps*), Green Hylia (*Hylia prasina*) and Tit-hylia (*Pholidornis rushiae*). Ostrich, 2003, 74 (1-2): 8-17.

[50] Beresford P, Barker F K, Ryan P G, et al. African endemics span the tree of songbirds (Passeri): molecular systematics of several evolutionary 'enigmas'. Proceedings of the Royal Society B-Biological Sciences, 2005, 272: 849-858.

[51] Nguembock B, Fjeldså J, Tillier A, et al. A phylogeny for the Cisticolidae (Aves: Passeriformes) based on nuclear and mitochondrial DNA sequence data, and a re-interpretation of an unique nest-building specialization. Molecular Phylogenetics and Evolution, 2007, 42 (1): 272-286.

[52] Haffer J. Familie Sylviidae-Zweigsänger (Grassmücke und Verwandte) // Glutz von Blotzheim U N, Bauer K M. Handbuch der Vögel Mitteleuropas. Aula-Verlag, Wi-esbaden, 1991.

[53] Leisler B, Heidrich P, Schulze-Hagen K, et al. Taxonomy and phylogeny of reed warblers (genus *Acrocephalus*) based on mtDNA sequences and morphology. Journal Für Ornithologie, 1997, 138: 469-496.

陕西延安黄龙山褐马鸡自然保护区鸟类资源调查

李宏群　廉振民　陈存根

摘要

通过 2006 年 3 月至 2007 年 3 月对陕西延安黄龙山褐马鸡自然保护区鸟类资源调查，结合历史文献，确认保护区有鸟类 14 目 32 科 139 种。其中国家 I 级保护鸟类 4 种，II 级保护鸟类 18 种。保护区鸟类以留鸟和夏候鸟为主，有留鸟 57 种，夏候鸟 35 种，而冬候鸟、旅鸟分别只有 19 种和 28 种。列入 CITES 的共有 22 种，IUCN 的有 4 种，中国物种红色名录有 7 种。鸟类区系组成为：古北界种类有 39 种，东洋界种类 21 种，广布种 32 种。以古北界种类占优势，且兼有丰富的东洋界种类。同时，具蒙新区、青藏区和华北区特点。

关键词：黄龙山自然保护区；鸟类；区系

陕西延安黄龙山褐马鸡自然保护区是以保护褐马鸡为主要对象的自然保护区，位于黄龙县的柏峪乡、白马滩乡、圪台乡以及宜川县的集义镇境内，属于鄂尔多斯台向斜的东南部分，横跨华北地台和青藏地块北缘祁连山褶皱两大构造单元[1]。从动物地理区划上看，该区属于蒙新区黄土高原亚区，地处渭河谷地省和黄河丘陵沟壑省的交汇地带[2]。由于缺乏地理屏障导致的系统开放性使得本区动物组成中的高原类型、中亚类型、西伯利亚类型和向南延伸的南方类型均在此交汇分布，因此保护区具有丰富的动植物资源。为了了解区内鸟类资源、区系特征，为科学地保护与管理鸟类资源提供基础资料，我们于 2006 年 3 月至 2007 年 3 月，对保护区内的鸟类资源进行了系统的调查。

1 自然概况

陕西延安黄龙山褐马鸡自然保护区位于陕北黄土高原东南部的黄龙山腹地，地理坐标介于 109°38′49″E～110°12′47″E，35°28′46″N～36°02′01″N，南北宽 39.5km，

---

* 原载于：四川动物，2009，28（3）：458-461.

东西长 36.6km，垂直分布范围在海拔 962.6～1783.5m。境内地形起伏，沟壑纵横，属于大陆性暖温带半湿润气候类型，雨热同季，四季分明，年平均气温 8.6℃，极端最低气温为-22.5℃，最高气温为 36.7℃，年平均降雨 611.8mm，多集中在 7～9 月，年蒸发量 856.5mm。地带性土壤为褐土。辖区面积 81 753.0hm^2，其中核心区为 21 269hm^2，缓冲区为 24 208hm^2，实验区为 36 456hm^2。森林植被为暖温带落叶阔叶林地带，天然植被率较高，森林覆盖率 84.6%。植物种类较多，华北区系植物占主导地位，共有 580 多种，其中乔木树种有 22 科 29 属 46 种，被誉为陕北黄土高原的天然绿色资源宝库，素有"黄河流域绿洲"之称。

2 调查方法

2006 年 3 月至 2007 年 3 月，在研究褐马鸡生态和生物学的同时，对该保护区的鸟类作了调查。采用样线法进行野外调查，在调查时分别以白马滩林场、柏峪林场、圪台林场、大岭林场、石台寺林场和薛家坪林场场部为中心，根据各林场场部周围地形选择若干条样线。调查过程中，邀请熟悉环境的各保护站工作人员协同进行，每条样线长 5～10km，由 2～3 人组成，用 Nikon 35×10 望远镜观察并记录种类，对有疑问的种类借助照相机拍摄，将拍摄资料带回室内鉴定。标本的鉴定依据《中国鸟类图鉴》[3]和《中国鸟类分类与分布名录》[4]。同时，补充文献[5]中所记载的鸟类。

3 结果

3.1 种类组成

在黄龙山保护区共记录鸟类 14 目 33 科 139 种（附表），其中非雀形目鸟类 59 种，占 42.45%，雀形目鸟类 80 种，占 57.55%，雀形目鸟类稍占优势。其占陕西鸟类 382 种[5]的 36.39%，占全国鸟类总种数 1331 种[4]的 10.44%，国家Ⅰ级重点保护鸟类 4 种，包括褐马鸡、金雕、黑鹳和白鹳，国家Ⅱ级重点保护鸟类 18 种，包括鸳鸯和 17 种猛禽。被列入《濒危野生动植物种国际贸易公约》（Convention on International Trade in Endangered Species of Wild Fauna and Flora，CITES）（2004）的共有 22 种，其中附录Ⅰ有 1 种，附录Ⅱ有 21 种，占总种数的 15.83%。列入世界自然保护联盟（International Union for Conservation of Nature，IUCN）的有 4 种，其中低危/接近受危（lower risk/near threatened，LR/nt）有 2 种，易危（vulnerable，VU）1 种，濒危（endangered，EN）1 种。中国物种红色名录（2004）有 7 种，近危（NT）5 种，濒危（EN）1 种，易危（VU）1 种。

3.2 区划特征

因为鸟类具有迁徙习性，因此区系特征分析应建立在该地区繁殖的鸟类（含留鸟、夏候鸟）种数统计基础上[2]。保护区中共有繁殖鸟 92 种，非繁殖鸟 47 种。从鸟类区系组成来看，在 92 种繁殖鸟中，完全或主要分布于古北界的有 39 种，占繁殖鸟总数的 42.39%；完全或主要分布于东洋界的有 21 种，占繁殖鸟总数的 22.83%；广泛分布于古北、东洋两界的或分布区较狭窄不易明显划分其界限的种称为广布种，共 32 种，占繁殖鸟总数的 34.78%。可见古北界种类占优势。同时，又结合我国的地理分布资料和动物地理区划，本区属于古北界蒙新区黄土高原亚区，黄土高原鸟类的区系组成归纳为以下 4 种类型：①少数青藏高原成分向东延伸至此高地类型；②中亚类型；③西伯利亚类型；④向北延伸的南方类型。

3.3 居留情况

按照《中国动物地理》的划分，保护区在动物地理区划上属古北界蒙新区黄土高原亚区[2]。从物种的居留类型上看，保护区有留鸟 57 种，占 41.00%；夏候鸟 35 种，占 25.18%；冬候鸟 19 种，占 13.67%；旅鸟 28 种，占 20.14%。同时，旅鸟所占的比例较高，说明该保护区位于鸟类迁徙的通道上。

4 讨论

4.1 区系组成分析

从动物地理方面来看，我国的动物区系具备了古北界和东洋界的特征[6]。现普遍认为，秦岭山脉是古北界和东洋界的分界线，它对北方种类往南扩布所起的障壁作用远不如其对南方种类往北扩布之有效，区内古北界鸟类占优势[7]。陕西延安黄龙山褐马鸡自然保护区，位于秦岭山脉以北，在动物地理区划上属古北界，所以该区古北界鸟类占优势。同时，本地区的植被呈现华北植物区系的特征，北端与内蒙古干旱草原荒漠植被区系密切相关，除了南部秦岭外，地形上再无突出的地理屏障，所以鸟类中的蒙新区、青藏区和华北区的成分在此交汇分布。本区东洋界鸟类所占的比例也较高，分析原因，一方面是近 10 年来我国实行退耕还林、封山育林和植树造林的政策，使得该地区的生态环境好转，以致部分东洋界鸟类越过秦岭至此；另一方面该保护区是秦岭北坡鸟类的延伸分布，使本地区的鸟类区系出现过渡现象。

4.2 居留情况分析

从物种的居留类型上看，保护区有留鸟 57 种，占 41.00%；夏候鸟 35 种，占 25.18%；冬候鸟 19 种，占 13.67%；旅鸟 28 种，占 20.14%。同时，旅鸟所占的比例较高。黄龙山山脉是关中盆地的东北部边缘，是关中盆地与陕北黄土高原的自然分界线，森林资源相对丰富和水文条件的优越导致了本地区具有相对丰富的鸟类资源，以致在本地区繁殖的鸟类较多。同时，本地区是连接黄河中游湿地与我国中西部鸟类迁徙的重要通道，所以本地区旅鸟所占的比例较高。

参 考 文 献

[1] 程裕淇. 中国区域地质概论. 北京：地质出版社，1994.
[2] 张荣祖. 中国动物地理. 北京：科学出版社，1999.
[3] 中国野生动物保护协会，钱燕文. 中国鸟类图鉴. 郑州：河南科学技术出版社，1995.
[4] 郑光美. 中国鸟类分类与分布名录. 北京：科学出版社，2005：371-374.
[5] 仝小林，党太合. 黄龙山国家重点保护野生动物的保护对策. 陕西农业科技，2002，（1）：35-39.
[6] 郑作新. 中国鸟类种和亚种分类名录大全. 北京：科学出版社，2000.
[7] 郑作新，钱燕文，关贯勋，等. 秦岭、大巴山地区的鸟类区系调查研究. 动物学报，1962，14（3）：361-380.

附表　陕西延安黄龙山褐马鸡自然保护区鸟类名录

一　鸊鷉目 PODICIPEDIFORMS	
（一）鸊鷉科 Podicipedidae	
1 小鸊鷉 *Podiceps ruficollis*	冬，广
2 凤头鸊鷉 *P.cristatus*	旅，广
二　鹳形目 CICONIIFORMES	
（二）鹭科 Ardeidae	
3 苍鹭 *Ardea cinerae*	夏，广
4 大白鹭 *Egretta alba*	夏，广
5 黄斑苇鳽 *Ixobrychus sinensis*	夏，东
（三）鹳科 Ciconiidea	
6 黑鹳 *Ciconia nigra*	留，古，Ⅰ，CⅡ
7 白鹳 *Ciconia ciconia*	旅，古，Ⅰ
三　雁形目 ANSERIFORMES	
（四）鸭科 Anatidea	
8 赤麻鸭 *Tadorna ferruginea*	冬，古
9 绿头鸭 *Anas platyrhynchos*	冬，古
10 斑嘴鸭 *A.poecilorhyncha*	冬，古
11 鸳鸯 *Aix galericulata*	冬，古，Ⅱ
四　隼形目 FALCONIFORMES	
（五）鹰科 Accipitridae	
12 苍鹰 *Accipiter gentilis*	冬，古，Ⅱ，CⅡ
13 雀鹰 *Accipiter nisus*	冬，古，Ⅱ，CⅡ
14 鹊鹞 *Circus melanoleucos*	冬，古，Ⅱ，CⅡ
15 白尾鹞 *Circus cyaneus*	冬，古，Ⅱ，CⅡ
16 鸢 *Milvus migrans*	留，古，Ⅱ，CⅡ
17 秃鹫 *Aegypius monachus*	留，广，Ⅱ，CⅡ，LR/nt（IU-CN），NT（红色名录）

续表

18 赤腹鹰 *Accipiter soloensis*		留，东，Ⅱ，CⅡ
19 黑耳鸢 *Milvus lineatus*		留，广，CⅡ
20 大鵟 *Buteo hemilasius*		夏，古，Ⅱ，CⅡ
21 普通鵟 *B.buteo*		留，古，Ⅱ，CⅡ
22 金雕 *Aquila chrysaetos*		留，广，Ⅱ，CⅡ
（六）隼科 Falconidae		
23 燕隼 *Falco subbuteo*		留，古，Ⅱ，CⅡ
24 红隼 *F.tinnunculus*		夏，广，Ⅱ，CⅡ
25 红脚隼 *Falco uespertinus*		留，广，Ⅱ，CⅡ
26 灰背隼 *F.columbarius*		夏，古，Ⅱ，CⅡ
五 鸡形目 GALLIFORMES		
（七）雉科 Phasianidae		
27 褐马鸡 *Crossoptilon mantchuricum*		留，古，Ⅰ，CⅠ，VU（IUCN），VU（红色名录）
28 石鸡 *Alectoris chukar*		留，古
29 鹌鹑 *Coturnix coturnix*		留，古
30 雉鸡 *Phasianus colchicus*		留，古
六 鹤形目 GRUIFORMES		
（八）秧鸡科 Rallidae		
31 小田鸡 *Porzana pusilla*		冬，广
32 董鸡 *Gallicrex cinerea*		夏，东
33 黑水鸡 *G.choropus*		留，东
34 骨顶鸡 *Fulica atra*		冬，广
七 鸻形目 CHARADRIIFORMES		
（九）鸻科 Charadriidae		
35 凤头麦鸡 *Vanellus vanellus*		冬，古
36 金眶鸻 *Charadrius dubius*		旅，广
37 环颈鸻 *Charadrius alexandrinus*		旅，古
（十）鹬科 Scolopacidae		
38 林鹬 *Tringa glareola*		旅，古
39 矶鹬 *T. hypoleucos*		旅，古
40 红脚鹬 *T. tetanus*		旅，古
41 青脚鹬 *T. nebularia*		旅，古
八 鸽形目 COLUMBIFORMES		
（十一）鸠鸽科 Columbidae		
42 岩鸽 *Columba rupestris*		留，广

续表

43 灰斑鸠 *Streptopelia decaocto*	留，广
44 珠颈斑鸠 *S. chinensis*	留，东
九 鹃形目 CUCULIFORMES	
（十二）杜鹃科 Cuculidae	
45 大杜鹃 *Cuculus canorus*	夏，广
46 中杜鹃 *C. saturatus*	夏，广
47 四声杜鹃 *C. micropterus*	夏，东
十 鸮形目 STRIGIFORMES	
（十三）鸱鸮科 Strigidae	
48 毛脚鱼鸮 *Ketupa blakistoni*	冬，东，Ⅱ，CⅡ，EN（IUCN），EN（红色名录）
49 纵纹腹小鸮 *Athene noctua*	留，古，Ⅱ，CⅡ
50 长耳鸮 *Asio otus*	冬，古，Ⅱ，CⅡ
51 短耳鸮 *A. flammeus*	冬，古，Ⅱ，CⅡ
52 普通雕鸮 *Bubo bubo*	留，古，Ⅱ，CⅡ
十一 夜鹰目 CAPRACIIFORMES	
（十四）夜鹰科 Caprimulgidae	
53 普通夜鹰 *Caprimulgus indicus*	夏，古
十二 佛法僧目 CORACIIFORMES	
（十五）翠鸟科 Alcedinidae	
54 普通翠鸟 *Alcedo atthis*	夏，广
55 蓝翡翠 *Halcyon coromanda*	夏，东
（十六）戴胜科 Upupidae	
56 戴胜 *Upupaepops*	留，广
十三 䴕形目 PICIFORMES	
（十七）啄木鸟科 Picidae	
57 蚁䴕 *Jynx torquilla*	旅，古
58 灰头绿啄木鸟 *Picus canus*	留，广
59 大斑啄木鸟 *Dendrocopos major*	留，古
十四 雀形目 PASSERIFORMES	
（十八）百灵科 Alaudidae	
60 凤头百灵 *Galerida critata*	留，广
（十九）燕科 Hirundinidae	
61 家燕 *Hirundo rustica*	夏，广
62 金腰燕 *H. daurica*	夏，东
（二十）鹡鸰科 Motacillidae	

续表

63 山鹡鸰 *Dendronanthus indicus*	夏，古
64 黄鹡鸰 *Motacilla flava*	夏，古
65 黄头鹡鸰 *M. citreola*	夏，古
66 灰鹡鸰 *M. cinerea*	夏，广
67 白鹡鸰 *M. alba*	留，广
68 田鹨 *Anthus rufulus*	留，古
69 树鹨 *A. trivialis*	旅，古
70 水鹨 *A. spinoletta*	旅，古
（二十一）鹎科 Procnonotiae	
71 领雀嘴鹎 *Spizixos semitorques*	夏，东
72 黄臀鹎 *Pycnonotus xanthorrhous*	夏，东
73 白头鹎 *P. sinensis*	夏，东
（二十二）伯劳科 Laniiae	
74 虎纹伯劳 *Lanius tigrinus*	夏，古
75 红尾伯劳 *L. cristatus*	夏，古
76 楔尾伯劳 *L. sphenocercus*	留，古
（二十三）黄鹂科 Orioliae	
77 黑枕黄鹂 *Oriolus chinensis*	夏，东
（二十四）卷尾科 Dicruridae	
78 黑卷尾 *Dicrurus macrocercus*	夏，东
79 灰卷尾 *D. leucophaeus*	夏，东
80 发冠卷尾 *D. hottentottus*	夏，东
（二十五）椋鸟科 Sturnidae	
81 北椋鸟 *Sturnus surninus*	夏，古
82 灰椋鸟 *S. cineraceus*	夏，古
（二十六）鸦科 Corvidae	
83 星鸦 *Nucifraga caryocatactes*	夏，古
84 松鸦 *Garrulus glandarius*	留，古
85 红嘴蓝雀 *Urocissa erythrorhyncha*	留，东
86 灰喜鹊 *Cyanopica cyana*	留，古
87 喜鹊 *Pica pica*	留，东，NT（红色名录）
88 红嘴山鸦 *Pyrrhocorax yrrhocorax*	留，古
89 秃鼻乌鸦 *Corvus frugilegus*	留，古
90 寒鸦 *C. monedula*	留，广
91 大嘴乌鸦 *C. macrorhynchus*	留，广

续表

92 小嘴乌鸦 *C. corone*	留，古
93 白颈鸦 *C. torquatus*	留，广
（二十七）河乌科 Cinclidae	
94 褐河乌 *Cinclus pallasii*	留，广
（二十八）鹪鹩科 Troglodytiae	
95 鹪鹩 *Trogloytes troglodytes*	留，广
（二十九）鹟科 Muscicapiae	
96 贺兰红尾鸲 *Phoenicurus alaschanicus*	冬，古，LR/nt（IUCN），NT（红色名录）
97 赭红尾鸲 *P. ochruros*	夏，古
98 北红尾鸲 *P. auroreus*	夏，广
99 白顶溪鸲 *Chaimarronis leucocephalus*	留，广
100 红尾水鸲 *Rhyacornis fuliginosus*	留，广
101 白冠燕尾 *Enicurus leschenaultia*	留，东
102 灰背鸫 *Turdus hortulorum*	旅，古
103 白腹鸫 *T. pallidus*	旅，古
104 赤颈鸫 *T. ruficollis*	旅，古
105 斑鸫 *T. naumanni*	旅，古
106 棕头鸦雀 *Paradoxornis webbianus*	留，广
107 山噪鹛 *Garrulax davidi*	留，古
108 山鹛 *Rhopophilus pekinensis*	留，古
109 大苇莺 *Acrocpephalus arundinaceus*	夏，广
110 厚嘴苇莺 *Acrocephalus aedon*	旅，古
111 黄腹柳莺 *Phylloscopus affinis*	旅，古
112 黄眉柳莺 *P. inornatus*	旅，广
113 黄腰柳莺 *P. proregulus*	旅，古
114 极北柳莺 *P. borealis*	旅，古
115 暗绿柳莺 *P. trochiloides*	旅，古
116 冠纹柳莺 *P. reguloides*	旅，东
117 金眶鹟莺 *Seicercus burkii*	夏，东
118 红喉鹟 *Ficedula parva*	旅，古
119 乌鹟 *Muscicapa sibirica*	旅，古
120 北灰鹟 *M. dauurica*	旅，东
（三十）山雀科 Paridae	
121 大山雀 *Parus major*	留，广
122 山腹山雀 *P. venustulus*	留，东

续表

123 绿背山雀 *P. monticolus*	留，东
124 沼泽山雀 *P. palustris*	留，古
125 银喉山雀 *Aegithalos caudatus*	留，古
126 银脸山雀 *A. fuliginosus*	留，广，NT（红色名录）
（三十一）鸭科 Sittidae	
127 普通䴓 *Sitta europaea*	留，古
128 红翅悬崖雀 *Tichodroma muraria*	冬，古
（三十二）文鸟科 Ploceidae	
129 麻雀 *Passer montanus*	留，广，NT（红色名录）
（三十三）雀科 Fringillidae	
130 金翅雀 *Carduelis sinica*	留，广
131 北朱雀 *Carpodacus roseus*	冬，古
132 白头鹀 *Emberiza leucophala*	冬，古
133 黄喉鹀 *E. elegans*	留，古
134 灰头鹀 *E. spodocephala*	留，古
135 灰眉岩鹀 *E. cia*	留，古
136 三道眉草鹀 *E. cioides*	留，古
137 小鹀 *E. pusilla*	旅，广
138 黄眉鹀 *E. chrysophrys*	旅，古
139 铁爪鹀 *Calcarrius lapponicus*	旅，古

注：留，留鸟；夏，夏候鸟；冬，冬候鸟；旅，旅鸟。古，古北界；东，东洋界；广，广布种。珍稀鸟类：Ⅰ，国家一级保护物种；Ⅱ，国家二级保护物种；CⅠ，列入濒危野生动植物种国际贸易公约（CITES）附录Ⅰ的物种；CⅡ，列入濒危野生动植物种国际贸易公约（CITES）附录Ⅱ的物种。VU，易危；LR/nt，低危/接近受危；EN，濒危；NT，近危。

陕西黄龙山林区褐马鸡春季觅食地选择*

李宏群　廉振民　陈存根　贾生平　王晋堂　王永斌

> **摘要**
>
> 2006年4~5月，在陕西黄龙山林区采用样带法对褐马鸡春季觅食地选择进行了研究。共测定了9条样带上的54个随机样方和54个栖息地利用样方的20个生态因子。结果表明，褐马鸡春季觅食期间偏好利用针阔混交林，避免针叶林和阔叶林；偏向于下坡位，避免上坡位和中坡位；偏向于中等坡度的山坡（10°~20°），避免坡度较大和较小的山坡；对坡向没有明显的选择性。对利用样方和随机样方进行比较，发现利用样方具有海拔较低、与林间小路和水源较近、乔木种类较少、乔木密度较小、乔木最大胸径较大、乔木最大高度较高、灌木种类较少、灌木密度较小、食物丰富度较大、灌木层植物盖度较小、乔木层植物盖度较大、隐蔽级较小等特征。逐步判别分析表明，乔木密度、与水源距离、灌木密度、灌木种类、乔木最大高度、海拔具有重要作用，由这6个变量构成的方程在对繁殖季节觅食地利用样方和对照样方进行区分时，正确判别率可以达到97.22%。褐马鸡春季觅食地选择主要与食物条件、隐蔽条件和水源有关。
>
> **关键词**：褐马鸡；生境选择；逐步判别分析；黄龙山

褐马鸡（*Crossoptilon mantchuricum*）属鸡形目雉科马鸡属，为我国特有珍稀鸟类，国家I级重点保护野生动物，也属世界易危鸟类之一[1-3]。目前其分布区狭小，主要分布于山西吕梁山、陕西黄龙山、河北小五台山和北京东灵山等地的局部地区[4-6]。由于地理屏障（黄河）和自然植被（太行山植被）的破坏，其分布区已被严重分割成3个区域，分别形成3个地理种群，即山西吕梁山脉的中部种群、河北与北京地区的东部种群和陕西的西部种群[6,7]。调查证实，黄龙山林区是褐马鸡的原产地之一[8]。历史上由于宋、明以来的连年战争，山区移民剧增，大量垦荒，导致森林环境恶化，使陕西褐马鸡种群几乎消失殆尽，而一直未被中外学者发现，致使动物学界曾认为褐马鸡在陕西已绝灭[8]。后来，徐振武等[9]报道了陕北黄龙山林区的褐马鸡种群，并发现其分布区位于黄土高原南缘的黄龙山腹地，涉及黄龙、宜川两县以及韩城市5个乡镇，面积4万多公

---

* 原载于：动物学杂志，2007，42（3）：61-67.

顷，种群数量近 2000 只。

栖息地（生境）指动物种群生活的环境，即动物个体、种群或群落在其生长、发育和分布的地段上，各种生态环境因子的总和[10]。对鸟类而言，栖息地就是个体、种群或群落在其某一生活史阶段（如繁殖期、越冬期）所占据的环境类型，是其各种生命活动的场所[11]。栖息地的质量直接影响动物的地理分布、种群密度和繁殖成功率[12]。觅食地选择是鸟类栖息地选择的一个重要方面。目前对褐马鸡栖息地选择和利用的研究已有报道[13,14]，但对春季褐马鸡觅食地选择和利用尚未进行专门研究。因此，笔者于2006年4~5月在陕西省黄龙山林区对春季褐马鸡觅食地利用进行了研究。该研究有助于了解其生境需求，对保护其栖息地、维护其种群发展有重要意义。

1 研究地区与方法

1.1 自然概况

黄龙山林区位于陕北黄土高原东南部的黄龙山腹地，地理坐标介于109°38′49″E~110°12′47″E，35°28′46″N~36°02′01″N。境内地形起伏，沟壑纵横，海拔962.6~1783.5m，属于大陆性暖温带半湿润气候类型，雨热同季，四季分明，年平均气温8.6℃，极端最低气温为-22.5℃，最高气温为36.7℃，年均降雨611.8mm，多集中在7~9月，年蒸发量856.5mm。地带性土壤为褐土。总面积1941.74km^2，其中林地面积为1682.01km^2。森林植被为暖温带落叶阔叶林地带，以天然植被为主，森林覆盖率84.6%。植物种类较多，华北区系植物占主导地位，共580多种，其中乔木树种有22科29属46种[15]。

由于该地区温湿多雨，地貌复杂，河流众多，森林环境优越，为野生动物的生存提供了极其丰富的食物来源及隐蔽场所。根据2006年陕西延安黄龙山褐马鸡自然保护区综合科学考察报告，保护区内共有鸟类14目31科127种，其中国家重点保护鸟类13种[16]。褐马鸡是我国特有的珍稀鸟类，也是黄龙山林区的固有种。在该林区，鸡形目鸟类还有环颈雉（*Phasianus colchicus*），但其多在远离森林的灌丛中取食，且取食翻动地面程度明显低于褐马鸡。本项研究的地点选择在延安市黄龙山林业局的大岭林场北寺山林区。

1.2 研究方法

1.2.1 已利用生境样方的设置

在研究区内，采用机械布点法设置样带，样线间距约200m，方向从东向西，共设置9条样带，以调查褐马鸡的觅食地位置。每条样线至少调查3次，将褐马鸡白天经常活动且有啄痕处视为觅食地，在觅食地选取一个10m×10m的大样方、4个5m×5m的中样方和5个1m×1m小样方，测量各种栖息地参数。小样方设置方法是将10m×10m大样方的每条对角线都四等分，在1/4、1/2和3/4处各取1个1m×1m的小样方，共取

5个；中样方是把大样方等分。各生境环境变量的测定方法如下。

1）海拔：样地中心的海拔，用GPS测定。

2）坡度：10m×10m样方所处位置的坡度，共分4级，即<10°、10°~20°、20°~30°和>30°，取值分别为1、2、3、4。

3）坡向：10m×10m样方所在山坡正对的坡向，分为阴坡（N67.5°W~N22.5°E）、半阴半阳坡（N22.5°E~S67.5°E和S22.5°W~N67.5°W）和阳坡（S22.5°W~S67.5°E），取值分别为1、2、3。

4）坡位：估计样方所处的位置，可划分为上坡位（山顶或坡上部）、中坡位（山腰或坡中部）和下坡位（山谷、沟底或坡下部），取值分别为1、2、3。

5）离水源最近距离：水源包括水沟、水渠、小河、池塘及泉水等，通过目测估计距离。

6）离林中小道的距离：林中小道为护林员、农民以及牛羊常经过的小路，通过目测估计距离。

7）离林缘的距离：样方中心与森林边缘的距离，通过目测估计距离。

8）乔木层盖度：10m×10m样方的乔木层盖度，通过目测估计。

9）乔木的种类、数量、最大高度、最大胸径：10m×10m样方中乔木种类、数量、最大高度和最大胸径，通过测高器获得。

10）灌木层盖度：灌木层在地面投影面积的比例，通过目测估计。

11）灌木的种类、数量和平均高度：10m×10m样方中的灌木种类、数量和4个中样方平均高度。

12）草本盖度：分别测定5个1m×1m的小样方，取平均值。

13）食物丰富度：指漆树果、松子或草籽等落果以及可食用动物性食物的丰富度，根据取食面积占样方的比例可分为无、少（<10%）、一般（10%~50%）和多（>50%）四级，相应的取值为1、2、3、4。

14）隐蔽度：在每个大样方的对角线上，相距15m处，各执一花秆（高2m）观察对方花秆，以看不见部分所占比例表示，取平均值。

1.2.2 对照样方的设置

为保证对照样方的随机性，采用系统样方方格抽样法[17]，测定同样的生境变量。具体方法为：在研究区域内每隔200m设置一条样线，方向从东向西，共9条，按每200m设置一个样方，使对照样方的抽取面积基本覆盖整个研究区域。根据研究区的面积和形状，共设54个对照样方。此外，如果在对照样方内发现褐马鸡的觅食地，我们就剔除该样方。对照样方测量的参数与利用区相同。

1.3 数据分析

对植被类型、坡度、坡位、坡向4个变量采用卡方（Chi-square）统计进行显著性检验。利用单个样本的Kolmogorov-Smirnov Test检验数据是否呈正态分布。如果原始数据符合正态分布，则使用独立样本的t-检验，对利用组和对照组其他生境变量的差异进行分析；否则，则使用 Mann-Whitney U-检验，确定褐马鸡繁殖季节喜爱何种生境类型。

采用逐步判别分析，对褐马鸡繁殖季节利用样方和对照样方的生态因子进行分析，以确定影响褐马鸡繁殖季节觅食地选择的关键因子。数据采用 Mean±SD 表示，所有的统计分析均在 SPSS 12.0 软件包中完成。

2 结果

2.1 褐马鸡春季觅食地生态因子的一般特征

2006 年 4~5 月期间，在野外共发现 54 个褐马鸡的觅食地。通过对褐马鸡觅食地利用样方和对照样方的生境类型、坡度、坡向、坡位进行频次分析和卡方检验（表1），其结果为：①植被类型的 χ^2 值为 79.190，双尾近似概率 $P<0.01$，表明植被类型对褐马鸡觅食地生境的影响很大，偏向于针阔混交林，避免针叶林和阔叶林；②坡位的 χ^2 值为 21.437，其双尾近似概率 $P<0.01$，表明坡位对褐马鸡觅食地生境的影响也很大，褐马鸡偏向于下坡位，避免上坡位和中坡位；③坡向的 χ^2 值为 3.922，其双尾近似值 $P>0.05$，表明坡位对褐马鸡生境的影响不大，褐马鸡对坡向没有选择性；④坡度的 χ^2 值为 9.080，其双尾近似值 $P<0.05$，表明坡度对褐马鸡生境的影响极大，褐马鸡偏向于中等坡度的山坡（10°~20°），避免坡度较大和较小的山坡。

表1 褐马鸡春季觅食地中各因子的分布频次及卡方检验

因子	项目	频次		百分比（%）	
		利用样方	非利用样方	利用样方	非利用样方
植被类型	阔叶林	6	24	11.11	44.44
	针阔混叶林	33	9	61.11	16.67
	针叶林	15	21	27.78	38.89
	$\chi^2=79.190$, $df=2$, $P=0.000<0.01$				
坡位	上坡位	13	25	24.07	46.29
	中坡位	7	11	12.96	20.37
	下坡位	34	18	62.96	33.33
	$\chi^2=21.437$, $df=2$, $P=0.000<0.01$				
坡向	阳坡	1	5	1.85	9.26
	半阴半阳坡	16	13	29.63	24.07
	阴坡	37	36	68.52	66.67
	$\chi^2=3.922$, $df=2$, $P=0.141>0.05$				

续表

因子	项目	频次		百分比（%）	
		利用样方	非利用样方	利用样方	非利用样方
坡度（°）	>30	9	16	16.67	29.63
	20~30	17	20	31.48	37.04
	10~20	22	14	40.74	25.93
	<10	6	4	11.11	7.41
		χ^2=9.080, df=3, P=0.028<0.05			

比较褐马鸡春季觅食地利用样方与对照样方（表2），结果表明两者在海拔、与林间小路的距离、与水源的距离、乔木种类、乔木密度、乔木最大胸径、乔木最大高度、灌木种类、灌木密度、食物丰富度、灌木层植物盖度、乔木层植物盖度、隐蔽级等变量存在显著或极显著差异。

表2 褐马鸡春季觅食地利用样方与对照样方的变量比较

变量	利用样方（n=54）	对照样方（n=54）	Z值[a]	t值[b]	P
海拔（m）	1243.94±101.431	341.83±114.99		-4.691	0.000**
与水源距离（m）	84.79±40.07	120.09±93.23	-2.320		0.022*
与林间小路距离（m）	26.32±30.73	49.65±34.38	-4.070		0.000**
与林缘的距离（m）	271.44±307.44	213.89±193.08	-0.092		0.927
乔木种类（种/m²）	1.61±0.99	2.50±1.18	-3.974		0.000**
乔木密度（棵/m²）	0.45±0.42	1.22±0.54	-8.248		0.000**
乔木最大胸径（cm）	23.65±9.63	18.78±5.63		5.751	0.000**
乔木最大高度（m）	12.09±4.23	10.11±2.53		2.938	0.004**
灌木种类（种/m²）	3.29±1.09	4.87±1.18	-6.334		0.000**
灌木密度（棵/m²）	6.55±4.36	31.13±24.83	-7.927		0.000**
灌木均高（m）	1.78±0.34	1.76±0.24		0.481	0.632
食物丰富度（%）	3.19±0.62	2.29±0.60	-6.297		0.000**
乔木层植物盖度（%）	0.57±0.15	0.48±0.16	-2.858		0.004**
灌木层植物盖度（%）	0.32±0.22	0.48±0.16	-4.453		0.000**
草本层植物盖度（%）	0.41±0.15	0.47±0.18	-1.819		0.072
隐藏级（%）	0.29±0.21	0.37±0.18	-2.162		0.033*

* P<0.05，** P<0.01；a 为 Mann Whitney U-test；b 为独立样本 t-检验。

2.2 褐马鸡春季觅食地变量的逐步判别分析

从逐步判别分析的结果（表3）看出，在区分利用样方与对照样方上，有一系列生态因子在发挥作用，依照贡献值的大小依次为：乔木密度、与水源距离、灌木密度、灌木种类、乔木最大高度、海拔。由这6个变量构成的方程在对春季觅食地利用样方和对照样方进行区分时，正确判别率可达 97.22%。

表 3 褐马鸡春季觅食地和对照区变量的逐步判别分析结果

序号	参数	Wilk's λ	判别系数	F	显著性值 P
1	乔木密度	0.363	0.858	64.545	0.000
2	灌木密度	0.276	0.528	25.074	0.000
3	灌木种类	0.272	0.510	23.043	0.000
4	与水源距离	0.292	−0.761	32.307	0.000
5	乔木最大高度	0.254	−0.433	14.818	0.000
6	海拔	0.240	0.430	8.562	0.000

3 讨论

本项研究发现，陕西黄龙山褐马鸡春季觅食地主要选择针阔混交林，坡位以下坡位居多，具有较低海拔、坡度较小、与林间小路和水源的距离较近，乔木种类较少、乔木密度小、乔木最大胸径大、乔木最大高度大、灌木种类少、灌木密度小、食物丰富度大、灌木层植物盖度小、乔木层植物盖度大、隐蔽级小等特征（表 1 和表 2）。逐步判别分析的结果也显示乔木密度、与水源距离、灌木密度、灌木种类、乔木最大高度、海拔是重要的生态因子（表 3）。这种选择与繁殖季节褐马鸡的隐蔽条件、食物和水源分布情况密切相关。

已有研究表明，食物、隐蔽性和水源是野生动物生境选择的三大要素，直接影响着野生动物对生境的选择[18]。对一些鸡形目鸟类栖息地选择的研究也证实，乔木密度、灌木密度、坡度、隐蔽条件和与水源的距离是影响其栖息地选择的重要因子[19-21]，这与本研究的结果基本一致。褐马鸡的食性很杂，主要以植物性食物为主，据统计，褐马鸡的食物有 80 余种，其中植物性食物有 50 多种，动物性食物近 20 种[22]。鸡形目鸟类一般喜欢选择动物性食物较丰富的区域活动[19, 23]。在陕西省黄龙山，繁殖季节褐马鸡主要选择针阔混交林（61.11%），显然这种林型能够满足褐马鸡此时对食物的需要。在黄龙山林区的针阔混交林中有一种分布非常普遍的植物山核桃（*Juglans cathayensis*），其果实落在潮湿的地面，很容易生虫（群众交谈），这正好补充繁殖季节褐马鸡对营养的需求。在 4~5 月份，黄龙山还很冷，阔叶林中植物处在刚吐新芽时候，显然隐蔽性差，褐马鸡不予选择。可见，春季褐马鸡一般喜欢隐蔽性较好且动物性食物较丰富的针阔混交林。捕食压力对选择不同类型的栖息地有明显的影响，该压力可以通过选择有效避免捕食者的栖息环境来降低被捕食的风险[24]。在黄龙山地区褐马鸡的天敌可分为 2 类：一为鸦类、鹰类及隼类等鸟类；二是小型兽类，如豹猫（*Prionailurus bengalensis*）、狗獾（*Meles meles*）和黄鼬（*Mustela sibirica*）等。褐马鸡躲避地面食肉动物唯一的办法就是逃避，其选择中等坡度的山坡（10°~20°）、隐蔽级小、乔木和灌木密度较小的生境，这样其视野开阔，可以在远距离发现天敌的到来，以便及时采取对策。通过观察，发现褐马鸡一般都是发现天敌后逃跑。如果情况紧急，它们也会小跑一段，然后起飞，乔木密度小正好有利于其起飞。为了躲避鹰类和隼类，它们通常选择乔木盖度较大、乔木最大胸径较大、乔木最大高度较高的林下觅食，因为在其低头觅食时，警惕性较低，而乔木盖度较大，正好可以减少被天敌发现的机会。所以这一时期褐马鸡偏好选择乔木盖度较大的针阔混交林。该研究结果与白颈长尾雉（Syrmaticus ellioti）对栖息地的选择一致[25, 26]。距水源距离是影响褐马鸡繁殖季节觅食地选择的另一个重要因素。水是动物生活所必需的资源，也是其最重要的生存条件之一[26]。有研究认为，许多鸡形目鸟类的栖息地选择均与水源密切相关[19, 21]。本研究区气候受大陆季风影响显著，夏季炎热，阳光充足，降水复杂多变。研究区内的水源多为季节性溪流。春季繁殖季节，褐马鸡以含水量相对较低的草本植物和干果为主要食物，觅食地距离水源较近，特别是较大溪流附近的地面较软而且草本和无脊椎动物较丰富，这就为其繁殖提供了较丰富的食物资源；同时，在4~5月份褐马鸡已经进入孵卵期，笔者最早发现褐马鸡巢是4月10日，此时期由于褐马鸡长期卧巢，造成体温上升对水的需求量增加。因此，水源距离较近的区域成为繁殖对的偏好生境之一。这一点与贾非等[21]研究白马鸡（Crossoptilon crossoptilon）繁殖早期的栖息地选择结论一致。且由于水源一般距离上坡位较远而位于下坡位，所以其一般选择下坡位、低海拔且距离水源较近的地方。

致谢

感谢陕西延安黄龙山褐马鸡自然保护区给予大力支持。延安大学生命科学学院曹军胜老师和刘伟研究生以及陕西师范大学生命科学学院王云龙研究生在野外数据收集过程中参与了部分工作，在此一并致谢。

参 考 文 献

[1] 郑作新，谭耀匡，卢汰春，等. 中国动物志鸟纲. 北京：科学出版社，1978：182-186.

[2] 郑光美，王岐山. 褐马鸡 // 汪松. 中国濒危动物红皮书（鸟类）. 北京：科学出版社，1998：242-243.

[3] IUCN. The 2000 IUCN Red List of Threatened Animals. Switzerland and Cambridge, UK：INCN Gland，2000.

[4] 卢欣，郑光美，顾滨源. 马鸡的分类、分布及演化关系的初步探讨. 动物学报，1998，44（2）：131-137.

[5] 张龙胜. 褐马鸡的分布现状. 野生动物，1999，20（2）：18.

[6] 张正旺，张国钢，宋杰. 褐马鸡的种群现状与保护对策//中国鸟类学会、台北市野鸟学会、中国野生动物保护协会.中国鸟类学研究———第四届海峡两岸鸟类学术研讨会文集. 北京：中国林业出版社，2000：50-53.

[7] Zhang Z W, Zheng G M, Zhang G G, et al. Distribution and population status of Brown-eared Pheasant in China//Woodburn M, McGowan P, Carroll J, et al. Galliformes2000-Proceedings of the 2nd International Galliformes Symposium. UK：World Pheasant Association，2000：91-96.

[8] 陕西省农牧厅. 陕西农业自然环境变迁史. 西安：陕西科学技术出版社，1986.

[9] 徐振武，雷颖虎，金学林，等. 陕北黄龙山林区发现褐马鸡种群.西北农业大学学报，1998，26（4）：113-114.

[10] 杨维康，钟文勤，高行宜. 鸟类栖息地选择研究进展. 干旱区研究，2000，17（3）：71-78.
[11] 张正旺，郑光美. 鸟类栖息地选择研究进展//中国动物学会. 中国动物科学研究. 北京：中国林业出版社，1999：1099-1104.
[12] Cody M L. Habitat Selection in Birds. Orlando：Academic Press，1985.
[13] 张国钢，张正旺，郑光美，等. 山西五鹿山褐马鸡不同季节的空间分布与栖息地选择研究.生物多样性，2003，11（4）：303-308.
[14] 张国钢，郑光美，张正旺，等. 山西芦芽山褐马鸡越冬栖息地选择的多尺度研究. 生态学报，2005，25（5）：952-957.
[15] 仝小林，党太合. 黄龙山国家重点保护野生动物的保护对策. 陕西农业科技，2002，（1）：35-36.
[16] 李卫忠，赵鹏祥，贾平生，等. 陕西延安黄龙山褐马鸡自然保护区综合科学考察报告.杨凌：西北农林科技大学出版社，2006.
[17] 张洪海，马建章. 紫貂冬季生境的偏好. 动物学研究，1999，20（5）：355-359.
[18] 宋延龄，杨亲二，黄水青. 物种多样性研究与保护. 杭州：浙江科学技术出版社，1998.
[19] 杨月伟，丁平，姜仕仁，等. 针阔混交林内白颈长尾雉栖息地利用的影响因子研究.动物学报，1999，45（3）：279-286.
[20] 丁平，李智，姜仕任，等. 白颈长尾雉栖息地小区利用度影响因子研究. 浙江大学学报（理学版），2002，29（1）：103-108.
[21] 贾非，王楠，郑光美. 白马鸡繁殖早期栖息地选择和空间分布. 动物学报，2005，51（3）：383-392.
[22] 刘振山. 褐马鸡习性简介. 生物学教学，2001，26（1）：17-18.
[23] 石建斌，郑光美. 白颈长尾雉栖息地的季节变化. 动物学研究，1997，18（3）：275-283.
[24] Houtman R，Dill L M. The influence of predation risk on diet selectivity：a theoretical analysis. Evolutionary Ecology，1998，12：251-262.
[25] 丁平，诸葛阳. 白颈长尾雉(*Syrmaticus ellioti Swinhoe*)的生态研究. 生态学报，1988，8（1）：44-50.
[26] 丁平，杨月伟，李智，等. 白颈长尾雉栖息地的植被特征研究.浙江大学学报（理学版），2001，28（5）：557-562.

陕西黄龙山自然保护区冬季褐马鸡取食生境的选择*

李宏群　廉振民　陈存根

摘要

为了理解褐马鸡冬季栖息地的特征，2006年11~12月和2007年1月，在陕西黄龙山采用样线法对褐马鸡冬季取食生境选择性进行了研究。在选定的8条样带上一共测定了42个利用样方以及96个对照样方的19种生态因子。结果表明，褐马鸡冬季多偏向针叶林、阳坡和半阴半阳坡以及中下坡位。对利用样方和任意样方进行比较，发现褐马鸡冬季的利用样方以海拔低、接近水源和林边、人为干扰距离较近、乔木盖度和密度较小、乔木高度较低、灌木盖度和高度较大和隐蔽级较小为主要特征。主成分分析表明，前7个主成分的累积贡献率已经达到了78.847%，可以较好地反映褐马鸡的生境特征。第1和2主成分具有较大的信息荷载量，说明海拔、坡位、乔木密度、水源距离、人为干扰距离、乔木盖度、乔木高度、乔木胸径、灌丛盖度和灌丛高度等生态因子在生境选择中有重要作用。

关键词：褐马鸡；取食生境；主成分分析；黄龙山

褐马鸡（*Crossoptilon mantchuricum*）是世界易危鸟类之一，我国列为濒危物种，目前主要分布于山西吕梁山、陕西黄龙山、河北小五台山和北京东灵山等地的局部地区[1]。近年来，关于褐马鸡栖息地选择的研究已有一些报道[1-3]，但有关陕西黄龙山地区褐马鸡冬季栖息地研究还未见报道。越冬期是雉类生活史的重要阶段[4]。有研究表明，越冬期栖息地质量是影响雉类存活率的关键因子之一[4-6]。笔者于2006年11~12月和2007年1月在陕西省黄龙山林区对冬季褐马鸡取食地选择进行了研究，旨在全面了解褐马鸡冬季栖息地的需求，对保护褐马鸡的栖息地、维护其种群发展提供理论基础。

---

* 原载于：西北师范大学学报（自然科学版），2010，46（3）：94-98.

1 研究地区自然概况与方法

1.1 研究地区自然概况

陕西黄龙山自然保护区（35°28′N～36°02′N，109°38′E～110°12′E）位于延安市的黄龙、宜川两县交界处，垂直分布范围在海拔962.6～1783.5m，总面积1942km^2，林地面积为1682km^2。研究地区设在保护区的核心区北寺山林区，有关保护区的植被见文献[3]。

1.2 样方设置和栖息地特征测定

1.2.1 样方的设置

采用机械布点法设置样带，样线间距约200m，方向从东向西，共设置8条样带，以调查褐马鸡的取食地，由于调查期间研究地区积雪很厚，所以很容易辨别褐马鸡取食痕迹。每天随机选取一条样线进行调查，每条样线至少走三次，一旦发现褐马鸡新鲜取食地，便以此为中心，选取一个10m×10m的大样方、4个5m×5m中样方和5个1m×1m小样方，测量各种栖息地参数。小样方设置方法，将10m×10m样方的每条对角线都四等分，在1/4、1/2和3/4处各取1个1m×1m的小样方，共取5个；中样方是把大样方等分。大样方测定与乔木相关的因子，中样方测定与灌丛相关的因子，小样方测定与草本相关的因子，其他因子见参考文献[3]，测定各生境环境变量如下：海拔、植被类型、坡度、坡向、坡位、地理性、水源距离、林边距离、人为干扰源距离、乔木层盖度、数量、胸径和高度、灌木层盖度、密度和高度、草本盖度和高度以及隐蔽级。为保证对照样方的随机性，采用系统样方方格抽样法[7]，在研究区域内每隔200m设置一条样线，方向从东向西，共8条，按每200m设置一个样方，使对照样方的抽取面积基本覆盖整个研究区域。根据研究区的面积和形状，共设96个对照样方，测定同样的生境变量。此外，如果在对照样方内发现其取食地，就剔除该样方。

1.2.2 数据处理

对植被类型、坡位、坡向和地理性4个变量采用卡方（Chi-square）统计进行显著性检验。利用单个样本的Kolmogorov Smirnov Z检验乔木盖度、乔木高度、乔木直径、乔木密度、灌丛盖度、灌丛高度、灌木密度、草本盖度、草本高度、坡度、海拔、水源距离、人为干扰距离、林边距离和隐蔽级15种生态因子的数据是否呈正态分布，当数据符合正态分布时，使用独立样本的t检验；当数据不符合正态分布时，使用Mann Whitney U检验，对利用样方与任意样方的上述15种生态因子的差异进行分析。再对利用样方的19个因子的数据进行主成分分析，确定褐马鸡在取食生境选择上起主要作用的因子。

2 结果

2.1 褐马鸡对冬季生态因子利用的一般特征

在黄龙山北寺山林区一共观察到42个褐马鸡集中取食地。χ^2检验和频次分析表明，在北寺山林区褐马鸡对取食地林型（$\chi^2=6.859$，$df=2$，$P=0.032<0.05$）、坡向（$\chi^2=7.127$，$df=2$，$P=0.028<0.05$）和坡位（$\chi^2=7.761$，$df=2$，$P=0.021<0.05$）有明显的选择性，多偏向针叶林、阳坡和半阴半阳坡以及中下坡位，回避针阔混交林、阴坡和上坡位；对地理性（$\chi^2=3.683$，$df=2$，$P=0.159>0.05$）没有明显的选择性（表1）。

表1 褐马鸡冬季对取食地3种生态因子的分布频次

因子	类别	频次		百分比（%）	
		利用样方	非利用样方	利用样方	非利用样方
植被类型	阔叶林	1	16	0.0238	0.1667
	针阔混交林	14	32	0.03333	0.3333
	针叶林	27	48	0.6429	0.5000
坡向	阳坡	4	3	0.0952	0.0313
	半阴半阳坡	21	42	0.500	0.4375
	阴坡	17	51	0.4048	0.5313
坡位	上坡位	4	27	0.0952	0.2812
	中坡位	13	20	0.3095	0.2602
	下坡位	25	49	0.5952	0.5194

通过比较褐马鸡冬季利用样方和对照样方，发现两种样方在10种生态因子（海拔、水源距离、人为干扰距离、林边距离、乔木盖度、乔木密度、乔木均高、灌木盖度、灌丛高度和隐蔽级）上有显著差异（$P<0.05$）。与任意样方相比，褐马鸡的利用样方以海拔低、接近水源和林边、人为干扰距离较近、乔木盖度和密度较小、乔木均高较低、灌木盖度和均高较大和隐蔽级较小为主要特征（表2）。

表2 褐马鸡冬季利用样方与对照样方变量的比较

变量	利用样方（$n=42$）	对照样方（$n=96$）	Z值 [a]	t值 [b]	显著性
海拔（m）	1221.86±74.79	1270.52±102.71	-2.764		0.006
坡度（°）	22.12±8.01	24.53±7.48	-1.706		0.090
水源距离（m）	157.14±118.83	292.94±221.83	-3.455		0.001
林边距离（m）	140.76±177.43	304.75±322.07	-2.847		0.004
人为干扰源距离（m）	235.14±174.53	636.39±398.60	-6.257		0.000
乔木盖度（%）	0.41±0.17	0.49±0.18	-2.419		0.017

续表

变量	利用样方（n=42）	对照样方（n=96）	Z 值 [a]	t 值 [b]	显著性
乔木密度（株/100 m²）	5.74±4.99	7.95±4.90	-2.852		0.004
乔木胸径（cm）	21.41±12.48	21.14±9.39		0.137	0.891
乔木均高（m）	9.18±3.50	10.65±2.74	-2.659		0.009
灌木盖度（%）	0.48±0.19	0.37±0.18		2.931	0.004
灌木密度（株/100m²）	264.86±126.01	255.92±130.53		0.374	0.709
灌丛均高（m）	1.73±0.39	1.59±0.35		2.040	0.043
草本层盖度（%）	0.25±0.16	0.22±0.15	-1.120		0.263
草本均高（cm）	11.04±5.01	10.63±4.15		-0.271	0.786
隐蔽级（%）	0.11±0.11	0.25±0.15	-5.718		0.000

注：a 为 Mann Whitney U-检验；b 为独立样本的 t-检验。

2.2 褐马鸡冬季生态因子的主成分分析结果

主成分分析表明，相关矩阵的前 7 个主成分的累积贡献率为 78.847%，可以较好地反映褐马鸡的生境特征。第 1 主成分的贡献率达 22.367%，其中绝对值较大的权系数出现在海拔、坡位、乔木密度、水源距离和人为干扰距离等生态因子上，说明这些生态因子具有较大的信息荷载量。第 2 主成分的贡献率为 17.40%，其中乔木盖度、乔木高度、乔木胸径、灌丛盖度和灌丛高度等绝对值较大，说明这些生态因子具有较大的信息荷载（表3）。

表 3 褐马鸡冬季取食地生境变量的主成分分析

变量	主分量						
	1	2	3	4	5	6	7
林型	-0.259	-0.054	0.314	-0.051	0.712	0.193	-0.220
海拔（m）	0.855	0.020	-0.177	0.359	-0.042	0.172	0.010
坡向（°）	-0.233	0.415	0.384	0.160	0.305	-0.382	-0.027
坡位	0.889	-0.085	-0.024	0.241	-0.086	0.000	0.105
坡度（°）	-0.145	-0.121	0.156	0.546	0.195	0.014	0.618
地理性	0.357	0.079	-0.025	-0.293	0.519	-0.483	0.116
乔木层盖度（%）	0.429	0.667	-0.026	-0.367	0.120	0.159	0.181
乔木高度（m）	0.176	0.838	0.207	-0.155	-0.148	0.006	0.187
乔木胸径（cm）	0.038	0.816	0.378	-0.122	-0.209	0.072	0.156
乔木密度（株/100 m²）	0.582	-0.046	-0.568	-0.225	0.324	-0.086	-0.043
灌木层盖度（%）	0.327	-0.568	0.607	-0.255	-0.132	0.091	-0.017
灌木高度（m）	0.351	-0.637	0.426	-0.123	-.082	0.075	0.011
灌木密度（株/100 m²）	0.250	-0.244	0.627	-0.406	-.013	0.041	0.121

续表

变量	主分量						
	1	2	3	4	5	6	7
草本层盖度（%）	-0.531	0.235	-0.247	0.022	0.185	0.567	-0.116
草本高度（cm）	-0.543	-0.301	-0.125	0.388	-0.020	-0.194	0.337
隐蔽级（%）	0.055	0.320	0.142	0.361	-0.416	-0.319	-0.436
水源距离（m）	0.666	-0.123	-0.408	-0.105	-0.006	-0.097	-0.047
人为干扰距离（m）	0.708	0.157	0.149	0.495	0.141	0.249	0.068
林边距离（m）	0.293	0.149	0.411	0.537	0.319	0.004	-0.368
贡献率（%）	22.37	17.40	10.63	9.97	7.66	5.43	5.39
累积贡献率（%）	22.367	39.77	50.40	60.37	68.02	73.46	78.85

3 讨论

生境能为物种提供食物、水源、隐蔽条件和繁殖场所等资源条件，对物种持续生存繁衍有着深刻影响，是推动物种发展进化的重要的生态因素[8]。主成分分析表明，第1和2主成分中绝对值较大的权系数出现在海拔、坡位、乔木密度、与水源距离、人为干扰距离、乔木盖度、乔木高度、乔木胸径、灌丛盖度和灌丛均高等生态因子上，说明这些生态因子具有较大的信息荷载量。

捕食压力对动物选择不同的栖息地有明显的影响，动物可以通过选择有效避免捕食者的栖息环境来降低被捕食的风险[9]。在黄龙山地区的天敌主要可分为2类：一类为天空的天敌，如苍鹰（*Accipiter gentilis*）、雀鹰（*Accipiter nisus*）和红隼（*Falco tinnunculus*）等；另一类就是小型兽类如豹猫（*Prionailurus bengalensis*）、狗獾（*Meles meles*）、黄鼬（*Mustela sibirica*）和赤狐（*Vulpes vulpes*）等。在冬季，草本植物基本都已枯萎，落叶阔叶树也已落叶，这造成隐蔽条件差，对这些捕食者来说开阔的视野可以更容易发现和捕获猎物。为此，褐马鸡在此时期多选择常绿针叶林，针叶林带林木密集，覆盖度高，具有较好的隐蔽性，能够最大限度地减少被天敌发现的机会，所以褐马鸡较多地选择在常绿针叶林带活动。这一点与蓝马鸡[10]和山西褐马鸡[1,2]冬季觅食地选择相一致。此外，取食地方的乔木盖度和密度较少（表2），这与其林下的灌丛植物长势良好，灌丛较高，灌丛盖度大。野外调查发现，灌木较高时，其林下植被常常比较空旷，这就形成了"亮脚林"[11]，便于褐马鸡活动；灌丛盖度大，有利于隐蔽。对环颈雉（*Phasianus colchicus*）和藏马鸡（*Crossoptilon harmani*）的研究也发现，灌丛的结构与盖度是影响这两种雉类的重要因素[12,13]。

褐马鸡为典型的森林鸟类，主要以植物性食物为主[14]。在陕西黄龙山林区，褐马鸡主要选择针叶林，回避阔叶林，对针阔混交林随机分布（表1）。因为针叶林和针阔混交林能为褐马鸡提供丰富的食物，如松子。这和有人报道松子是褐马鸡冬季的主要食物[1,2]相一致。选择低海拔、坡下位和阳坡，主要是因为冬季高海拔、坡上位和阴坡，由于降雪和温度较低，高海拔和山体上部都已结冻，给其觅食和活动带来不便。山体下部和阳坡温度较高较早解冻，迫使褐马鸡在深冬向低海拔山体下部移动。在山体下部，冬季下雪以后，进山的人数明显减少；另一方面，褐马鸡取食地方隐蔽性都较高，这正好补偿由人为干扰距离过近带来的风险。

有研究认为鸡形目白颈长尾雉（*Syrmaticus reevesii*）、藏马鸡和白马鸡（*Crossoptilon crossoptilon*）等物种的栖息地选择均与水源密切相关[13,15,16]。笔者发现，冬季褐马鸡取食地距水源距离较近，但观察水源附近积雪并没有褐马鸡活动的痕迹，且水源都已结冰，说明褐马鸡冬季并不专门饮水。由此推测褐马鸡冬季的生理需水是通过食雪获得的（雪地上有啄食痕迹），取食地距离水源较近，原因水源都存在于山体下部，所以在黄龙山水源并不是褐马鸡冬季取食地选择的限制因子。

参 考 文 献

[1] 张国钢，张正旺，郑光美，等. 山西五鹿山褐马鸡不同季节的空间分布与栖息地选择研究. 生物多样性，2003，11（4）：303-308.

[2] 张国钢，郑光美，张正旺，等. 山西芦芽山褐马鸡越冬栖息地选择的多尺度研究. 生态学报，2005，25（5）：952-957.

[3] 李宏群，廉振民，陈存根. 陕西黄龙山自然保护区褐马鸡春季栖息地选择的研究. 西北农林科技大学学报（自然科学版），2008，36（4）：228-234.

[4] Homan H J, Linz G M, Bleier W J. Winter habitat use and survival of female ring-necked pheasants (*Phasianus colchicus*) in Southeastern North Dakota. American Midland Naturalist，2000，143:463-480.

[5] Young L, Zheng G, Zhang Z. Winter movements and habitat use by Cabot's Tragopans *Tragopan caboti* in southeastern China. Ibis, 1991, 133: 121-126.

[6] Perkins A L, Clark W, Terry Z, et al. Effects of landscape and weather on winter survival of ring-necked pheasant hens. Journal of Wildlife Management，1997，61（3）：634-644.

[7] 张洪海，马建章. 紫貂冬季生境的偏好. 动物学研究，1999，20（5）：355-359.

[8] 宋延龄，杨亲二，黄水青. 物种多样性研究与保护. 杭州：浙江科学技术出版社，1998.

[9] Houtman R, Dill L M. The influence of predation risk on diet selectivity: a theoretical analysis. Evolutionary Ecology，1998，12（3）：251-262.

[10] 刘振生，曹丽荣，李志刚，等. 贺兰山蓝马鸡越冬期栖息地的选择. 动物学杂志，2005，40（2）：38-43.

[11] 许维枢，吴志康，李筑眉. 白冠长尾雉//卢汰春，刘如笋，何芬奇. 中国珍稀濒危鸡类. 福州：福建科学技术出版社，1991: 328-338.

[12] Smith S A, Stewart N J, Gates J E. Home ranges, habitat selection and mortality of ring necked pheasants (*Phasianus colchicus*) in North-central Maryland. Americam Midland Naturalist, 1999, 141: 185-192.

[13] Lu X, Zheng G M. Habitat use of Tibetan Eared Pheasant *Crossoptilon harmani* flocks in the non-breeding season. Ibis, 2002, 144: 17-22.

[14] 刘焕金，苏化龙，任建强. 中国雉类——褐马鸡. 北京：中国林业出版社，1991.
[15] 丁平，李智，姜仕仁，等. 白颈长尾雉栖息地小区利用度影响因子研究. 浙江大学学报（理学版），2002，29（1）：103-108.
[16] 贾非，王楠，郑光美. 白马鸡繁殖早期栖息地选择和空间分布. 动物学报，2005，51（3）：383-392.

陕西黄龙山自然保护区褐马鸡春季栖息地的选择

李宏群　廉振民　陈存根

摘要

为了解褐马鸡春季栖息地的特征，于2006年4~5月，在陕西黄龙山林区，采用样带法对褐马鸡春季觅食地和休息地选择进行了研究，测定了9条样带上褐马鸡栖息地54个觅食地和28个休息地样方及54个对照样方的20个生态因子。结果表明，在地形和距离因素方面，褐马鸡多偏向低海拔、下坡位、小坡度、距离水源和林间小路较近以及隐蔽级较小的地方觅食；中午休息地多选择在半阴半阳坡、坡度较小、距离林间小路较远以及隐蔽级较大的地方。在植被因素方面，觅食地内乔木和灌木种类要少，乔木最大高度和最大胸径较大，乔木与灌丛密度、草本高度较低以及食物丰富度较大；休息地内乔木层盖度较大，灌丛密度和高度以及草本高度较小。逐步判别分析结果表明，对觅食地选择，与水源最近距离、乔木密度、乔木最大高度、灌木种类、灌丛密度和食物丰富度6个因子的判别能力最强，由这6个变量构成方程的判别准确率达96.29%，可以较好地将觅食地样方与对照样方分开；对休息地选择，坡度、坡向、与林间小路距离、灌丛密度、隐蔽级和乔木层盖度6个因子的判别能力最强，由这6个变量构成方程的判别准确率达92.68%，可以较好地将休息地样方与对照样方分开。可见，与水源最近距离、乔木密度、乔木最大高度、灌木种类、灌丛密度和食物丰富度是觅食地选择的关键因子；坡度、坡向、与林间小路距离、灌丛密度、隐蔽级和乔木层盖度是休息地选择的关键因子。

关键词：陕西黄龙山；褐马鸡；觅食地；休息地；逐步判别分析

　　褐马鸡（*Crossoptilon mantchuricum*）为我国特有珍稀鸟类，国家一级重点保护野生动物，也属世界易危鸟类之一[1-3]。目前，褐马鸡分布区很狭窄，主要分布于山西吕梁

---

* 原载于：西北农林科技大学学报（自然科学版），2008，36（4）：228-234.

山、陕西黄龙山、河北小五台山和北京东灵山等地的局部地区[2, 4]。由于地理屏障（黄河）和自然植被（太行山植被）的破坏，褐马鸡分布区已被严重分割成3个区域，分别形成3个地理种群，即山西吕梁山脉的中部种群、河北与北京地区的东部种群和陕西的西部种群[4, 5]。调查证实，陕西黄龙山林区是褐马鸡的原产地[6]。历史上由于山区移民剧增，大量垦荒，导致森林环境恶化，使褐马鸡种群几乎消失殆尽，且一直未被发现，致使动物学界认为褐马鸡在陕西已灭绝[6]。1998年徐振武等[7]发现，陕北黄龙山林区有褐马鸡种群，其分布区位于黄土高原南缘的黄龙山腹地，涉及黄龙、宜川两县和韩城市5个乡镇，面积超过4万hm^2，种群数量近2000只。

栖息地（或生境）指动物生活的周围环境，即指动物个体、种群或群落在其生长、发育和分布地段，各种生态环境因子的总和。对鸟类而言，栖息地就是个体、种群或群落在其某一生活史阶段（比如繁殖期、越冬期）所占据的环境类型，是其各种生命活动的场所[8, 9]。栖息地的质量直接影响动物的地理分布、种群密度和繁殖成功率[10]。因此，栖息地的研究早已成为鸟类生态学研究的重要方面[9]。目前，对该物种栖息地选择和利用的研究已有报道[11, 12]，但其对春季褐马鸡栖息地选择的研究还不够细致，对陕西褐马鸡西部种群的研究更是空白。本研究于2006年4～5月在陕西省黄龙山自然保护区，对褐马鸡栖息地选择和利用进行了研究，分析了褐马鸡栖息地选择特征，以期了解褐马鸡的生境需求，对保护褐马鸡的栖息地、维护其种群发展提供依据。

1 研究区概况与方法

1.1 研究区自然概况

陕西延安黄龙山褐马鸡自然保护区，位于延安市的黄龙、宜川两县交界处，地处陕北黄土高原东南部的黄龙山腹地，鄂尔多斯苔原向斜南缘与渭北二级苔原接壤处，地理坐标为109°38′E～110°12′E，35°28′N～36°02′N，南北宽39.5km，东西长36.6km，垂直分布范围为海拔962.6～1783.5m，相对高差820.9m，总面积1942km^2，林地面积为1682km^2。研究区设在保护区的核心区北寺山林区，总面积为447hm^2，该区境内人口密度较小，交通闭塞，地形起伏，沟壑纵横。该区雨热同季，四季分明，年平均气温8.6℃，极端最低气温为-22.5℃，最高气温为36.7℃，年平均降雨量611.8mm，多集中在7～9月，年蒸发量856.5mm，属于大陆性暖温带半湿润气候类型。有关保护区的植被见文献[6]。

1.2 数据收集

将褐马鸡的栖息地分为觅食地和休息地两类。一般将有褐马鸡大量觅食痕迹或者卧过痕迹的地方定为1个样方，具体为以其活动集中地为样方的中心，选取1个10m×10m的大样方、4个5m×5m的中样方和5个1m×1m的小样方，测量各种栖息地参数。小样方是将10m×10m样方的每条对角线都四等分，在1/4，1/2和3/4处各取1个1m×1m的小样方，共取5个；中样方是将大样方4等分。觅食地共54个样方，休息地共28个样方。各生境环境变量测定方法如下。

1）海拔：样地中心所处的海拔高度，用 GPS 测定。

2）坡度：整个 10m×10m 样方所处地的坡度。

3）坡向：整个 10m×10m 样方所在山坡正对的坡向，分为阴坡（N67.5°W～N22.5°E）、半阴半阳坡（N22.5°E～S67.5°E 和 S22.5°W～N67.5°W）和阳坡（S22.5°W～S67.5°E），取值分别为 1，2，3。

4）坡位：估计样方所处的位置，可划分为上坡位（山顶或坡上部）、中坡位（山腰或坡中部）和下坡位（山谷、沟底或坡下部），取值分别为 1，2，3。

5）与水源最近距离：水源包括水沟、水渠、小河、池塘及泉水等，通过目测估计。

6）与林间小路距离：林间小路为森林中护林员、农民常经过的道路，通过目测估计。

7）与林缘距离：样方中心与森林边缘的距离。

8）乔木层盖度：整个 10m×10m 样方的乔木层盖度。

9）乔木的种类、密度、最大高度、最大胸径：10m×10m 样方中的乔木种类、数量、最大高度、最大胸径。

10）灌木层盖度：灌木层在地面投影面积的比例。

11）灌木的种类、密度和高度：10m×10m 样方中的灌木种类、数量和 4 个中样方的平均高度。

12）草本层盖度：5 个 1m×1m 小样方的草本层盖度，取其平均值。

13）草本高度：5 个 1m×1m 小样方草本高度的平均值。

14）食物丰富度：指漆树果、松子或草籽等落果以及可食用动物性食物的丰富度，根据取食面积和翻动程度可分为无、少、一般和多 4 级，相应的取值为 1、2、3、4。

15）隐蔽级：在样方中心树立一个高 1m 的木杆，在其周围东南西北 4 个方向距离中心 20m 处测量可见木杆长度占木杆总长度的比例，并计算平均值。

16）森林类型：以油松为主针叶林（油松比例>70%）、针阔混交林和以栎类、桦类为主阔叶林（阔叶林比例>70%）。

为保证对照样方的随机性，采用系统样方方格抽样法[13]，测定了同样的生境变量。具体方法为：在研究区域内，不同海拔每隔 200m 设置一条样线，共 9 条，按每 200m 设置一个样方，使对照样方的抽取面积基本覆盖整个研究区域。根据研究区的面积和形状，共设 54 个对照样方。对照样方测量的参数与利用区相同。

1.3 数据分析

对利用组和对照组生境变量的差异进行比较，先用 Kolmogorov Smirnov Z 检验数据是否符合正态分布。如果原始数据符合正态分布，则使用独立样本的 t 检验；如果原始数据不符合正态分布，则使用 Mann-Whitney U 检验。利用所有差异性显著（$P<0.05$）的变量进入后续分析。利用 Spearman correlation 判断显著性变量之间的相关性，当两变量之间的相关系数 r 的绝对值 ≥ 0.60 时，则取生态学意义比较重要的变量进入下面的分析[14]。采用逐步判别分析（stepwise discriminant analysis）的方法对剩余栖息地变量予以筛选，以确定影响褐马鸡栖息地选择的关键因子，其中，Wilk's λ 表示贡献值的大

小；标准判别系数表示标准化方程系数。各变量在描述时采用"Mean±SD"表示，其中 Mean 为算术平均值，SD 为标准差。数据用 SPSS 13.0 软件进行处理。

2 结果与分析

2.1 褐马鸡对觅食地、休息地地形和距离因素的选择结果

2006 年 4~5 月，在野外共发现 54 个褐马鸡觅食地和 28 个休息地。对褐马鸡觅食地样方、休息地样方与对照样方各生态因子的比较，结果见表 1。

表 1 表明，觅食地样方海拔、坡位、坡度、与水源最近距离、与林间小路距离以及隐蔽级与对照样方存在显著或极显著差异，说明褐马鸡对觅食地的选择多偏向低海拔、下坡位、小坡度、距离水源和林间小路较近以及隐蔽级较小的地方。同时，对觅食地样方与对照样方进行 χ^2 检验，得出褐马鸡觅食地倾向针阔混交林（χ^2=79.190，df=2，P=0.000<0.05）。

休息地样方坡向、坡度、与林间小路距离及隐蔽级与对照样方存在显著或极显著差异，说明褐马鸡休息地多选择在半阴半阳坡、坡度较小、距离林间小路较远以及隐蔽级较大的地方。同时，对休息地样方与对照样方进行 χ^2 检验，得出褐马鸡休息地倾向针叶林（χ^2=10.589，df=2，P=0.005<0.05）。

表 1 褐马鸡春季觅食地休息地与对照样方生态因子的比较

变量	觅食地样方 (n=54)	休息地样方 (n=28)	对照样方 (n=54)	觅食与对照 Z 值	觅食与对照 t 值	休息与对照 Z 值	休息与对照 t 值
海拔（m）	1 243.94~101.43	1 374.75~118.24	1 341.83~114.99		-4.691**		1.214
坡位	1.61~0.86	2.18~0.905	2.13~0.89	-3.00**			0.235
坡向	1.33~0.51	1.75~0.52	1.43~0.66	-0.454		-2.725**	
坡度（°）	19.44~10.92	17.21~7.76	25.12~8.80		-2.980**		-4.012**
与水源最近距离（m）	84.79~40.07	119.82~74.22	120.09~93.23	-2.556*		-0.514	
与林间小路距离	26.32~30.73	104.46~131.39	49.65~34.38	-4.070**		-4.104**	
与林缘距离（m）	271.44~307.44	274.82~20.91	213.89~193.08	-0.092		-1.331	
乔木种类	1.61~0.99	2.36~1.19	2.50~1.18	-3.974**		-0.913	
乔木密度	0.45~0.42	1.14~0.94	1.22~0.54		-8.248**	-1.037	
乔木最大胸径（cm）	25.65~9.63	19.90~5.30	18.78~5.63		4.526**		0.872
乔木最大高度（m）	12.09~4.23	10.06~2.78	10.11~2.53		2.938**		-0.095
灌木种类	3.29~1.09	4.71~0.90	4.87~1.18	-6.334**		1.037	

续表

变量	觅食地样方（n=54）	休息地样方（n=28）	对照样方（n=54）	觅食与对照 Z值	觅食与对照 t值	休息与对照 Z值	休息与对照 t值
灌丛密度	6.55～4.36	24.14～11.13	31.13～24.83	-7.927**		-1.956*	
灌丛高度（m）	1.78～0.34	1.35～0.34	1.76～0.24		0.481		-6.248**
草本高度（cm）	13.72～4.18	14.29～4.34	17.19～6.42		-3.330**		-2.152*
食物丰富度	3.19～0.62	2.21～0.42	2.29～0.60	-6.297**		-0.566	
乔木层盖度（%）	0.57～0.15	0.56～0.15	0.48～0.16	-2.713**			2.189*
灌丛盖度（%）	0.32～0.22	0.44～0.17	0.48～0.16		-4.453**	-1.292	
草本层盖度（%）	0.41～0.15	0.51～0.18	0.47～0.18	-1.819		0.853	
隐蔽级	0.29～0.21	0.47～0.17	0.37～0.18		-2.162*		2.457*

* $P<0.05$，** $P<0.01$。

2.2 褐马鸡对觅食地、休息地植被因素的选择结果

表1表明，觅食地样方乔木种类、密度、最大高度、最大胸径以及盖度，灌木种类、密度以及盖度，草本高度和食物丰富度等均与对照样方存在显著或极显著差异，说明褐马鸡选择觅食地要求乔木和灌木种类较少，乔木最大高度和最大胸径较大，乔木与灌丛密度和草本高度较小以及食物丰富度较大。

休息地样方乔木层盖度、灌丛密度和高度以及草本高度与对照样方存在显著或极显著差异，说明褐马鸡选择休息地要求乔木盖度较大，灌丛密度和高度以及草本高度较小。

2.3 影响褐马鸡栖息地选择的主要因子

2.3.1 觅食地选择

对觅食地与对照样方差异显著的16个变量进行相关分析，根据相关系数绝对值均大于0.6，剔除海拔、坡位、乔木最大胸径、与林间小路距离、灌丛盖度以及隐蔽级6个变量，将其余10个变量全部纳入逐步判别分析，选择出影响褐马鸡觅食地选择的主要因素，结果见表2。由表2可知，在区分觅食地样方和对照样方时，与水源最近距离、乔木密度、乔木最大高度、灌木种类、灌丛密度和食物丰富度6个因子的判别能力最强。标准化的典型判别函数为 $y=-0.538×$与水源最近距离$+0.907×$乔木密度$-0.342×$乔木最大高度$+0.543×$灌木种类$+0.480×$灌丛密度$-0.339×$食物丰富度。由这6个变量构成的方程判别准确率达96.29%，可以较好地将觅食地样方与对照样方分开。

2.3.2 休息地选择

对休息地样方与对照样方差异显著的8个变量进行相关分析可知，仅有灌丛密度与

灌丛高度之间相关系数绝对值大于 0.6，于是剔除灌丛高度变量，将其余 7 个变量全部纳入逐步判别分析，选择出影响褐马鸡休息地选择的主要因素，结果见表 3。由表 3 可知，在区分休息地样方和对照样方时，坡度、坡向、与林间小路距离、灌丛密度、隐蔽级和乔木层盖度 6 个因子的判别能力最强。标准化的典型判别函数为 y=-0.500×坡度+0.570×坡向+0.597×与林间小路距离-0.370×灌丛密度+0.621×隐蔽级+0.493×乔木层盖度。由这 6 个变量构成的方程判别准确率达 92.68%，可以较好地将休息地样方与对照样方分开。

表 2　褐马鸡繁殖季节觅食地与对照区变量的逐步判别分析结果

参数	Wilk's λ	标准判别系数	显著性值 P
与水源最近距离	0.609	-0.538	0.000
乔木密度	0.390	0.907	0.000
乔木最大高度	0.313	-0.342	0.000
灌木种类	0.266	0.543	0.000
灌丛密度	0.239	0.480	0.000
食物丰富度	0.219	-0.339	0.000

表 3　褐马鸡繁殖季节休息地与对照区变量的逐步判别分析结果

参数	Wilk's λ	标准判别系数	显著性值 P
坡度	0.833	-0.500	0.000
坡向	0.770	0.570	0.000
与林间小路距离	0.703	0.597	0.000
灌丛密度	0.611	-0.370	0.000
隐蔽级	0.565	0.621	0.000
乔木层盖度	0.532	0.493	0.000

3　讨论

3.1　食物因子对觅食地选择的影响

已有研究表明，食物、隐蔽性和水源是野生动物生境选择的三大要素，直接影响着野生动物对生境的选择[15]。有报道认为，鸡形目鸟类一般喜欢选择动物性食物较丰富的区域活动[16, 17]。褐马鸡的食性很杂，主要以植物性食物为主。据统计，褐马鸡的食物有 80 余种，其中植物性食物有 50 多种，动物性食物近 20 种[18]。在陕西省黄龙山，繁殖季节褐马鸡主要选择针阔混交林，显然这种林型能够满足褐马鸡此时对动植物食物的需要。因为在黄龙山林区，针阔混交林中非常普遍的植物为山核桃（*Juglans cathayensis*）、漆树（*Toxicodendron verniciflumm*）和连翘（*Forsythia suspense*），山核桃的果实在潮湿的地面第 2 年很容易生虫（群众交谈）；漆树种子含有丰富的脂肪，在树下残留有上年的许多种子；连翘在当地是一种优势灌丛，在春季其根部有许多嫩芽，这些正好补充繁殖季节褐马鸡对营养的需求。而阔叶林也有这种现象，但在 4~5 月份，黄龙山气候还很冷，植物刚吐新芽，隐蔽性低，褐马鸡也不选择。因此，春季褐马鸡一般喜欢隐蔽性较高且动物性食物较丰富的针阔混交林。所以褐马鸡春季首选食物丰富的地方觅食，乔木和灌丛种类少，说明其取食有指示物种。

3.2 捕食压力对栖息地选择的影响

捕食压力对动物选择不同的栖息地有明显的影响，动物可以通过选择有效避免捕食者的栖息环境来降低被捕食的风险[19]。在黄龙山地区褐马鸡的天敌主要可分为 2 类：一类为天空的天敌，如鸦类、鹰类及隼类；另一类就是小型兽类，如豹猫（*Prionailurus bengalensis*）、狗獾（*Meles meles*）和黄鼬（*Mustela sibirica*）等。躲避地面的食肉动物，褐马鸡唯一的办法就是逃避，觅食时大部分时间用于觅食，其警戒的时间缩短，为了逃避敌害，必须提前发现敌害，所以其选择乔木和灌木密度较小的生境，这样其视野开阔，可以远距离随时发现天敌的到来，以便及时采取对策。通过观察发现，褐马鸡都是提前发现敌情逃跑，如果情况紧急，它们小跑一段，然后起飞，乔木密度小正好有利于起飞并滑翔较远的距离；为了躲避鹰类和隼类，它们通常选择乔木盖度较大、乔木最大高度大的林下觅食，因为在其低头觅食时，警惕性较低，乔木盖度较大，正好可以减少它们警惕的投资。说明乔木盖度较大是褐马鸡觅食地选择的一个重要指标。这一点与白冠长尾雉对栖息地的选择相一致[20,21]。在此休息期间，褐马鸡可以通过阳光补充体热并护理羽毛，同时，它们也放松对天敌的警惕，因此多选择坡度小、坡向为半阴半阳坡、与林间小路距离较远、灌丛密度小、隐蔽级和乔木盖度较大的针叶林。坡度小有利于躺卧，半阴半阳坡防止阳光曝晒，与林间小路距离较远减少人为干扰，灌丛密度小便于提前发现敌害，隐蔽级和乔木盖度较大增加隐蔽性。

3.3 水对栖息地选择的影响

水是动物生活所必需的资源物质，也是其最重要的生存条件之一[22]。有研究认为，鸡形目许多物种的栖息地选择均与水源密切相关[23-25]。研究区气候受大陆季风影响显著，夏季炎热，阳光充足，降水复杂多变。在春季，研究区内气候干燥，水源多为一些永久性的泉水或溪流。同时，在此季节，褐马鸡多以含水量相对较低的草本植物和干果为主要食物，觅食地距离这些水源较近，特别是较大溪流附近的地面较软而且草本和无脊椎动物较丰富，因此水源附近成为繁殖对的偏好生境之一。这与贾非等[25]研究白马鸡繁殖早期繁殖对的出现概率与距水源距离负相关的结论一致。但水源也是褐马鸡天敌经常光顾的地方，所以褐马鸡在休息时，将休息地选择在远离水源的地方。

参 考 文 献

[1] 郑作新，谭耀匡，卢汰春，等.中国动物志（鸟纲）.北京：科学出版社，1978：182-186.
[2] 郑光美，王歧山. 褐马鸡//汪松.中国濒危动物红皮书（鸟类）.北京：科学出版社，1998：242-243.
[3] IUCN. The 2000 IUCN red list of threatened animals. Switzerland and Cambridge, UK：INCN Gland,

2000.

[4] 张正旺, 张国钢, 宋杰. 褐马鸡的种群现状与保护对策//中国鸟类学会, 台北市野鸟学会, 中国野生动物保护协会. 中国鸟类学研究———第四届海峡两岸鸟类学术研讨会文集. 北京: 中国林业出版社, 2000: 50-53.

[5] Zhang Z W, Zheng G M, Zhang G G, et al. Distribution and Population Status of Brown-eared Pheasant in China. UK: World Pheasant Association, 2002: 91-96.

[6] 李宏群, 廉振民, 陈存根, 等. 陕西黄龙山林区褐马鸡春季觅食地选择的研究. 动物学杂志, 2007, 42（3）: 61-67.

[7] 徐振武, 雷颖虎, 金学林, 等. 陕北黄龙山林区发现褐马鸡种群. 西北农业大学学报, 1998, 26（4）: 113-114.

[8] 杨维康, 钟文勤, 高行宜. 鸟类栖息地选择研究进展. 干旱区研究, 2000, 17（3）: 71-78.

[9] 张正旺, 郑光美. 鸟类栖息地选择研究进展//中国动物学会.中国动物科学研究.北京: 中国林业出版社, 1999: 1099-1104.

[10] Cody M L. Habitat Selection in Birds. Orlando: Academic Press, 1985.

[11] 张国钢, 张正旺, 郑光美, 等. 山西五鹿山褐马鸡不同季节的空间分布与栖息地选择研究. 生物多样性, 2003, 11（4）: 303-308.

[12] 张国钢, 郑光美, 张正旺, 等. 山西芦芽山褐马鸡越冬栖息地选择的多尺度研究. 生态学报, 2005, 25（5）: 952-957.

[13] 张洪海, 马建章. 紫貂冬季生境的偏好. 动物学研究, 1999, 20（5）: 355-359.

[14] Lahaye W S, Cutierrez R J. Nest sites and nesting habitat of the Northern Spotted Owl in northwestern California. Condor, 1999, 101: 324-330.

[15] 宋延龄, 杨亲二, 黄水青. 物种多样性研究与保护. 杭州: 浙江科学技术出版社, 1998.

[16] 石建斌, 郑光美. 白颈长尾雉栖息地的季节变化. 动物学研究, 1997, 18（3）: 275-283.

[17] 杨月伟, 丁平, 姜仕仁, 等. 针阔混交林内白颈长尾雉栖息地利用的影响因子研究. 动物学报, 1999, 45（3）: 279-286.

[18] 刘振山. 褐马鸡习性简介. 生物学教学, 2001, 26（1）: 17-18.

[19] Houtman R, Dill L M. The influence of predation risk on diet selectivity: a theoretical analysis. Evolutionary Ecology, 1998, 12: 251-262.

[20] 丁平, 诸葛阳. 白颈长尾雉(*Syrmaticus ellioti Swinhoe*)的生态研究. 生态学报, 1988, 8（1）: 44-50.

[21] 丁平, 杨月伟, 李智, 等. 白颈长尾雉栖息地的植被特征研究. 浙江大学学报（理学版）, 2001, 28（5）: 557-562.

[22] 孙儒泳. 动物生态学原理. 3版. 北京: 北京师范大学出版社, 2001: 71.

[23] 丁平, 李智, 姜仕任, 等. 白颈长尾雉栖息地小区利用度影响因子研究. 浙江大学学报(理学版), 2002, 29（1）: 103-108.

[24] Lu X, Zheng G M. Habitat use of Tibetan Eared Pheasant *Crossoptilon harmani* flocks in the non-breeding season. Ibis, 2002, 144: 17-22.

[25] 贾非, 王楠, 郑光美. 白马鸡繁殖早期栖息地选择和空间分布. 动物学报, 2005, 51（3）: 383-392.

陕西延安黄龙山自然保护区褐马鸡冬季栖息地选择*

李宏群　廉振民　陈存根

摘要

2006年11~12月和2007年1月,在陕西黄龙山林区,对褐马鸡冬季栖息地的选择进行了研究。首先对整个研究区域进行系统取样并测量环境参数。有种群出现的栅格定义为探测栅格($n=53$),反之为非探测栅格($n=46$)。海拔、坡度、坡向的余弦、乔木盖度、灌木盖度、灌丛盖度、与最近水源距离、与乡间土路距离、与最近居民点距离以及与最近林缘距离等在探究栅格和非探究栅格之间呈显著差异。将显著差异变量经单变量逻辑斯蒂回归进行筛选($P<0.3$),再使用Spearman correlation对这些剩余差异显著变量进行相关性分析,排除了与最近水源距离、与乡间土路距离、与最近居民点距离3个因子,以最后剩余变量作为自变量,以褐马鸡探测栅格和非探究栅格作为因变量,采用向前筛选的逐步逻辑斯蒂回归分析,最后选择具有最小AIC_c值的回归等式为最佳的回归模型,其模型为:$\pi(x)=\text{eg}(x)/1+\text{eg}(x)$,$g(x)=22.107-0.004\times$距最近林边距离$+13.623\times$乔木盖度$-0.021\times$海拔。模型表明,褐马鸡群体的栖息地选择与乔木盖度正相关,与距离林边最近距离和海拔负相关。该预测模型具有较高的预测准确性。

关键词:褐马鸡;冬季;逻辑斯蒂;黄龙山

褐马鸡(*Crossoptilon mantchuricum*)为我国特有珍稀鸟类,国家一级重点保护野生动物,是世界易危鸟类之一,被我国列为濒危物种[1-3]。其目前主要分布于山西吕梁山、陕西黄龙山、河北小五台山和北京东灵山等地的局部地区,且由于地理屏障和自然植被的破坏,其分布区已被严重分割成3个区域,分别形成3个地理种群,即山西吕梁山脉的中部种群、河北与北京地区的东部种群和陕西的西部种群[4,5]。数学模型是研究动物栖息地选择的重要方法之一,这些模型从线性回归模型逐步发展到多元曲线回归模型[6,7],其中

---

*原载于:林业科学,2010,46(6):102-106.

逻辑斯蒂回归模型是最常见的模型之一[8, 9]。逻辑斯蒂回归模型是对二态变量进行回归分析的标准方法，由于其结果的直观性和预测的可靠性，被逐渐用于鸟类栖息地选择研究中[9-12]。本文通过系统取样运用逻辑斯蒂回归模型方法，建立越冬栖息地模型，对褐马鸡西部种群冬季栖息地的选择进行了分析，旨在研究结果为该保护区管理提供科学依据。

1 研究地区

陕西延安黄龙山褐马鸡自然保护区（35°28′N～36°02′N，109°38′E～110°12′E）位于延安市的黄龙、宜川两县交界处，地处陕北黄土高原东南部的黄龙山腹地，南北宽39.5km，东西长36.6km，垂直分布范围在海拔962.6～1783.5m，相对高差820.9m，总面积1942km^2，林地面积为1682km^2。研究地区设在保护区的核心区北寺山林区，该处境内人口密度较小，交通闭塞，地形起伏，沟壑纵横。四季分明，年平均气温8.6℃，极端最低气温为-22.5℃，最高气温为36.7℃，年平均降雨611.8mm，多集中在7～9月，年蒸发量856.5mm，属于大陆性暖温带半湿润气候类型。有关保护区的植被见文献[13]。

2 研究方法

2.1 数据收集

于2006年11月～2007年1月对陕西黄龙山林区褐马鸡种群进行调查，采用样带法对整个研究区域进行系统取样调查。根据以往对白马鸡的研究[14]，主要对以下16种生境变量进行调查：海拔、东经、北纬、坡度、坡向、乔木盖度、乔木高度、乔木胸径、灌木盖度、灌木高度、草本盖度、草本高度、与最近水源距离、与最近乡间土路距离、与最近居民点距离、与最近林边距离。具体方法为：在研究区内，不同海拔每隔200m设置一条样带，每200m取1个10m×10m的大样方、其内设4个5m×5m中样方和5个1m×1m小样方，其中大样方用于测量与乔木有关的变量，中样方用于测量与灌木有关的变量，小样方用于测量与草本有关的变量。小样方设置方法，将10m×10m样方的每条对角线都四等分，在1/4、1/2和3/4处各取1个1m×1m的小样方，共取5个；中样方是把大样方等分。以上灌木和草本变量测量数据的平均值作为该样方相关变量的数值。

2.2 数学建模

2.2.1 逻辑斯蒂模型

逻辑斯蒂模型的一般表达式为$\pi(x)=e^{g(x)}/[1+e^{g(x)}]$，其中$\pi(x)$为物种的出现概率，$g(x)=b_0+b_1x_1+b_2x_2+b_3x_3+......+b_nx_n$，式中$b_0$为常数，$b_1$，$b_2$，$b_3...b_n$为回归系数，$x_1$，$x_2$，$x_3...x_n$为变量。在栅格中，有褐马鸡种群出现的赋值为1，定义为探测栅格，反之

为非探测栅格，赋值为 0。以每个栅格中 4 个相邻样方环境变量的平均值为该栅格的变量值。对利用组和对照组生境变量的差异进行比较，先用 Kolmogorov Smirnov Z 检验数据是否符合正态分布。如果原始数据符合正态分布，则使用独立样本的 t 检验；如果原始数据不符合正态分布，则使用 Mann-Whitney U 检验。坡向数据属于圆形数据（circular data），取其正弦值和余弦值与其他数据一起分析。差异显著（$P<0.05$）的数据进入后续分析。

首先以呈显著差异的变量为自变量，以褐马鸡种群在栅格中的有/无（1/0）为因变量进行单变量逻辑斯蒂回归分析，P 值小于 0.30 的变量被保留并进入后续分析[9,12,15]。对保留变量进行相关分析（Spearman 双尾相关分析），如果变量间相关系数（$|r|>0.70$），则对具有生物学意义变量予以保留[9,12]。以保留的变量为自变量，以褐马鸡种群的有无为因变量，采用向前筛选的逐步逻辑斯蒂回归来确定影响褐马鸡栖息地选择的关键因子。

对回归结果计算其 AIC 及 AIC_c 值。AIC 或 AIC_c 值越小，则该栖息地变量对褐马鸡栖息地选择影响越大；AIC 或 AIC_c 值均属于 Akaike 信息标准，现在广泛应用于模型的选择[16,17]。

当 $n/K<40$ 时，一般使用 AIC_c[17,18]。

$$AIC_c = AIC + 2K(K+1)/(n-K-1)$$

式中，K=回归变量的个数+2，n 为样本总数。

数据采用 Mean±SD，其中 Mean 为算术平均值，SD 为标准差。数据处理在 SPSS13.0 上进行。

2.2.2 模型检验

对所得模型进行 Hosmer and Leweshow 检验[19]，以此确定模型对因变量变化的判别是否达到显著水平（$P>0.05$），同时计算模型的最佳切断点（cut-off point）以及 m_1，m_2，n_1，n_2，mn_1，mn_2 和 n 的数值（表 1），这些数值用来计算模型对褐马鸡种群对栖息地选择进行预测的准确程度[10]。

表 1 m_1, m_2, n_1, n_2, mn_1, mn_2 和 n 的定义

观察值	预测值		
	探测栅格	非探测栅格	总数
探测栅格	m_1	n_1	mn_1
非探测栅格	n_2	m_2	mn_2
总数			n

3 结果

3.1 褐马鸡冬季对栖息地的选择

在北寺山 447hm² 林区的调查中共发现 6 个褐马鸡群，平均大小为 7.17±2.86 只。样线共 9 条，每条样线的平均长度为 2240±1031.93m，根据每个 200m×200m 的栅格

是否有褐马鸡的活动痕迹,将栅格分为 53 个探测栅格和 46 个非探测栅格。对探测栅格和非探测栅格的变量进行差异性检验(表 2),得到海拔、坡度、坡向的余弦、乔木盖度、灌丛盖度、最近水源距离、乡间土路距离、最近居民点距离以及最近林缘距离等呈显著差异。经过逻辑斯蒂回归的单变量分析,变量海拔、坡度、坡向的余弦、乔木盖度、灌木盖度、灌丛盖度、最近水源距离、乡间土路距离、居民点距离、最近林缘距离等进入后续分析($P<0.3$)。使用 Spearman correlation 对这些剩余差异显著变量进行相关性分析,发现海拔与最近水源距离、乡间土路距离、最近居民点距离相关性性显著($|r|>0.70$),实际观察发现,冬季褐马鸡群体选择栖息地时,对水源、乡间土路、居民点的选择不明显,因此该变量被筛选掉。以最后剩余变量作为自变量,以褐马鸡探测栅格和非探测栅格作为因变量采用向前筛选的逐步逻辑斯蒂回归分析,得到 3 个回归模型 3。根据各模型的 AIC_c 值(表 3),最终选定模型 III 为最佳模型,其表示为

$$\pi(x) = e^{g(x)} / [1 + e^{g(x)}]$$

$$g(x) = 22.107 - 0.004 \times 距林边距离 + 13.623 \times 乔木盖度 - 0.021 \times 海拔$$

表 2　褐马鸡越冬期探测栅格与非探测栅格里变量的比较

变量	探测栅格($n=53$)	非探测栅格($n=46$)	Z 值	t 值	显著性
海拔(m)	1226.28±71.25	1341.26±75.27	-7.802		0.000**
坡度(°)	22.98±3.51	25.97±4.23	-3.843		0.000**
坡向的正弦	0.089±0.44	-0.033±1.38		1.380	0.171
坡向的余弦	0.65±0.22	0.51±0.30		2.792	0.006**
乔木盖度(%)	0.51±0.10	0.44±0.07		4.300	0.000**
乔木高度(m)	10.79±1.39	10.63±1.66		0.523	0.602
乔木直径(m)	21.78±5.24	20.28±4.25		1.550	0.124
灌丛盖度(%)	0.42±0.10	0.31±0.11		5.104	0.000**
灌丛高度(m)	1.73±0.18	1.55±0.22		4.409	0.000**
草本盖度(%)	0.21±0.048	0.19±0.07		1.404	0.163
草本高度(cm)	10.88±2.91	10.28±2.64	-1.063		0.288
距离最近水源距离(m)	199.13±126.05	409.44±221.45	-5.902		0.000**
距离乡间土路距离(m)	411.83±236.91	976.03±305.56	-10.334		0.000**
距最近居民点距离(m)	490.85±234.42	1122.88±316.46	-11.383		0.000**
距最近林边距离(m)	205.25±133.37	470.61±307.59	-4.420		0.000**

* $P<0.05$,**$P<0.01$。Z 为 Mann-Whitney U 检验;t 为非独立样本 t 检验。

表 3　冬季褐马鸡种群对栖息地选择的 3 个逻辑斯蒂模型及其 AIC_c 值

变量	B	Wald Z	P	-2 Log likelihood	K	n/K	AIC	AIC_c
模型 I				90.876	3	33	96.876	97.129
海拔	-0.020	25.435	0.000					

续表

变量	B	Wald Z	P	-2 Log likelihood	K	n/K	AIC	AIC$_c$
常数	26.156	25.590	0.000					
模型Ⅱ				73.353	4	24.75	81.358	81.784
海拔	-0.023	22.821	0.000					
乔木盖度	12.642	14.175	0.000					
常数	23.599	17.346	0.000					
模型Ⅲ				66.475	5	19.8	76.457	77.082
海拔	-0.021	15.619	0.000					
乔木盖度	13.623	12.712	0.000					
与林边距离	-0.004	5.314	0.021					
常数	22.107	12.434	0.000					

3.2 模型检验

Hosmer and Leweshow 检验表明,该模型Ⅲ对因变量变化的判别达到显著水平(χ^2=10.344,df=8,P=0.242),根据切断点,m_1,m_2,n_1,n_2,mn$_1$,mn$_2$ 和 n 等参数的定义及其计算方法,得到模型的最佳切断点为 0.63(图1),并且 m_1= 48,n_1=5,mn$_1$= 53,n_2= 10,m_2=36,mn$_2$=46,n=99,代表整个模型预测准确度程度的 CT[$(m_1+m_2)/n$]= 84.85%;代表探测栅格预测正确程度的 CP(m_1/mn$_1$)=90.57%;代表非探测栅格预测准确程度 CA(m_2/mn$_2$)=78.26%。以上结果表明,该模型对褐马鸡冬季栖息地选择具有较高的预测准确性。

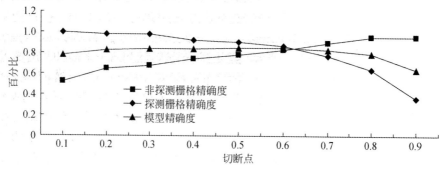

图1 冬季褐马鸡种群在不同切断点下对栖息地选择模型的正确预测值

4 讨论

冬季气候寒冷,食物缺乏,对动物的生存很不利;同时植物凋谢,积雪覆盖,隐蔽条件极差,更易遭受天敌的捕食。与此相适应,许多鸟类,尤其是大多数雉类以集群方式越冬[20]。褐马鸡作为地栖生活的大型森林鸟类,与大多数雉类一样,越冬期间常形成大小不同的群体，并倾向于到郁闭度较高的针叶林和针阔混交林中共同觅食[2, 21]。对每一个群体来说，由于它们扩散能力较差，一般活动区域比较固定，通过对黄龙山林区褐马鸡活动范围的观察，根据群体大小以及活动范围，可以把观察到的褐马鸡种群可分为北寺山种群、西洼种群、麻子山种群、松树洼狼沟种群、梅家山种群和松树洼后山种群，平均大小为7.17±2.86。这种集群大小与其选择栖息地相适应。

地形因素和植被结构是决定雉鸡类在某一尺度上栖息地选择的关键因子。通过逻辑斯蒂回归建立的数学模型为：$\pi(x) = e^{g(x)} / [1+e^{g(x)}]$，$g(x) = 22.107-0.004x$ 距林边距离$+13.623x$ 乔木盖度$-0.021x$ 海拔。该模型对褐马鸡冬季栖息地选择具有较高的预测准确性，达到184.85%。该模型反映出褐马鸡种群冬季对栖息地选择3个最重要的生态因子为海拔、乔木盖度和距林边的距离。种群出现概率与乔木盖度成正相关，与海拔和林边距离成负相关。乔木盖度是褐马鸡冬季重要的环境因子，这一点在白马鸡和蓝马鸡冬季栖息地选择中同样存在[14, 22]。刘焕金等[23]和张国钢[11]的研究也表明，针叶林是褐马鸡冬季经常利用的栖息地类型，褐马鸡常常聚集在一起在高大的树木下取食松子。在冬季，由于气温下降，天气寒冷等原因，落叶阔叶林季节性大面积的落叶，造成阔叶林中的郁闭度降低，隐蔽性较差，致使褐马鸡种群移向山地针叶林中，在黄龙山腹地林区主要以油松为主，与其他林型相比，以油松（*Pinus tabulaeformis*）为主的针叶林在冬季的郁闭度较高，且林下有大量地油松种子，这样既满足褐马鸡隐蔽条件，具有较低的捕食压力，又能满足其对食物的需要，同时，也发现松树林中往往积雪较早融化，说明此林中温度较高，可能也是其选择针叶林的重要原因。因此，栖息地的选择与乔木盖度成正相关。这也进一步证实张国钢等提出的大尺度范围内针叶林面积起关键作用的结论。此外，林边常有一些阔叶乔木如漆树（*Toxicodendron vernicifluum*）、野山楂（*Crataegus pinnatifida*）以及野核桃（*Juglans mandshurica*）等，这些乔木的种子或者果实，往往成为褐马鸡冬季喜爱的食物；一些灌丛在森林边缘发育良好如中国沙棘（*Hippophae rhamnoides*）、连翘（*Forsythia suspense*）、黄刺玫（*Rosa xanthina*）、水枸子（*Cotoneaster multiflorus*）等，其常常具有丰富的浆果以及根部的韧皮部；还有草本植物如独角莲（*Typhonium giganteum*）的块茎，也是褐马鸡冬季的主要食物，当其觅食时，如果遇到危险，其可以快速逃进针叶林，所以野外常看见林边有大量褐马鸡觅食的痕迹。

褐马鸡在冬季都喜欢在低海拔下坡位觅食[23]。在黄龙山，冬季褐马鸡多选择低海拔和下坡位，由于降雪和温度较低，高海拔和山体上部都已结冻，给褐马鸡活动造成不便，山体下部温度较高，冰雪融化比较早，迫使褐马鸡在深冬向低海拔山体下部移动。还有，冬季大雪封山以后，进山的人数明显减少，结果褐马鸡常常下移到路边田地活动，因此，褐马鸡冬季栖息地与海拔高度成负相关。

参 考 文 献

[1] 郑光美，王歧山. 褐马鸡//王松. 中国濒危动物红皮书（鸟类）. 北京：科学出版社，1998：242-243.

[2] 郑作新，谭耀匡，卢汰春，等. 中国动物志（鸟纲）. 北京：科学出版社，1978：182-186.

[3] IUCN. The 2000 IUCN Red List of Threatened Animals. Switzerland and Cambridge, UK: INCN Gland, 2000.

[4] 卢欣,郑光美,顾滨源. 马鸡的分类、分布及演化关系的初步探讨. 动物学报,1998,44(2):131-137.

[5] Zhang Z W, Zheng G M, Zhang G G, et al. Distribution and Population Status of Brown-eared Pheasant in China. UK: World Pheasant Association, 2002: 91-96.

[6] Morrison M L, Timossi I C, With K A. Development and testing of linear regression models predicting bird-habitat relationships. Journal of Wildlife Management, 1987, 51(1): 247-253.

[7] Guisan A, Zimmermann N E. Predictive habitat distribution models in ecology. Ecological Modelling, 2000, 135: 147-186.

[8] Pearce J, Ferrier S. Evaluating the predictive performance of habitat models developed using logistic regression. Ecological Modelling, 2000, 133: 225-245.

[9] McGrath M T, DeStefand S, Riggs R A. Spatially explicit inflences on northern goshawk nesting habitat in the interior Pacific Northwest. Wildlife Monographs, 2003, 154: 1-63.

[10] 李文军,王子健. 丹顶鹤越冬栖息地数学模型的建立. 应用生态学报,2000,11(6):839-842.

[11] 张国钢,郑光美,张正旺,等. 山西芦芽山褐马鸡越冬栖息地选择的多尺度研究. 生态学报,2005,25(5):952-957.

[12] 徐基良,张晓辉,张正旺,等. 白冠长尾雉越冬期栖息地选择的多尺度分析. 生态学报,2006,26(7):2061-2067.

[13] 李宏群,廉振民,陈存根,等. 陕西黄龙山林区褐马鸡春季觅食地选择的研究. 动物学杂志,2007,42(3):61-67.

[14] 贾非,王楠,郑光美. 白马鸡冬季群体栖息地选择的经验模型. 北京师范大学学报(自然科学版),2004,40(4):524-530.

[15] 贾非,王楠,郑光美. 冬季白马鸡群体夜栖地特征分析. 生态学杂志,2005,24(2):153-158.

[16] Boyce M S, Vernier P R, Nielsen S E, et al. Evaluating resource selection functions. Ecological Modelling, 2002, 157(2-3): 281-300.

[17] Pan W. Akaike's information criterion in generalized estimating equations. Biometrics, 2001, 57(1): 120-125.

[18] Burnham K P, Anderson D R. Model Selection and Inference: A Practical Information-Theoretic Approach. New York: Springer-Verlog, 1998: 76-81.

[19] Hosmer D W, Lemeshow S. Applied Logistic Regression. New York: John Wiley and Sons, 1989: 86-89.

[20] 贾陈喜,郑光美,周小平,等. 卧龙自然保护区血雉的社群组织. 动物学报,1999,45(2):135-142.

[21] 张国钢,张正旺,郑光美,等. 山西五鹿山褐马鸡不同季节的空间分布与栖息地选择研究. 生物多样性,2003,11(4):303-308.

[22] 刘振生,曹丽荣,李志刚,等. 贺兰山蓝马鸡越冬期栖息地的选择. 动物学杂志,2005,40(2):38-43.

[23] 刘焕金,苏化龙,任建强,等. 中国雉类——褐马鸡. 北京:中国林业出版社,1991.

陕西黄龙山林区褐马鸡春季夜栖地选择

李宏群　廉振民　陈存根

摘要

2006年4~6月，在陕西黄龙山林区，对褐马鸡春季夜栖地的选择进行了研究。共记录到22个夜栖地，以夜栖树为中心做一个10m×10m样方，测定夜栖地海拔、坡向、坡度、坡位、地貌特征、夜栖树高度和胸径、乔木层盖度、乔木的数量、灌木层盖度、草本盖度、水源距离、人为干扰距离、林缘距离、栖枝高度和栖位上盖度等参数；通过9条样带测定54个随机样方，除栖枝高度和栖位上盖度外，指标相同。结果表明，褐马鸡春季夜栖地多偏向以坡度较大、山坡和山脊、接近水源、远离林边、人为干扰距离较远、乔木盖度和密度较大、栖树胸径较大、灌木层盖度和草本层盖度较小为主要特征的地方。主成分分析表明，前5个特征值的累积贡献率达到72.746%，可以较好地反映褐马鸡春季夜栖地生境特征。根据载荷系数绝对值大小将褐马鸡春季夜栖地生境选择影响因子分别命名为地形和林下植被因子、气象因子、稳定性因子和水因子。影响褐马鸡夜栖地选择的关键原因是安全、舒适和栖息地转换的方便程度。

关键词：褐马鸡；夜栖地；主成分分析；黄龙山

褐马鸡（*Crossoptilon mantchuricum*）是世界易危鸟类之一[1]，被我国列为濒危物种[2]。其目前主要分布于山西吕梁山、陕西黄龙山、河北小五台山和北京东灵山等地的局部地区，且由于地理屏障和自然植被的破坏，其分布区已被严重分割成3个区域，分别形成3个地理种群，即山西吕梁山脉的中部种群、河北与北京地区的东部种群和陕西的西部种群[3]。夜栖地是动物夜间休息的场所。对于昼间活动的鸟类来说，夜间易遭受天敌的侵害，因此，夜栖地的质量关系到该鸟类夜间的安全[4,5]。国内对黑颈长尾雉（*Syrmaticus humiae*）[6]、白冠长尾雉（*Syrmaticus reevesii*）[7]、白颈长尾雉（*Syrmaticus ellioti*）[8]和白马鸡（*Crossoptilon crossoptilon*）[9]等的夜栖行为及夜栖地选择进行了研究，表明鸡形目鸟类对夜栖地有明显的选择性。对褐马鸡来说，目前对其夜栖地仅有简单记述[10]。因此，笔者对褐马鸡春季的夜栖地选择进行了研究，对保护其栖息地、维护其种群发展有重要

* 原载于：动物学杂志，2009，44（2）：52-56.

意义。

1 研究地区

陕西延安黄龙山自然保护区位于延安市的黄龙、宜川两县交界处，地处陕北黄土高原东南部的黄龙山腹地，地理坐标为 109°38′E～110°12′E，35°28′N～36°02′N。研究地区设在保护区的核心区北寺山林区，该处境内人口密度较小，交通闭塞，地形起伏，沟壑纵横。四季分明，年平均气温 8.6℃，极端最低气温为-22.5℃，最高气温为 36.7℃，年平均降雨 611.8mm，多集中在 7～9 月，年蒸发量 856.5mm，属于大陆性暖温带半湿润气候类型。有关保护区的植被见文献［11］。

2 研究方法

2.1 数据收集

于 2006 年 4～6 月对陕西黄龙山腹地北寺山林区的褐马鸡种群进行了调查。夜栖地确定：一般在太阳落山后开始对褐马鸡进行跟踪，直到发现其进入某个林地为止；或者在可能夜栖的地方守候寻找，根据褐马鸡上树时拍翅膀发出"扑、扑"声或者根据上树后相互间的鸣叫声来大致确定其夜栖的位置；或者根据近期村民提供的线索，前往该褐马鸡夜栖地以确定褐马鸡的夜栖树，其标准是在夜栖树下发现褐马鸡新鲜粪便。夜栖地确定之后，在每个夜栖地内以夜栖树为中心选取 1 个 10m×10m 样方。测定各生境的环境变量。

1）海拔：用 GPS 测定样地中心所处的海拔高度。

2）坡度：10m×10m 样方所处位置的坡度，用罗盘仪测定。

3）坡向：整个 10m×10m 样方所处的坡向，共分 3 级，即分为阴（N67.5°W～N22.5°E）、半阴半阳坡（N22.5°E～S67.5°E 和 S22.5°W～N67.5°W）和阳坡（S22.5°W～S67.5°E），用罗盘仪测定，取值分别为 1、2、3。

4）坡位：活动地点所在山坡的位置，可划分为上坡位（山顶或坡上部）、中坡位（山腰或坡中部）和下坡位（山谷、沟底或坡下部），取值分别为 1、2、3。

5）地貌类型：样方所处的地貌景观，划分为沟底、山坡面和山嵴 3 种类型，取值分别为 1、2、3。

6）水源、林缘和人为干扰距离：以活动点为中心，估算样方到最近水源、林缘和居民点的垂直距离。水源包括水沟、水渠、池塘以及泉水等。居民点指村庄、寺庙、护林员以及养蜂人的住处。

7）盖度：乔木、灌木和草本盖度通过目测估计，以百分比表示。

8）栖树的高度和直径：夜栖树的高度通过测高器获得，直径指 1.3m 高处的胸径，胸径先用卷尺测量周长，再除以 3.14 获得。

9）栖枝的高度及栖位上盖度：夜栖位距离地面高度和以上盖度。

为保证对照样方的代表性，采用系统样方方格抽样法[12]，测定除栖枝高度和栖位上盖度外的同样生境变量。具体做法为：在研究区域内每隔200m设置一条样线，共9条，按每200m设置一个样方，方法同利用样方，使对照样方的抽取面积基本覆盖整个研究区域，其中夜栖树的高度和胸径应用样方内乔木的平均高度和胸径，共设置大样方54个。

2.2 数据处理

分析各变量在研究区与对照区间的差异时，先用Kolmogorov Smirnov Z 检验数据是否符合正态分布。当数据符合正态分布时，使用独立样本 t 检验；当数据不符合正态分布时，使用Mann Whitney U 检验。选择夜栖地与非夜栖地存在显著或极显著差异的生境因子与栖枝高度和栖位上盖度等12个生境因子进行主成分分析。

3 结果

3.1 夜栖行为

褐马鸡3月中旬分群以后，大多数成对活动。根据观察，褐马鸡在夜间夜栖时，通常于太阳落下后，同一对个体向夜栖地疾走，一般雄性鸡在前面，雌鸡在后面，边走边取食，到达地点后，17：30～18：30时，雄鸡首先从高向低滑翔到一棵油松（*Pinus tabulaeformis*）树低层，然后逐级盘旋跳跃至树冠中层，雌鸡依样上树，并与雄鸡并拢干枝中段进行夜栖。次日6：10～7：20时觉醒，常听到"gua gua"的叫声。

3.2 夜栖地特征

通过比较褐马鸡春季夜栖地利用样方和对照样方，发现两种样方在9种生态因子(坡度、地貌类型、水源距离、林缘距离、人为干扰距离、乔木盖度、乔木数量、栖树胸径、盖度和草本层盖度) 有显著差异（$P<0.05$）。与任意样方相比，褐马鸡夜栖地利用样方以坡度较大、山坡和山脊、接近水源、远离林边、人为干扰距离较远、乔木盖度和密度较大、栖树胸径较大、灌木层盖度和草本层盖度较小为主要特征（表1）。

表1 褐马鸡春季夜栖地利用样方变量与对照样方变量的比较

变量	利用样方（$n=22$）	对照样方（$n=54$）	Z值	t值	显著性
海拔（m）	1367.28±98.28	1341.83±114.99		1.045	0.299
坡度（°）	29.66±6.29	25.120±1.27		2.553	0.013
坡向	1.63±0.71	1.63±0.62	−0.198		0.843
坡位	2.25±0.88	2.13±0.89	−0.617		0.537
地貌类型	2.41±0.49	1.94±0.74	−2.889		0.004
水源距离（m）	157.34±150.21	269.73±190.01	−2.440		0.015

续表

变量	利用样方（$n=22$）	对照样方（$n=54$）	Z值	t值	显著性
林缘距离（m）	367.94±242.00	213.89±193.08		3.250	0.002
人为干扰距离（m）	476.59±115.66	371.76±201.54		2.688	0.009
乔木盖度（%）	0.63±0.10	0.48±0.16		4.784	0.000
乔木数量（株/100m²）	12.88±5.84	10.13±3.86		2.623	0.010
栖树胸径（cm）	26.76±4.33	15.93±5.42		9.622	0.000
栖树高度（m）	10.06±2.034	9.69±2.83		0.453	0.652
灌木层盖度（%）	0.30±0.19	0.48±0.16		-4.887	0.000
草本层盖度（%）	0.37±0.28	0.49±0.19		-2.187	0.032

3.3 褐马鸡春季夜栖地生态因子的主成分分析

主成分分析表明，相关矩阵的前5个主成分的累积贡献率为72.746%，可以较好地反映褐马鸡的生境特征。第1主成分中坡度、地貌类型、灌木层盖度和草本层盖度等相关系数绝对值较高，其累积贡献率达18.536%，反映出褐马鸡偏向于灌木层和草本层盖度较小坡度较大的山坡和山脊夜栖，可以将其命为地形和林下植被因子；第2主成分的贡献率为16.691%，反映出褐马鸡选择乔木层盖度和栖位上盖度较大，且栖枝有一定高度（6.96±1.08m）的地方，第3主成分的贡献率为13.431%，反映夜栖地样方乔木数量较大，且人为干扰距离较远，第2和第3都与夜栖遮风避雨有关，反映褐马鸡夜栖地选择在人为干扰距离较远的相对稳定地环境，将它们一起命名为气象因子；第4主成分的贡献率12.505%，反映褐马鸡栖树胸径较大，可以增加其夜栖稳定性，与夜栖的舒服性有关，将其命名为稳定性因子；第5主成分的贡献率11.583%，反映夜栖地在距离林缘较远的水源附近，这主要与其生理需水以及在水源附近易于觅食有关，将其命名为水因子。

表2　褐马鸡春季夜栖地生境选择中特征向量的转置矩阵

变量	主分量				
	1	2	3	4	5
坡度（°）	-0.504	-0.029	0.298	-0.032	0.230
地貌类型	0.810	0.120	0.016	0.229	0.020
乔木层盖度（%）	-0.169	0.850	-0.131	0.148	-0.121
栖树胸径（m）	-0.121	-0.024	0.071	-0.864	-0.045
乔木数量（株/100m²）	-0.109	0.291	0.813	0.236	-0.027
灌木层盖度（%）	0.802	0.130	0.018	-0.081	0.215
草本层盖度（%）	0.642	-0.104	0.312	0.027	-0.468
人为干扰距离（m）	-0.108	0.160	-0.811	0.401	0.017
水源距离（m）	0.047	0.066	0.056	0.078	0.844
林缘距离（m）	-0.098	-0.295	-0.138	-0.519	0.570

续表

变量	主分量				
	1	2	3	4	5
栖枝高度（m）	-0.327	-0.726	-0.101	0.351	-0.078
栖位上盖度（%）	0.269	0.713	0.226	0.236	0.104
贡献率（%）	18.536	16.691	13.431	12.505	11.583
累积贡献率（%）	18.536	35.227	48.658	61.163	72.746

4 讨论

夜栖地是鸟类用来夜栖的场所，是鸟类栖息地利用的重要方式，具有防冷防热以及避免被天敌捕食作用[4,13]。夜栖方式及夜栖地质量在很大程度关系到动物在夜间的安危[4,5,8,14]。本研究表明，在黄龙山地区褐马鸡春季夜栖地利用样方以坡度较大、山坡和山脊、接近水源、远离林边、人为干扰距离较远、乔木盖度和密度较大、栖树胸径较大、灌木层盖度和草本层盖度较小为主要特征（表1）。主成分分析结果也基本上证明此结果（表2）。

已有研究表明，捕食压力对动物选择不同的栖息地有明显的影响，动物可以通过选择有效避免捕食者的栖息环境来降低被捕食的风险[15]。褐马鸡是一种大型森林鸟类，在夜栖时，如受意外惊扰，会成群从树上向低处滑翔。由于褐马鸡的飞行能力相对较差，较大的坡度使其有可能滑翔较远的距离，所以其选择夜栖地时都是在坡度较大的坡面或者山脊，这样有利于其上树时减小能量的消耗，并且逃跑时可以向更远的地方滑行。这与黑颈长尾雉、白颈长尾雉和白马鸡是一致的[6,8,9]。在本研究中发现黄龙山褐马鸡的天敌可分为2类：一类为飞行的天敌，如鸦类、鹰类及隼类；另一类就是小型兽类，如豹猫（*Prionailurus bengalensis*）和黄鼬（*Mustela sibirica*）等。选择乔木数量和盖度较大以及栖位上盖度大（0.39%±0.12%）的夜栖地，可以减少夜栖时被一些猛禽发现的机会。在本研究地区褐马鸡夜间的天敌主要是豹猫和黄鼬，其主要是从树下攻击褐马鸡，为此，褐马鸡需要选择树下灌丛和草本层盖度较小的林地作为夜栖地（表1），这样可以增加天刚黑时提前发觉林下天敌的活动情况，而且一旦发现天敌时也有利于提前逃跑。春季，人们常常上山砍柴、放牧和挖药，这对褐马鸡的人为影响增大。因此，在夜栖时，褐马鸡选择远离林缘及人为干扰较远之处。另外，栖息地样方内的乔木数量和盖度较大以及栖位上盖度较大，可以遮风避雨，为褐马鸡提供一个相对稳定的小环境，能有效减少褐马鸡个体在夜间的能量消耗。栖树直径较大，利于增加褐马鸡夜栖的稳定性。这一点与白马鸡[9,16]和黑颈长尾雉[6]的研究结果一致。

水是动物生活所必需的资源物质，也是其最重要的生存条件之一[17]。有研究认为鸡形目许多物种的栖息地选择均与水源密切相关[8,9,16]。本研究区气候受大陆季风影响显著，夏季炎热，阳光充足，降水复杂多变。春季繁殖季节，褐马鸡以含水量相对较低的草本植物和干果为主要食物，夜栖地距离水源较近，可以满足第二天下树后生理上对水的需求，尤其是较大溪流附近，地面较软而且草本和无脊椎动物较丰富，可以提供较丰富的食物资源，所以其夜栖地一般选择距离水源较近的地方。

参 考 文 献

［1］IUCN. The 2000 IUCN Red List of Threatened Animals. Switzerland and Cambridge，UK: INCN Gland，2000.

［2］郑光美，王歧山. 褐马鸡//汪松. 中国濒危动物红皮书（鸟类）. 北京：科学出版社，1998:242-243.

［3］张正旺，张国钢，宋杰. 褐马鸡的种群现状与保护对策//中国鸟类学会、台北市野鸟学会、中国野生动物保护协会. 中国鸟类学研究——第四届海峡两岸鸟类学术研讨会文集. 北京：中国林业出版社，2000: 50-53.

［4］Elmore L W，Miller D A，Vilella F J. Selection of diurnal roosts by red bats（*Lasiurus borealis*）in an intensively managed pine forest in Mississippi. Forest Ecology and Management，2004，199（1）：11-20.

［5］Eyelyn M J，Stiles D A，Young R A. Conservation of bats in suburban landscapes: roost site selection by *Myotis yumanensis* in a residential area in California. Biological Conservation，2004，115（3）：463-473.

［6］蒋爱伍，周放，陆舟，等. 广西黑颈长尾雉对夜宿地的选择. 动物学研究，2006，27（3）：249-254.

［7］孙传辉，张正旺，朱家贵，等. 白冠长尾雉冬季夜栖行为与夜栖地利用影响因子的研究. 北京师范大学学报（自然科学版），2002，38（1）：108-112.

［8］丁平，杨月伟，李智，等. 白颈长尾雉的夜宿地选择研究. 浙江大学学报（理学版），2002，29（5）：564-568.

［9］贾非，王楠，郑光美. 冬季白马鸡群体夜栖地特征分析. 生态学杂志，2005，24（2）：153-158.

［10］刘焕金，冯敬义，苏化龙. 褐马鸡的栖宿观察. 生物学通报，1986，（3）：12.

［11］李宏群，廉振民，陈存根，等. 陕西黄龙山林区褐马鸡春季觅食地选择的研究. 动物学杂志，2007，42（3）：61-67.

［12］张洪海，马建章. 紫貂冬季生境的偏好. 动物学研究，1999，20（5）：355-359.

［13］Russo D，Cistrone G，Mazzoleni S，et al. Roost selection by barbastelle bats（*Barbastella barbastellus*，Chiroptera: Vespertilionidae）in beech woodlands of central Italy: consequences for conservation. Biological Conservation，2004，117（1）：73-81.

［14］Menzel M A，Carter T C，Chapman B R，et al. Quantitative comparion of trees roost used by red bats（*Lasiurus borealis*）and Seminole bats（*L. seminolus*）. Canadian Journal of Zoology，1998，76（4）：630-634.

［15］Houtman R，Dill L M. The influence of predation risk on diet selectivity: a theoretical analysis. Evolutionary Ecology，1998，12：251-262.

［16］Lu X，Zheng G M. Habitat use of Tibetan Eared pheasant *Crossoptilon harmani* flocks in the non-breeding season. Ibis，2002，144：17-22.

［17］孙儒泳. 动物生态学原理. 3版. 北京：北京师范大学出版社，2001：71.

陕西黄龙山自然保护区褐马鸡冬季夜栖地选择的研究*

李宏群　廉振民　陈存根

摘要

为了解褐马鸡冬季夜栖地选择的特征，2006 年 11 月～2007 年 1 月，在陕西黄龙山自然保护区北寺山林区，采用样线法对褐马鸡冬季夜栖地的特征进行了研究，共记录 34 个夜栖地和 96 个对照样方，测定夜栖地海拔、坡向、坡度、坡位、地理性、夜栖树高度和胸径、乔木层盖度、乔木密度、灌木层层盖度、草本层盖度、与水源距离、人为干扰距离、与林缘距离、栖枝高度和栖位上盖度等参数。结果表明，褐马鸡冬季夜栖地多偏向阳坡和半阴半阳坡、中坡位、山脊和山坡、海拔高度低、坡度大、接近林缘、人为干扰距离较近、乔木盖度和密度较大、栖树胸径较大和草本层盖度较大的地方。主成分分析表明，前 4 个特征值的累积贡献率达到 73.542%，可以较好地反映褐马鸡冬季夜栖地的生境特征，根据载荷系数绝对值大小，将褐马鸡冬季夜栖地生境选择影响因子分别命名为地理因子、位置和植被因子、夜栖树因子和地点转换因子。可见，褐马鸡冬季夜栖地生境选择影响因子为地理因子（海拔、坡度、坡位和坡向）、位置和植被因子（乔木层盖度、草本层盖度、乔木密度、与林缘距离和人为干扰距离）、夜栖树因子（栖树胸径和栖枝高度）和地点转换因子（地理性）。

关键词：陕西黄龙山；褐马鸡；夜栖地；主成分分析

褐马鸡（*Crossoptilon mantchuricum*）为我国特有珍稀鸟类，是国家一级重点保护野生动物，也属世界易危鸟类之一[1-3]。褐马鸡作为地栖生活的大型森林鸟类，与大多数雉类一样，越冬期间常形成大小不同的群体，白天集群活动，夜间上树栖息[4, 5]。夜栖地是动物用来夜间休息的场所，其质量的好坏关系到动物夜间的安全[6-8]。因此，对夜栖地的研究也是濒危动物栖息地研究的重点内容。国内对黑颈长尾雉[9]、白冠长尾雉[10]、白颈长尾雉[6]和白马鸡[11]等鸟类的夜宿行为及宿地选择进行了研究，结果表明夜宿地

---

* 原载于：西北农林科技大学学报（自然科学版），2009，37（7）：208-212.

是鸡形目鸟类的重要栖息地之一，鸡形目鸟类对夜栖地有明显的选择性。对褐马鸡来说，目前对其夜栖地仅有简单记述[12]，尚未对其夜栖地选择进行专门研究。为此，笔者对褐马鸡冬季夜栖地选择进行了研究。

1 研究区概况

黄龙山褐马鸡自然保护区位于陕西延安市的黄龙、宜川两县交界处，地处陕北黄土高原东南部的黄龙山腹地，地理坐标为109°38′E～110°12′E，35°28′N～36°02′N，垂直分布范围在海拔962.6～1783.5m，相对高差820.9m，总面积1942km^2，林地面积1682km^2。研究区设在保护区的核心区北寺山林区，境内人口密度较小，交通闭塞，地形起伏，沟壑纵横。研究区四季分明，年平均气温8.6℃，极端最低气温-22.5℃，最高气温36.7℃，年平均降雨611.8mm，多集中在7～9月，年蒸发量856.5mm，属于大陆性暖温带半湿润气候类型。有关保护区的植被情况见文献[13]。

2 研究方法

2.1 数据收集

2006年11月～2007年1月，对陕西黄龙山腹地北寺山林区的褐马鸡种群进行调查。夜栖地确定方法为：在太阳落山后开始对褐马鸡进行跟踪，直到发现其进入某个林地为止；或者在可能夜栖的地方守候寻找，根据褐马鸡上树时拍翅膀发出"扑、扑"声或者根据上树后相互间的鸣叫声来大致确定其夜栖的位置；或者根据近期村民提供的线索，前往该褐马鸡夜栖地以确定其的夜栖树，标准是在夜栖树下发现褐马鸡新鲜粪便。夜栖地确定之后，在每个夜栖地内以某一个夜栖树为中心选取1个10m×10m样方，共设样方34个，测定夜栖地海拔、坡向、坡度、坡位、地理性、栖树高度和胸径、乔木层盖度、乔木数量、灌木层盖度、草本盖度、离水源距离、人为干扰距离、离林缘距离、栖枝高度和栖位上盖度等参数。

2.2 对照样方的设置

为保证对照样方的代表性，采用系统样方方格抽样法[14]，测定除栖枝高度和栖位上盖度外其他的生境变量。具体做法为：在研究区域内每隔200m设置1条样线，共8条，样线上按每200m设置1个样方，使对照样方的抽取面积基本覆盖整个研究区域（其中夜栖树的高度和胸径采用样方内乔木的平均高度和胸径），共设置样方96个。

2.3 数据处理

对坡位、坡向、地理性3个变量采用拟合优度卡方（Chi-square）统计进行显著性检验。分析各变量在研究区与对照区间的差异时，先用Kolmogorov Smirnov Z检验数据是否符合正态分布。当数据符合正态分布时，使用独立样本的t检验；当数据不符合正态分布时，使用 Mann Whitney U 检验。

对褐马鸡冬季夜栖地利用样方的 13 个生境因子的野外数据进行主成分分析，以确定褐马鸡在对夜栖地选择上起主要作用的生境因子。

3 结果分析

3.1 褐马鸡夜栖行为

褐马鸡白天集群活动，晚上集体夜栖。观察发现，褐马鸡群体夜栖时，通常于太阳落下后，同一群体的个体向夜栖地疾走，边走边取食，到达地点后，15：30～17：50，从高向低滑翔到一颗或几棵邻近油松树树冠下层，然后逐级盘旋跳跃至树冠中层进行夜栖，夜栖时相互之间发出轻微的呼唤声。次日 6：10～7：20 觉醒，常听到"gua gua"的叫声，参差不齐。

3.2 褐马鸡冬季夜栖地生态因子的主要特征

2006 年 11～12 月和 2007 年 1 月期间，在黄龙山北寺山林区一共观察到 34 个褐马鸡夜栖地。χ^2 检验表明，在北寺山林区，褐马鸡对坡向、坡位和地理性有明显的选择性，多偏向阳坡和半阴半阳坡、中坡位、山脊和山坡，回避阴坡、下坡位和上坡位以及沟底（表1）。

表 1 褐马鸡对冬季夜栖地选择中分类因子的分布频次及卡方检验

因子	项目	频次		百分比（%）	
		非利用样方	利用样方	非利用样方	利用样方
坡向	阴坡	51	14	0.5313	0.4118
	半阴半阳坡	42	16	0.4375	0.4706
	阳坡	3	4	0.0313	0.1176
	$\chi^2=9.099$, $df=2$, $P=0.011<0.05$				
坡位	下位	49	16	0.5194	0.4706
	中位	20	14	0.2083	0.4118
	上位	27	4	0.2812	0.1176
	$\chi^2=10.235$, $df=2$, $P=0.006<0.05$				
地理性	沟底	26	31	0.2708	0.0882
	山坡	50	19	0.5208	0.5588
	山脊	20	12	0.2083	0.3529
	$\chi^2=7.693$, $df=2$, $P=0.021<0.05$				

褐马鸡冬季夜栖地利用样方和对照样方变量的比较见表 2，2 类样方在 8 种生态因子（海拔、坡度、与林缘距离、人为干扰距离、乔木层盖度、乔木密度、栖树胸径和草

本层盖度）间有显著差异（$P<0.05$）。与任意样方相比，褐马鸡的利用样方以海拔高度低、坡度大、接近林缘、人为干扰距离较近、乔木层盖度和密度较大、栖树胸径较大和草本层盖度较大为主要特征。

表2 褐马鸡冬季夜栖地利用样方变量与对照样方变量的比较

变量	利用样方（n=34）	对照样方（n=96）	Z值	t值	显著性 Sig
海拔（m）	1 217.65±62.23	1 270.52±102.71		-2.820	0.006
坡度（°）	31.47±4.78	24.53±7.48		5.052	0.000
与水源距离（m）	242.71±96.99	292.94±221.83		-1.275	0.204
与林缘距离（m）	44.59±20.43	304.75±322.07	-4.560		0.000
人为干扰距离（m）	381.82±265.88	636.39±398.60	-3.168		0.002
乔木层盖度（%）	0.62±0.10	0.49±0.18		4.179	0.000
10m×10m 乔木数量（株）	11.71±5.40	7.95±4.90		-3.691	0.000
栖树胸径（cm）	29.42±7.22	21.14±9.39		4.668	0.000
栖树高度（m）	11.28±1.74	10.65±2.74		1.259	0.210
灌木层盖度（%）	0.39±0.15	0.37±0.18		0.607	0.545
草本层盖度（%）	0.34±0.18	0.22±0.15	-3.550		0.000

3.3 褐马鸡冬季夜栖地生态因子的主成分分析结果

表3主成分分析结果表明，相关矩阵的前4个主成分的累积贡献率为73.542%，可以较好地反映褐马鸡的生境特征。第1主成分中海拔、坡度、坡位和坡向的相关系数绝对值最高，其累积贡献率达25.798%，反映出褐马鸡在选择生态因子方面与地形因子有关，可以将其命为地理因子；第2主成分的贡献率为21.882%，反映出褐马鸡在选择生态因子方面与乔木层盖度、草本层盖度、乔木密度、与林缘距离和人为干扰距离等相关，可以将它们命名为位置与植被因子；第3主成分的贡献率为15.368%，与栖树胸径和栖枝高度有关，可定名为夜栖树因子；第4主成分中地理性相关系数绝对值最高，其累积贡献率达10.494%，反映褐马鸡在紧急情况下与栖息地转换有关，定名为地点转换因子。

表3 褐马鸡冬季夜栖地生境变量的主成分分析

变量	主分量			
	1	2	3	4
海拔（m）	0.895	0.100	-0.104	-0.130
坡度（°）	-0.653	-0.421	0.254	-0.169
坡向	0.804	-0.142	-0.193	-0.135
坡位	0.858	0.029	0.089	-0.101
地理性	-0.095	-0.233	0.014	0.809

续表

变量	主分量			
	1	2	3	4
乔木层盖度（%）	-0.161	0.659	0.608	-0.075
草本层盖度（%）	-0.450	0.733	-0.264	0.056
10m×10m乔木数量（株）	-0.396	0.749	-0.216	0.056
栖树胸径（m）	0.255	-0.060	0.721	0.376
与林缘距离（m）	0.272	0.715	-0.398	0.251
人为干扰距离（m）	0.345	0.727	0.025	0.081
栖枝高度（m）	0.360	0.263	0.675	0.102
栖位上盖度（%）	0.217	-0.414	-0.432	0.391
贡献率（%）	25.798	21.882	15.368	10.494
累积贡献率（%）	25.798	47.680	63.048	73.542

4 讨论

夜栖地是鸟类用来夜栖的场所，是鸟类栖息地利用的重要方式，具有防冷防热以及避免被天敌捕食的作用[7,15]。夜栖方式及夜栖地质量在很大程度关系到动物在夜间的安危[6-10,16]。因此，在选择夜栖地时，鸟类必须首先考虑夜间的安全。已有研究表明，捕食压力对动物选择不同的栖息地有明显影响，动物可以通过选择有效避免捕食者的栖息环境来降低被捕食的风险[17]。褐马鸡是一种大型森林鸟类，在夜栖时，如受意外惊扰，夜栖树上个体会成群从树上向低处滑翔。由于褐马鸡的飞行能力相对较差，较大的坡度使其有可能滑翔较远的距离，所以其选择夜栖地时都是在坡度较大的坡面或者山脊，这样有利于其上树减小能量的消耗和逃跑时可以向更远的地方滑行。李宏群等[18]研究发现，黄龙山褐马鸡的天敌可分为2类：一类为天空中的天敌，如鸦类、鹰类及隼类；另一类就是小型兽类，如豹猫（*Prionailurus bengalensis*）、狗獾（*Meles meles*）和黄鼬（*Mustela sibirica*）等。选择乔木数量较多和盖度较大的针叶林，可以减少夜栖时被一些猛禽发现的机会。在当地，褐马鸡夜晚的天敌主要是豹猫、狗獾和黄鼬，其主要是从树下攻击褐马鸡，为此，褐马鸡需要选择树下灌丛（0.39±0.15）%和草本层（0.34±0.18）%盖度较大的林地作为夜栖地，这样可以增加褐马鸡上、下树的隐蔽性。此外，褐马鸡已经逐渐向低海拔、中下坡位、干扰距离较小和接近林缘的地方夜栖，一方面是冬季大雪封山以后，进山的人数明显减少；另一方面，相对于高海拔山体上部来说，中下部风雪较小，温度较高，同时，选择距离林缘较近的地方，便于褐马鸡随时注意到林外田地中人的活动情况。其次，夜栖地必须考虑夜间休息的舒适性[9]。栖息地样方内的乔木数量和盖度较大，可以遮风避雨，能有效减少褐马鸡个体在夜间的能量消耗并有利于躲避风雨；坡向偏向阳坡和半阴半阳坡，这种坡向在冬季一般温度较高，积雪较早融化；栖树直径较大，在夜晚更加稳定，这均可以增加褐马鸡夜晚休息的舒适性。这一点与前人对白马鸡研究结果较一致[11,19]。

在冬季，马鸡类的夜栖地多选择海拔较低，易于隐蔽，食物丰富的地方[4, 11, 12]。也就是说，马鸡类选择夜栖地时除了会考虑到夜栖时安全和舒适外，还会考虑到栖息地转换的方便性，如从夜栖地换到采食地。本研究发现，在黄龙山褐马鸡夜栖地的附近往往有大量取食痕迹，说明褐马鸡下树后首先是取食来补充夜间能量的消耗。因此，褐马鸡冬季的夜栖地一般选择在取食地附近。这一点与黑颈长尾雉一致[9]。

参 考 文 献

[1] 郑作新，谭耀匡，卢汰春，等. 中国动物志（鸟纲）. 北京：科学出版社，1978：182-186.

[2] 郑光美，王歧山. 褐马鸡//汪松.中国濒危动物红皮书（鸟类）. 北京：科学出版社，1998：242-243.

[3] IUCN. The 2000 IUCN red list of threatened animals. Switzerland and Cambridge, UK: INCN Gland, 2000.

[4] 刘焕金，苏化龙，任建强，等. 中国雉类——褐马鸡. 北京：中国林业出版社，1991.

[5] Johnsgard P A. Pheasants of The World. Oxford: Oxford University Press, 1986.

[6] 丁平，杨月伟，李智，等. 白颈长尾雉的夜宿地选择研究. 浙江大学学报（理学版），2002，29（5）：564-568.

[7] Elmore L W, Miller D A, Vilella F J. Selection of diurnal roosts by red bats (*Lasiurus borealis*) in an intensively managed pine forest in Mississippi. Forest Ecology and Management, 2004, 199(1): 11-20.

[8] Eyelyn M J, Stiles D A, Young R A. Conservation of bats in suburban landscapes: roosting-site selection by *Myotis yumanensis* in a residential area in California. Biological Conservation, 2004, 115: 463-473.

[9] 蒋爱伍，周放，陆舟，等. 广西黑颈长尾雉对夜宿地的选择. 动物学研究，2006，27（3）：249-254.

[10] 孙传辉，张正旺，朱家贵，等. 白冠长尾雉冬季夜栖行为与夜栖地利用影响因子的研究. 北京师范大学学报（自然科学版），2002，38（1）：108-112.

[11] 贾非，王楠，郑光美. 冬季白马鸡群体夜栖地特征分析. 生态学杂志，2005，24（2）：153-158.

[12] 刘焕金，冯敬义，苏化龙. 褐马鸡的栖宿观察. 生物学通报，1986，（3）：12.

[13] 李宏群，廉振民，陈存根，等. 陕西黄龙山林区褐马鸡春季觅食地选择的研究. 动物学杂志，2007，42（3）：61-67.

[14] 张洪海，马建章. 紫貂冬季生境的偏好. 动物学研究，1999，20（5）：355-359.

[15] Russo D, Cistrone G, Mazzoleni S. Roost selection by barbastelle bats (*Barbastella barbastellus*, Chiroptera: Vespertilionidae) in beech woodlands of central Italy: consequences for conservation. Biological Conservation, 2004, 117(1): 73-81.

[16] Menzel M A, Carter T C, Chapman B R, et al. Quantitative comparion of trees roost used by red bats (*Lasiurus borealis*) and Seminole bats (*L. seminolus*). Canadian Journal Zoology, 1998, 76: 630-634.

[17] Houtman R, Dill L M. The influence of predation risk on diet selectivity: a theoretical analysis. Evolutionary Ecology, 1998, 12(3): 251-262.

[18] 李宏群，廉振民，陈存根. 陕西黄龙山自然保护区褐马鸡春季栖息地选择的研究. 西北农林科技大学学报（自然科学版），2008，36（4）：228-234.

[19] Lu X, Zheng G M. Habitat use of Tibetan Eared Pheasant *Crossoptilon harmani* flocks in the non-breeding season. Ibis, 2002, 144: 17-22.

陕西黄龙山自然保护区褐马鸡育雏期取食地选择*

李宏群　廉振民　陈存根

> **摘要**
>
> 2006年5~6月，在陕西黄龙山林区采用样线样方法对褐马鸡育雏期取食地的选择进行了研究。共设74个样方，其中利用样方20个，共遇见20个不同的家族群，平均大小为（10.44±2.60）。其中成鸡（1.95±0.69）只和幼鸡（8.45±2.28）只。褐马鸡家族群偏向于阔叶林，避免针叶林；偏向于半阴半阳坡，避免阳坡和阴坡；偏向于下坡位和中坡位，避免上坡位；偏向于沟底，避免山脊和山坡；对坡度的利用没有选择性。对褐马鸡育雏期取食地利用样方和非利用样方进行比较，发现育雏期取食地具有距离水源和林间小路近、乔木层盖度和种类大、灌丛和草本密度小、灌木层和草本植物盖度小、落叶厚和裸地比例大的特征。对生境因子的主成分分析，前6个特征值的累积贡献率达到74.63%，可以较好地反映其家族群取食地生境特征。根据载荷系数绝对值大小将褐马鸡家族群取食地选择影响因子分别命名为成鸡应急因子、小鸡应急因子、食物丰富度因子、隐蔽因子和逃跑因子。
>
> **关键词**：褐马鸡；育雏；生境选择；黄龙山

育雏期是雉类生活史中一个十分关键的阶段，因为早成鸟刚孵出时体温调节能力很差，依靠自身的颤抖产热的能力有限[1]，所以雉类在出生后前几个星期里的死亡率在其一生之中是最高的[2]。影响雉类雏鸟死亡的因素除了母鸟本身状况之外，还包括许多其他生态因子，栖息地的质量就是其中之一，尤其栖息地的植被结构是影响雉类育雏期的主要因素[2,3]。开展雉类育雏期栖息地选择的研究，有助于了解雉类育雏期对生境的需求，对保护其栖息地、维护其种群发展有重要意义。褐马鸡（*Crossoptilon mantchuricum*）为我国特有珍稀鸟类，国家一级重点保护野生动物，是世界易危鸟类之一，被我国列为濒危物种[4]。迄今对褐马鸡栖息地特征的研究主要集中于取食地和卧息地[4-6]，在育雏

---

* 原载于：西南大学学报（自然科学版），2010，32（8）：92-96.

期取食地选择方面还未见报道。笔者于 2006 年 5~6 月对陕西省黄龙山林区褐马鸡育雏期觅食地选择做了研究。

1 研究地区与方法

1.1 自然概况

陕西黄龙山自然保护区（35°28′N~36°02′N，109°38′E~110°12′E）位于延安市的黄龙、宜川两县交界处，地处陕北黄土高原东南部的黄龙山腹地，垂直分布范围在海拔 962.6~1783.5m，总面积 1942km^2，林地面积为 1682km^2。研究区设在保护区的核心区北寺山林区，有关保护区的植被见文献 [6]。

1.2 数据收集

1.2.1 生境样方的设置

2006 年 5~6 月在陕西黄龙山林区对褐马鸡家族群利用的栖息地进行调查。在不同海拔设置 9 条观察线，不同观察线之间设置斜线穿插路线，几乎每天沿观察线寻找褐马鸡家族群。一旦发现褐马鸡家族群的活动痕迹，或者由当地村民提供活动地点，如有明显痕迹（粪便、啄痕等），随即将其作为栖息地利用区样方的中心，设置一个 10m×10m 的大样方，共设置 20 个大样方。测定各生境变量：海拔、植被类型、坡度、坡向、坡位、地理性、水源距离、林间小路距离、居民点距离、落果丰富度、裸地比例、乔木层盖度、乔木的数量和高度、灌木层盖度和高度、草本盖度和高度、落叶的盖度和厚度。为保证对照样方的随机性，采用系统样方方格抽样法[7]。具体做法：在研究区域内每隔 200m 设置一条样线，共 9 条，按步长每 200m 设置一个样方，使对照样方抽取面积基本覆盖整个研究区域。根据研究区的面积和形状，共设 54 个对照样方。

1.2.2 数据处理

对植被类型、坡度、坡位、坡向、地理性 5 个变量采用卡方（Chi-square）统计进行显著性检验。对利用组和对照组其他生境变量差异进行比较，如果原始数据符合正态分布，则使用独立样本的 t 检验；如果原始数据不符合正态分布，则使用 Mann-Whitney U 检验。对褐马鸡家族群利用样方的 26 个因子进行主成分分析，确定家族群在样方选择上起主要作用的生境因子。

2 结果

2.1 育雏期生境利用样方和非利用样方中生态因子的一般特征

2006 年 5~6 月期间，在野外共发现 20 个家族群，平均大小为成鸡（1.95±0.69）

只和幼鸡（8.45±2.28）只，家族群中雌雄两个成鸡都在占到85.00%，无成鸡占5.00%，说明在育雏期阶段雌雄成鸡对幼鸡都有较多的投入，幼鸡数量为（8.45±2.28）只，这与在野外发现鸡窝内卵数（9.70±2.41，n=17，6～13 枚）基本一致。通过对家族群利用样方和非利用样方的生境类型、坡度、坡向、坡位及其地理性进行频次分析和卡方检验，其植被类型的χ^2值为11.63，双尾近似概率P<0.01，表明其偏向于阔叶林，避免针叶林；坡位的χ^2值为7.96，其双尾近似概率P<0.01，表明其偏向于下坡位和中坡位，避免上坡位；坡向的χ^2值为10.48，其双尾近似值P<0.01，偏向于半阴半阳坡，避免阳坡和阴坡；地理性的χ^2值为372.95，其双尾近似概率P<0.01，偏向于沟底，避免山脊和山坡；坡度的χ^2值为1.47，其双尾近似值P=0.690>0.05，表明家族群对坡度无选择性。

通过对褐马鸡育雏期生境利用样方和非利用样方中数量化因子进行对比，发现与水源的距离、与林间小路距离、乔木盖度、乔木种类、灌丛密度、草本密度、落果丰富度、灌木层植物盖度、草本植物盖度、叶厚度、裸地比例存在显著或极显著差异。与非利用样方比较，育雏期褐马鸡家族倾向选择生境特点为：距离水源和林间小路近，乔木层盖度和种类大，灌丛和草本密度小，灌木层和草本植物盖度小，落叶厚和裸地比例大（表1）。

2.2 家族群取食地变量的主成分分析

褐马鸡育雏期生境变量的主成分分析（表2），表明前6个特征值的累计贡献率已经达到74.63%，可以较好地反映褐马鸡育雏期的生境特征，因此可以仅选用前6个主成分进行分析，不再考虑其余的主成分。第1主成分的贡献率达到22.09%，其中乔木胸径和均高的载荷系数绝对值明显偏高，这反映育雏期家族群偏向高大乔木下取食，如果遇到危险时，成年褐马鸡立即飞上大树，定名为成鸡应急因子；第2主成分贡献率为16.62%，其中草本密度、草本盖度及落叶厚度的载荷系数绝对值明显偏高，说明其家族对草本植物以及落叶厚度有明显的选择性，这与小鸡在危险时立即钻入草丛或落叶中有关，定名为小鸡应急因子；第3主成分贡献率为13.62%，载荷系数较高的是坡度和落果丰富度，说明其家族群偏向在一定坡向上取食，定名为食物丰富度因子；第4主成分贡献率为8.16%，载荷系数较高的是乔木种类、密度和乔木层植物盖度，说明其对天敌如鸦类、鹰类及隼类也有一定的防范，因此可以称为隐蔽因子；第5主成分反映其家族对灌丛的选择，在觅食地灌丛较高，盖度较小，便于褐马鸡家族群提前发现敌害在灌丛下穿梭逃跑，第6主成分裸地比例在一定程度与成鸡和雏鸡运动有关，第5和第6可以和起来称为逃跑因子。

表1 褐马鸡育雏期利用样方变量与对照方变量的比较

变量	利用样方（n=20）	对照样方（n=54）	Z值	t值	显著性
海拔	1 316.05±109.83	1 341.83±114.99		−0.867	0.389
与水源距离	2.95±1.05	3.82±1.61	−2.223		0.029*
与林间小路距离	1.60±1.23	2.63±0.90	−4.703		0.000**
与居民点的距离	5.40±1.27	4.93±1.50		1.253	0.214

续表

变量	利用样方（n=20）	对照样方（n=54）	Z值	t值	显著性
乔木种类	3.40±1.43	2.50±1.18	-2.265		0.023*
乔木密度	1.01±0.44	1.22±0.54	-1.314		0.189
乔木胸径	15.21±4.23	15.92±5.42		-0.522	0.603
乔木均高	9.16±2.22	9.69±2.83		-0.750	0.456
灌木种类	5.10±1.12	4.87±1.18	-0.956		0.339
灌木密度	16.79±6.48	31.13±24.83	-2.672		0.008**
灌丛高度	1.48±0.64	1.49±0.27		-0.141	0.888
草本种类	6.00±0.92	5.50±1.02	-1.711		0.087
草本密度	124.05±62.35	195.54±107.45	-2.759		0.007**
草本均高	15.15±5.13	17.19±6.42		-1.279	0.205
落果丰富度	3.30±0.57	2.29±0.60	-5.224		0.000**
乔木盖度	0.63±0.20	0.48±0.16		3.264	0.002**
灌木层盖度	0.31±0.14	0.48±0.16	-4.198		0.000**
草本层盖度	0.36±0.22	0.49±0.19	-2.454		0.017*
落叶厚度	2.95±1.43	2.37±0.76		2.234	0.029*
落叶盖度	0.69±0.15	0.70±0.15	-0.171		0.864
裸地比例	0.09±0.05	0.05±0.05	-2.989		0.003**

*表示 $P<0.05$ 显著性差异，**表示 $P<0.01$ 显示性差异。

表2　褐马鸡育雏期生境变量的主成分分析

变量	主分量					
	1（22.089）*	2（16.691）	3（13.615）	4（8.161）	5（7.147）	6（6.996）
海拔	0.567	-0.266	0.087	0.297	-0.523	-0.229
植物类型	-0.321	0.041	0.283	-0.634	0.107	0.070
坡度	-0.058	-0.321	-0.738	0.069	-0.332	0.030
坡向	-0.245	0.395	-0.254	0.557	-0.233	0.153
坡位	0.617	-0.528	0.155	-0.008	-0.118	-0.299
地理性	0.335	-0.039	0.482	-0.103	0.338	-0.418
与水源的距离	0.044	-0.215	-0.550	0.391	-0.012	-0.022
与林间小路距离	-0.501	-0.345	0.436	0.310	0.078	-0.066
与居民点的距离	-0.454	-0.002	-0.017	0.261	-0.127	0.678
落果丰富度	-0.304	0.211	-0.703	0.257	-0.056	0.304
乔木种类	-0.357	0.063	-0.162	0.729	0.022	0.084
乔木密度	-0.184	-0.169	0.056	0.696	0.071	-0.399
乔木胸径	0.956	0.080	0.056	0.023	-0.115	0.142

续表

变量	主分量					
	1 (22.089)*	2 (16.691)	3 (13.615)	4 (8.161)	5 (7.147)	6 (6.996)
乔木均高	0.883	−0.112	0.095	−0.076	0.167	−0.098
灌木种类	0.248	−0.090	0.443	0.126	0.722	0.084
灌木均高	−0.229	−0.096	−0.214	−0.046	0.830	−0.083
灌木密度	−0.056	0.112	0.564	−0.041	−0.045	−0.477
草本种类	−0.253	0.396	−0.656	−0.070	0.139	−0.098
草本均高	0.428	0.121	0.221	−0.365	−0.161	−0.400
草本密度	0.069	0.883	0.130	−0.033	0.041	0.146
乔木层植物盖度	0.318	−0.342	0.167	0.777	−0.050	0.214
灌木层植物盖度	−0.225	0.274	0.238	−0.274	0.653	−0.139
草本层植物盖度	0.092	0.877	0.104	−0.105	−0.165	0.006
落叶厚度	0.454	−0.703	0.208	0.119	0.114	0.211
落叶盖度	0.245	−0.344	0.102	0.114	0.609	−0.211
裸地比例	0.136	0.134	−0.077	−0.224	−0.147	0.824

*表示累计贡献率（%）。

3 讨论

Hudson 和 Rands[8]认为，雉类在育雏期选择栖息地时，首先必须满足其食物需求，因为影响雏鸟死亡率的首要因素是食物资源的丰富程度。Woodward 等[9]的研究发现，雉类雏鸟的生长和羽毛发育需要充足的食物，尤其是富含蛋白质的无脊椎动物。笔者对褐马鸡育雏期觅食地研究发现，这种现象也同样存在（表2）。在集群期以及繁殖前期，褐马鸡主要选择针叶林作为它们经常利用的类型[6]，原因是冬季大部分阔叶林树叶已经落叶，降低了阔叶林和针阔混交林的郁闭度；再一个就是针叶林为常绿林，郁闭度高，同时林内有大量的落果。进入繁殖后期，即育雏期，植被进入生长茂盛期，乔木、灌木和草本植物进入发育最佳期，阔叶林的郁闭度得到提高，植物发育好，能为褐马鸡提供大量食物，包括植物幼嫩根和茎以及无脊椎动物，尤其蚂蚁卵成为褐马鸡雏鸡的所爱。已有的一些研究表明，无脊椎动物的丰富度与草本层植物的发育状况相关[10,11]。因此，褐马鸡家族群大量转入发育良好阔叶林繁殖和育雏。

雉类在育雏期栖息地选择也受到天敌捕食的影响[8]。良好的隐蔽场所有利于雏鸟的存活，降低被天敌捕食的概率。在本研究中发现褐马鸡雏鸟的天敌可分为 2 类：一类为天空的天敌如鸦类、鹰类及隼类；另一类就是小型兽类如豹猫（*Prionailurus bengalensis*）、狗獾（*Melesmeles*）和黄鼬（*Mustela sibirica*）等。为了躲避鸦类、鹰类及隼类，它们通常选择盖度大、种类多、胸径和均径较大阔叶树林下取食，本文在主成分分析中也证实了高大乔木是影响育雏期褐马鸡家族群的主要因子之一。躲避地面的食肉动物，褐马鸡唯一的办法就是逃避和躲藏。选择灌木密度和盖度较小的生境，这样其视野开阔，可以远距离随时发现天敌的到来，以便及时采取对策。雏鸡由于刚出巢时间不长，身体还比较虚弱，逃跑能力比较差，它们采取的措施，就是就地躲藏，钻进落叶下面，因此要求落叶的厚度要大，同时落叶的颜色也与雏鸡的羽毛颜色接近，是一种很好的保护色。在主成分分析和差异性比较中，都得出其偏向裸地比例较大、草本植物盖度和密度要小的环境，对雏鸡来说可能有利于其活动，减少其活动能量的消耗。已往的研究发现，在一些生境的边缘地带，雏鸟很容易被天敌发现，从而导致存活率降低[12, 13]。在黄龙山林区，笔者发现褐马鸡家族群在林道附近取食比例很高，原因可能是一种边缘效应，因为边缘地带环境异质性强，使林边昆虫种类（蝗虫、蝶类、蜂类、蚁卵等）增多，是褐马鸡雏鸡喜爱的食物，这也是食物资源与天敌风险权衡的结果。

水源是关系雏鸡成活率的重要因素[3]。在育雏期间，雏鸡活动能力弱，水分除了从食物中获得外，只能依靠雏鸡本身，所以褐马鸡育雏期取食地选择，必须考虑水源距觅食地的距离。北寺山林区植被类型比较复杂，分为以油松为主的针叶林、针阔混交林和以栎类、桦类为主的阔叶林，且在中坡位和下坡位同时存在阔叶林和针叶林，上坡位主要为阔叶林。上坡位阔叶林由于人为以及牛羊破坏少，发育比较好，但由于水源是动物生活所必需的资源物质，且水源一般距离上坡位较远而位于下坡位，所以其一般选择下坡位和沟心，距离水源较近的地方，特别是较大溪流附近的地面较软而且草本和无脊椎动物较丰富。这一点与藏马鸡（*Crossoptilon hamarni*）和白马鸡对取食地选择一致[14, 15]。半阴半阳坡也是它们对干旱的一种适应。

参 考 文 献

[1] Aulie A. The pectoral muscles and the development of thermoregulation in chicks of willow ptarmigan (*Lagopus lagopus*). Comparative Biochemistry and Physiology, 1976, 53（4）: 343-346.

[2] Johnsgard P A. The Pheasant of the World: Biology and Natural History. Washington D. C.: Simthsonian Institution Press, 1999: 179-193.

[3] 徐基良, 张晓辉, 张正旺, 等. 白冠长尾雉育雏期的栖息地选择. 动物学研究, 2002, 23（6）: 471-476.

[4] 张国钢, 张正旺, 郑光美, 等. 山西五鹿山褐马鸡不同季节的空间分布与栖息地选择研究. 生物多样性, 2003, 11（4）: 303-308.

[5] 张国钢, 郑光美, 张正旺, 等. 山西芦芽山褐马鸡越冬栖息地选择的多尺度研究. 生态学报, 2005, 25（5）: 952-957.

[6] 李宏群, 廉振民. 陕西黄龙山自然保护区褐马鸡春夏取食地比较. 西南大学学报（自然科学版）, 2009, 31（11）: 1-5.

[7] 张洪海, 马建章. 紫貂冬季生境的偏好. 动物学研究, 1999, 20（5）: 355-359.

[8] Hudson P J, Rands M R. Ecology and Management of Game Birds. Oxford: BSP Professional Books, 1988: 48-71.

[9] Woodward A E, Vohra P, Snyder R L. Effects of protein levels in the diet on the growth of pheasants. Poultry Science, 1977, 56（1）: 1492-1500.

[10] Tscharntke T, Greiler H. Insect communities, grasses, and grasses lands. Annual Review of Entomology, 1995, 40 (1): 535-558.

[11] Morris D L, Thompson F R. Effects of habitat and invertebrate density on abundance and foraging behavior of brown-headed cowbirds. The Auk, 1998, 115 (2): 376-385.

[12] Paton P W. The effect of edge on avian nest success: how strong is the evidence. Conservation Biology, 1994, 8 (1): 17-26.

[13] Nally R M, Bennett A F. Species specific preictions of the impact of habitat fragmention: local extinction of birds in the Boxiron Bark Forests of Central Victoria, Australia. Biological Conservation, 1997, 82 (2): 147-155.

[14] Lu X, Zheng G M. Habitat use of Tibetan Eared Pheasant *Crossoptilon hamarni* flocks in no-breeding season. Ibis, 2002, 114 (1): 17-22.

[15] 贾非, 王楠, 郑光美. 白马鸡繁殖早期栖息地选择和空间分布. 动物学报, 2005, 51 (3): 383-392.

陕西黄龙山林区褐马鸡繁殖季节中午卧息地选择*

李宏群　廉振民　陈存根　贾生平　王晋堂　王永斌

摘要

2006年5~6月，在陕西黄龙山北寺山林区采取样带法对褐马鸡中午卧息地的选择进行了研究，共观察到28个褐马鸡的卧息地。结果表明褐马鸡对林型、坡向和地理特征有明显的选择性，多偏向针叶林、山脊和半阴半阳坡，回避阔叶林、山坡、阴坡和阳坡。对中午休息地坡位没有明显的选择性。褐马鸡中午卧息地具有坡度小、与林间道路和居民点的距离远、灌丛平均高度较低、灌木密度较小、草本均高较小、乔木层植物盖度以及草本层植物盖度较大等特征。对各种生境因子的主成分分析表明，前6个特征值的累积贡献率达到74.05%，可较好地反映褐马鸡中午卧息地生境特征。根据载荷系数绝对值大小将褐马鸡中午卧息地生境选择影响因子分别命名为地理因子、隐蔽度因子、人类活动干扰因子和灌丛密度因子。

关键词：褐马鸡；生境选择；主成分分析；黄龙山

1 引言

褐马鸡（*Crossoptilon mantchuricum*）为我国特有珍稀鸟类，国家一级重点保护野生动物，是世界易危鸟类之一，被我国列为濒危物种[1-3]。褐马鸡目前分布区很狭窄，主要分布于山西吕梁山、陕西黄龙山、河北小五台山和北京东灵山等地的局部地区[4-6]。由于自然植被的破坏，其分布区已被严重分割成3个区域，形成3个地理种群，即山西吕梁山脉的中部种群、河北与北京地区的东部种群和陕西的西部种群[4,7]。据调查证实，黄龙山林区是褐马鸡西部种群的原产地[8]。过去，由于战争，山区移民剧增，大量垦荒，导致森林环境恶化，使褐马鸡种群几乎消失殆尽，且一直未被发现，致使动物学界曾认为褐马鸡在陕西已灭绝[8]。徐振武等[9]（1998）发现，陕北黄龙山林区有褐马鸡种群，其分布区位于黄土高原南缘的黄龙山腹地，涉及黄龙、宜川2县和韩城市5个乡镇，种

---

* 原载于：生态学杂志，2007，（9）：1402-1406.

群数量近 2000 只。

昼行性鸟类的日活动节律通常表现为早晨、下午觅食和午间休息。在此休息期间，鸟类可通过阳光补充体热并护理羽毛，同时，它们也放松对天敌的警惕[10]。但有关褐马鸡对中午卧息地选择尚未进行研究。本文于 2006 年 5~6 月，在陕西省黄龙北寺山林区研究了褐马鸡对中午卧息地选择，以期为该物种的栖息地保护和管理提供依据。

2 研究地区与研究方法

2.1 研究区概况

黄龙山褐马鸡自然保护区位于陕西省延安市的黄龙县和宜川县交界处，地处陕北黄土高原东南部的黄龙山腹地（35°28′N~36°02′N，109°38′E~110°12′E）。研究区设在保护区的北寺山林区，总面积为 447hm^2，该处境内人口密度较小，交通闭塞，地形起伏，沟壑纵横。雨热同季，四季分明，年均气温 8.6℃，极端最低气温-22.5℃，最高气温 36.7℃，年均降雨 611.8mm，多集中在 7~9 月，年蒸发量 856.5mm，属于大陆性暖温带半湿润气候类型。森林植被为暖温带落叶阔叶林，天然植被率较高，森林覆盖率 84.6%。主要分布 4 种类型的植被：①亚热带常绿针叶林；②常绿针叶和落叶阔叶混交林；③落叶阔叶林；④农田，分布于村庄附近以及在森林的中间。研究区植被垂直分布明显，从低到高大致可分为农耕带、常绿针叶林、针阔混交林和落叶阔叶林。林区共有野生动物 21 目 45 科 122 种，其中有鸟类 15 目 30 科 86 种，占到野生动巷种类的 70.5%[11]。在北寺山林区，鸡形目鸟类还有雉鸡（*Phasianus colchicus*），但与褐马鸡的活动痕迹和主要活动地点不同。

2.2 研究方法

2.2.1 生境样方的设置

2006 年 5~6 月在陕西省黄龙县黄龙山北寺山林区对褐马鸡的中午卧息地进行了调查。根据 GPS 提供的数据，沿纬度方向每 200m 设置 1 条观察线，每条观察线沿经度方向自东向西延伸，共设置 9 条观察线，在不同观察线之间设置斜线穿插路线，以调查褐马鸡的中午卧息地卧迹。每条样线至少走 3 次，一旦发现褐马鸡中午卧息地新鲜卧迹，便以此为中心，设置 1 个面积为 10m×10m 的大样方，共设置 28 个大样方。在每个大样方内，取 4 个 5m×5m 中样方和 5 个 1m×1m 的小样方，中样方取法直接等分大样方；小样方取法为沿每条对角线都四等分，在 1/4、1/2 和 3/4 处各取 1 个，共取 5 个。各生境的环境变量的测定方法见表 1。

2.2.2 对照样方设置

为保证对照样方的随机性，采用系统样方方格抽样法[12]，测定了同样的生境变量。具体做法为：在研究区域内每隔 200m 设置一条样线，共 9 条，按每 200m 设置一个样方，使对照样方的抽取面积基本覆盖整个研究区域，共设置大样方54个。

表1 各生境的环境变量及其定义

测量指标	定义
休息地类型	以油松为主针叶林（油松比例>70%）、针阔混交林和以栎类、桦类为主阔叶林（阔叶林比例>70%）
海拔	样地中心所处的海拔高度，用GPS测定
坡度	根据样方所处的地貌景观，共分4级，即<10°、10°～20°、20°～30°和>30°，用罗盘仪测定
坡向	整个10m×10m样方所处的坡向，共分3级，即分为阴坡（N67.5°W～N22.5°E）、半阴半阳坡（N22.5°E～S67.5°E和S22.5°W～N67.5°W）和阳坡（S22.5°E～S67.5°E），用罗盘仪测定
坡位	活动地点所在山坡的位置，可划分为上坡位（山顶或坡上部）、中坡位（山腰或坡中部）和下坡位（山谷、沟底或坡下部）
地理性	样方所处的地貌景观，可划分为嵴、山坡面和沟底3种类型
与水源、林间小路和居民点的距离	以活动点为中心，估算样方到水源、林缘、林间道路的垂直距离
食物丰富度	指漆树果、松子或草籽等可食用食物的丰富度，分为多、一般、少和无4级
盖度	乔木、灌木、草本通过目测估计，以百分比（%）表示
乔木、灌木、草本的密度	乔木、灌木为10m×10m样方的个体数，而草本为1m×1m的小样方的个体平均数
乔木、灌木、草本的高度	乔木为大样方所有乔木的平均值、灌木为中样方中灌木的平均值、草本为小样方草本的平均值

2.3 数据处理

对植被类型、坡位、坡向、地理性4个变量采用拟合优度卡方（Chi-square）统计进行显著性检验[13, 14]。分析各变量在研究区与对照区间的差异时，先用Kolmogorov Smirnov Z 检验数据是否符合正态分布。当数据符合正态分布时，使用独立样本的 t 检验；当数据不符合正态分布时，使用Mann Whitney U 检验。

对褐马鸡中午休息地利用样方的23个生境因子的野外数据进行主成分分析。在主成分分析中，根据样本数据矩阵计算出样本相关矩阵，求出相关矩阵的特征根和特征向量。根据特征根和特征向量求出各主成分及贡献率。通过主成分分析确定褐马鸡在对卧息地选择上起主要作用的生境因子。

文中数值表达为Mean±SD，所有检验均为双尾（2-tailed）。所有的统计分析都利用SPSS 11.5。

3 结果与分析

3.1 褐马鸡中午卧息地生境因子的主要特征

从表2可以看出，在北寺山林区一共观察到28个褐马鸡中午的卧息地，有8个分布在阔叶林中，4个分布在针阔混交林中，16个分布在针叶林中。χ^2 检验表明，褐马鸡对中午卧息地林型（$\chi^2=10.589$，$df=2$，$P=0.005<0.05$）、坡向（$\chi^2=24.794$，$df=2$，$P=0.000<0.05$）和地理性（$\chi^2=6.071$，$df=2$，$P=0.048<0.05$）的选择性差异显著，多偏向针叶林、山脊和半阴半阳坡，回避阔叶林、山坡面、阴坡和阳坡；对坡位（$\chi^2=1.893$，$df=2$，$P=0.388>0.05$）的选择性不显著。

表2 褐马鸡对中午休息地选择中分类因子的分布频次及卡方检验

因子	项目	频次 利用样方	频次 非利用样方	百分比（%）利用样方	百分比（%）非利用样方
植被类型	阔叶林	5	24	17.86	44.44
植被类型	针阔混交林	4	9	14.29	16.67
植被类型	针叶林	19	21	67.96	38.89
	$\chi^2=10.589$, $df=2$, $P=0.005<0.05$				
坡向	阳坡	1	5	3.57	9.26
坡向	半阴半阳坡	18	13	64.28	24.07
坡向	阴坡	9	36	32.14	66.66
	$\chi^2=24.794$, $df=2$, $P=0.000<0.05$				
坡位	上坡位	14	21	50	38.89
坡位	中坡位	5	15	17.86	27.78
坡位	下坡位	9	18	32.14	33.33
	$\chi^2=1.893$, $df=2$, $P=0.388>0.05$				
地理性	山峭	18	24	64.29	44.44
地理性	山坡	6	24	21.43	44.44
地理性	沟底	4	6	14.29	11.11
	$\chi^2=6.071$, $df=2$, $P=0.048<0.05$				

从表3可见，褐马鸡中午卧息地的利用样方与对照样方，在坡度、与林间道路的距离、与居民点的距离、灌丛均高、灌木密度、草本均高、乔木层植物盖度以及草本层植物盖度等变量存在显著或极显著差异。

表3 褐马鸡中午卧息地利用样方与对照样方的比较

变量	利用样方（n=28）	对照样方（n=54）	Z值[a]	t值[b]	P
海拔（m）	1374.75±118.24	1341.83±114.99		1.214	0.227
坡度（°）	17.21±7.76	25.12±8.79		-4.012	0.000**
与最近水源距离（m）	119.82±74.22	120.09±93.24	-0.514		0.607
与最近林间小路距离（m）	104.46±131.39	49.65±34.38	-4.104		0.000**
与居民点的距离（m）	293.86±206.36	186.76±96.16	-1.30		0.048*
乔木种类（种/100m²）	2.36±1.19	2.50±1.18	-0.913		0.361
乔木密度（株/m²）	1.14±0.94	1.22±0.54	-1.037		0.300

续表

变量	利用样方（$n=28$）	对照样方（$n=54$）	Z 值 [a]	t 值 [b]	P
乔木平均胸径（m）	17.15±6.53	15.93±5.42		0.903	0.369
乔木均高（m）	9.44±3.28	9.69±2.83		-0.351	0.727
灌木种类（种/100m²）	4.71±0.90	4.87±1.18	-0.640		0.522
灌木密度（株/m²）	24.14±11.13	33.72±23.26	-1.956		0.050*
灌木均高（m）	1.35±0.34	1.49±0.27	-2.057		0.043*
草本种类（种/100m²）	5.64±1.06	5.50±1.02	-0.110		0.913
草本密度（株/m²）	233.19±104.30	195.54±107.45	1.524		0.132
草本均高（cm）	14.29±4.34	17.19±6.42	-2.152		0.034*
食物丰富度	2.21±0.42	2.29±0.60	-0.566		0.571
乔木层盖度（%）	0.56±0.15	0.48±0.16	2.189		0.032*
灌木层盖度（%）	0.44±0.17	0.48±0.16	-1.292		0.200
草本层盖度（%）	0.51±0.18	0.43±0.15	2.175		0.033*

* $P<0.05$，** $P<0.01$；a 为 Mann Whitney U 检验；b 为独立样本的 t 检验。

3.2 褐马鸡中午卧息地的选择

主成分分析表明（表4），前6个特征值其累积贡献率达到74.05%，这可较好地反映褐马鸡中午卧息地的生境特征。本文选用前6个主成分进行分析。第1主成分中海拔、林型、坡位以及水源等因子相关系数绝对值高，其累积贡献率为26.45%，反映褐马鸡中午卧息地喜爱在较高海拔的上坡位休息，且距离水源有一定距离。第2主成分中地理特征、灌丛高度、乔木盖度的相关系数绝对值较高，其累积贡献率为15.64%，反映其喜欢在选择山脊，乔木盖度要大且灌丛偏低的环境。第3主成分中灌丛密度的相关系数绝对值最高，反映其偏爱灌丛密度较低的灌丛。第4主成分中草本盖度、高度和数量的相关系数绝对值较高，反映其喜爱选择草本较低和草本层植物盖度的环境。第5主成分中距林中道路距离和距居民点距离的相关系数绝对值较高，反映其休息点一般都是与林中道路和居民点较远。第6主成分中坡度相关系数绝对值最大，说明褐马鸡中午休息地具有坡度较小的特点。将上述6个主分量综合进行考虑，可以分为地理因子、隐蔽度因子、人类活动干扰因子和灌丛密度因子。可见，褐马鸡对中午卧息地选择主要表现在：①地形方面，多选择高海拔，上坡位，且坡度较小的山脊；②植被结构方面，多选择乔木盖度要大、灌丛高度和密度较小以及草本较低的环境；③距离方面，选择距离林中道路、居民点以及距水源有一定距离的地方。

表4 褐马鸡中午休息地生境变量的主成分分析

变量	主分量					
	1（26.45%）	2（42.09%）	3（52.99%）	4（60.96%）	5（68.18%）	6（74.05%）
海拔	0.788	0.397	-0.047	-0.150	0.200	-0.254

续表

变量	主分量					
	1（26.45%）	2（42.09%）	3（52.99%）	4（60.96%）	5（68.18%）	6（74.05%）
林型	−0.833	0.297	−0.118	0.020	−0.067	−0.104
坡度	0.052	0.000	0.147	−0.045	−0.138	−0.780
坡向	0.205	−0.073	−0.194	−0.616	0.473	0.060
坡位	0.720	0.521	−0.126	−0.150	−0.015	−0.198
地理性	0.333	0.794	0.375	0.115	0.039	−0.066
与水源的距离	0.864	0.103	0.212	0.119	−0.096	0.101
与林间小路距离	−0.093	−0.153	−0.108	0.091	0.684	0.024
与居民点的距离	0.499	0.262	−0.074	−0.149	0.684	−0.011
丰富度	0.291	−0.501	−0.032	−0.491	−0.253	0.423
乔木种类	0.018	0.356	0.149	−0.464	0.126	−0.066
乔木密度	−0.174	0.311	0.682	−0.299	−0.193	−0.266
乔木均高	−0.603	−0.431	−0.116	−0.065	−0.164	0.454
乔木胸径	−0.207	−0.657	−0.084	0.125	0.148	0.538
灌丛种类	0.034	−0.344	0.594	0.163	0.286	−0.305
灌木密度	0.164	0.164	0.864	0.053	0.034	0.042
灌木均高	0.157	0.750	0.252	0.163	−0.044	−0.046
草本种类	0.030	0.102	0.181	−0.051	0.684	0.076
草本密度	−0.039	0.116	0.460	0.662	−0.169	0.464
草本均高	0.099	0.196	0.642	0.607	−0.051	0.018
乔木层植物盖度	0.007	0.725	−0.009	−0.122	0.040	0.097
灌木层植物盖度	0.463	0.291	0.551	0.066	−0.016	−0.140
草本层植物盖度	0.074	−0.044	−0.031	0.888	0.192	−0.007

注：（ ）内数值表示累计贡献率。

4 讨论

野生动物的栖息地质量取决于栖息地的食物丰富度、安全性、竞争物种、种内关系、种间关系及地理环境条件等多方面因素，适宜的栖息地是野生动物赖以生存的基本条件[14, 15]。有研究表明，捕食压力对动物选择不同的栖息地有明显的影响，动物可以通过选择有效避免捕食者的栖息环境来降低被捕食的风险[16]。鸟类繁殖栖息地的选择主要取决于小尺度上的植被结构[17, 18]。本研究表明，褐马鸡多选择乔木盖度和草本盖度大、灌丛高度和密度较小以及草本较低的环境。乔木植物层盖度对中午休息的褐马鸡尤其重要，因为好的乔木层可使褐马鸡免遭天敌如鹰类及隼类对它发现和袭击。所以褐马鸡休息时喜欢在乔木盖度较大林下休息。观察发现，褐马鸡选择高度和密度较小的灌丛，因为相对低矮可以使它躲避地面的一些小型兽类如豹猫（*Prionailurus bengalensis*）、狗獾（*Meles meles*）和黄鼬（*Mustela sibirica*）等对它的威胁，灌丛密度较小，可以使它透过灌丛提早发现敌害，提早逃跑。平均为（14.29±4.35）cm 的草本有利于褐马鸡的休息，因褐马鸡卧息时都是先在地面刨一坑，自己躺在坑里，高度有15cm 左右，草本可以很好把它们遮蔽起来，当感觉有什么异常动静而伸长脖子环顾四周，这一高度的植物又不会遮挡视线。在北寺山林区，针叶林大部分都是次生林，其郁闭度很大，造成林下灌丛因缺乏阳光比较矮小，而草本植物又因为灌丛的矮小得到适当发育，这正好满足乔木和草本盖度大、灌丛高度和密度较小以及草本高度较低的特点，针叶林就成为褐马鸡中午卧息地的选择。对一些鸡形目鸟类栖息地选择的研究也证实，乔木盖度和密度、灌木密度、坡度和隐蔽条件是影响其栖息地选择的重要因子[19-22]，与本研究对褐马鸡中午卧息地选择的结果较一致。

动物在长期进化过程中，逐渐形成对环境选择的遗传性，但这种遗传性并非严格，多数动物对环境的选择具有某些可塑性[23]。北寺山林区距离村庄较近，植被的人为干扰大，造成褐马鸡逐渐向深山迁移。中午卧息的褐马鸡选择干扰少、容易逃跑、且气温适宜的地方，如距离林中道路和居民点以及水源距离较远的地方。

在地形上褐马鸡多选择高海拔、半阴半阳坡和坡度较小的山脊。坡向为半阴半阳坡，这是对干旱和湿度过大的一种适应。坡度较小的山脊，坡度小有利于它们的卧躺，在山脊有利于逃跑。

参 考 文 献

[1] 郑作新，谭耀匡，卢汰春，等. 中国动物志（鸟纲）. 北京：科学出版社，1978：182-186.

[2] 郑光美，王歧山. 褐马鸡//王松. 中国濒危动物红皮书（鸟类）. 北京：科学出版社，1998：242-243.

[3] Hilton-Taylor C. The 2000 IUCN Red List of Threatened Animals. Switzerland：INCN，2000.

[4] 张正旺，张国钢，宋杰. 褐马鸡的种群现状与保护对策//中国鸟类学会、台北市野鸟学会、中国野生动物保护协会. 中国鸟类学研究——第四届海峡两岸鸟类学术研讨会文集. 北京：中国林业出版社，2000：50-53.

[5] 卢欣，郑光美，顾滨源. 马鸡的分类、分布及演化关系的初步探讨. 动物学报，1998，44（2）：131-137.

[6] 张龙胜. 褐马鸡的分布现状. 野生动物，1999，20（2）：18.

[7] Zhang Z W, Zheng G M, Zhang G G, et al. Distribution and Population Status of Brown-eared Pheasant in China. UK：World Pheasant Association，2002：91-96.

[8] 朱治诚. 陕西农业自然环境变迁史. 西安：陕西科学技术出版社，1986.

[9] 徐振武，雷颖虎，金学林，等. 陕北黄龙山林区发现褐马鸡种群. 西北农业大学学报，1998，26(4)：113-114.

[10] Lu X. Pheasants of the World（Second Edition）. Washington D. C.：Smithsonian Institution Press，1997.

[11] 仝小林，党太合. 黄龙山国家重点保护野生动物的保护对策. 陕西林业科技，2002，（1）：35-39.

[12] 张洪海，马建章. 紫貂冬季生境的偏好. 动物学研究，1999，20（5）：355-359.

[13] 刘振生，曹丽荣，李志刚，等. 贺兰山蓝马鸡越冬期栖息地的选择. 动物学杂志，2005，40（2）：

38-43.

[14] Rosenzweig M L. Some Theoretical Aspects of Habitat Selection//Cody M L. Habitat Selection in Birds. NewYork：Academic Press，1985.

[15] 刘振生，曹丽荣，王小明，等. 贺兰山岩羊冬季对卧息地的初步探讨. 动物学报，2005，25（1）：1-8.

[16] Houtman R，Dill L M. The influence of predation risk on diet selectivity：a theoretical analysis. Evolutionary Ecology，1998，12（3）：251-262.

[17] 杨维康，钟文勤，高行宜. 鸟类栖息地选择研究进展. 干旱区研究，2000，17（3）：71-77.

[18] McDonald J E，Storma G L，Palmer W L. Home range and habitat use of male ruffed grouse managed mixed oak and aspen forests. Forest Ecology and Management，1998，109（1-3）：271-278.

[19] 杨月伟，丁平，姜仕仁，等. 针阔混交林内白颈长尾雉栖息地利用的影响因子研究. 动物学报，1999，45（3）：279-286.

[20] 丁平，杨月伟，李智，等. 白颈长尾雉栖息地的植被特征研究. 浙江大学学报（理学版），2001，28（5）：557-562.

[21] 丁平，李智，姜仕仁，等. 白颈长尾雉栖息地小区利用度影响因子研究. 浙江大学学报（理学版），2002，29（1）：103-108.

[22] Lu X，Zhang G M. Habitat use of Tibetan Eared Pheasant *Crossoptilon harmani* flock in the non-breeding season. Ibis，2002，144（1）：17-22.

[23] 孙儒泳. 动物生态学原理. 3 版. 北京：北京师范大学出版社，2001.

陕西黄龙山自然保护区褐马鸡夏季沙浴地的选择*

李宏群　廉振民　陈存根

摘要

为了解褐马鸡夏季沙浴地选择的特征，于2007年7~8月，在陕西延安褐马鸡自然保护区北寺山林区设点，采用样带法对褐马鸡夏季沙浴地的选择进行研究。结果表明，褐马鸡夏季偏好选择的沙浴地特征为：阔叶林，乔木盖度30%~50%，直径10~20cm，高度小于10m，密度0.05~0.10株/m^2；灌丛盖度大于50%，高度小于1.5m，密度大于5株/m^2；草本盖度大于30%，高度大于10cm；海拔大于1400m，坡度大于30°，位于阳坡，坡位为上坡位，多为山脊，人为干扰距离、水源距离和林边距离都大于500m，隐蔽级小于10%的特征。确定了褐马鸡沙浴地资源选择函数，其正确预测率为94.7%，影响褐马鸡夏季沙浴地选择的关键因子是隐蔽级和草本高度，次关键因子是水源距离和草本盖度，该结果对了解褐马鸡沙浴地的环境特征一级选择机制有重要的参考意义。

关键词：褐马鸡；沙浴地；Jacobs法；资源选择函数；黄龙山

生境选择是指动物对生活地点类型的选择或偏爱[1]。对野生动物的生境进行科学合理的评价，是正确评价生境质量、有效管理和控制野生动物生境的基础[2]。沙浴是雉鸡类动物常有的一种生活习性当地百姓称之为"刨窝"。雉类的日活动节律通常表现为早晨、下午觅食和午间沙浴，在沙浴期间，它们多卧伏于地面，时而打滚刨土、翻身抖羽，时而用嘴将地面浮土收拢至胸前腹部，此时可以通过阳光补充体热并护理羽毛，以及啄食羽下的寄生虫，这甚至令它们放松对天敌的警惕[3-5]。因此，它们对沙浴地有明显的选择偏好。雉类沙浴地的选择进行研究，可以更好地了解雉类沙浴地的特征和选择机制，为雉鸡类动物的保护、管理提供参考。

褐马鸡（*Crossoptilon mantchuricum*）被我国列为濒危物种，是世界易危鸟类之一，其分布区十分狭窄，目前在我国主要分布于陕西黄龙山、山西吕梁山、河北小五台山和

---

* 原载于：西北农林科技大学学报（自然科学版），2010，38（3）：59-64.

北京东灵山等地的局部地区[6]。对雉类沙浴地的选择方面，国内外已有关于藏马鸡（*Crossoptilon Harmani*）[4]、褐马鸡[3,5]的相关研究，但目前尚未见国内关于褐马鸡夏季沙浴地特征的详细报道。

为此，本试验于2007年7~8月在陕西省黄龙山自然保护区，对褐马鸡沙浴地的选择进行了研究，以期了解其沙浴地需求及其选择特征，进而为褐马鸡栖息地保护及维护其种群发展提供参考。

1 研究地区与方法

1.1 自然概况

陕西黄龙山自然保护区（35°28′N~36°02′N，109°38′E~110°12′E）位于延安市的黄龙、宜川两县交界处，地处陕北黄土高原东南部的黄龙山腹地，海拔962.6~1783.5m，总面积1942km^2，林地面积为1682km^2。研究地区设在保护区的核心区北寺山林区，有关保护区的植被见文献[5]。

1.2 数据收集

1.2.1 试验样方的设置和测定

试验于2007年7~8月进行，此时正是褐马鸡的育雏晚期，研究地点设在保护区的核心区北寺山林区，共获得36个沙浴地样方。选取样方时，采用机械布点法设置样带，样带宽20m，总长为17 920m，样带间距约200m，从东向西共设置8条样带，调查褐马鸡沙浴地的位置。判断是否为褐马鸡沙浴地，以能否找到脱落的褐色羽毛为准。每天随机选取1条样带进行沙浴地调查，一旦发现褐马鸡沙浴地新鲜卧迹，便以此为中心；如果发现多个新鲜沙浴地痕迹，则将半径20m内的沙浴地视为同一个沙浴地，在沙浴地上选取1个10m×10m的大样方、4个5m×5m的中样方和5个1m×1m的小样方。设置小样方时，将10m×10m样方的2条对角线均4等分，在1/4、1/2和3/4处各取1个1m×1m的小样方，共取5个；中样方是将大样方等分为4个中样方。大样方用来测定与乔木相关的因子，中样方用来测定与灌丛相关的因子，小样方用来测定与草本相关的因子，其他因子参照文献[5]的方法测定。测定因子包括海拔高度、植被类型、坡度、坡向、坡位、地理性、水源距离、人为干扰距离、林边距离、隐蔽级，以及乔木盖度、密度、高度、直径，灌木丛盖度、密度、高度和草本盖度、高度。

1.2.2 对照样方的设置与测定

为保证对照样方的随机性，采用系统样方方格抽样法[7]设置对照样方。具体方法为：在研究区域内每隔200m设置一条样带，方向从东向西，共8条，按每200m设置1个样方，使对照样方的抽取面积基本覆盖整个研究区域所有林型。根据研究区的面积和形状，共设96个对照样方。如果在对照样方内发现褐马鸡的沙浴地，则将该样方从对照样方中剔除。对照样方的测定指标和方法同试验样方。

1.3 数据处理

1.3.1 Jacobs 法

采用 Jacobs 法[8]分析褐马鸡对夏季 19 种生态因子的利用是否有选择性。其计算公式如下。

$$D_i = \frac{r_i - p_i}{r_i + p_i - 2r_i p_i}$$

式中，D_i 为选择指数，r_i 为资源 i 的利用率，p_i 为资源 i 的可获得性。D_i 取值区间为 [-1, +1]，若 D_i>0.1 为喜爱，D_i=1 为特别喜爱，D_i=0 为随机选择，-0.1<D_i<0.1 为几乎随机选择，D_i<-0.1 为不喜爱，D_i=-1 为不选择。

1.3.2 资源选择函数

在研究动物的生境偏好方面，资源选择函数具有其他方法不可拟的明显优势，其能更好地描述物种使用栖息地资源的偏好。资源选择函数用已利用资源与可利用资源的比率来计算[11]。具体计算方法如下。

对于生境中的一种资源 i，物种对它的选择率 ω_i 为

$$\omega_i = O_i/\pi_i$$

式中，O_i 是资源 i 被使用的比例，$\pi_i = a_i/a_+$，a_+ 是所有可供使用的资源单位，a_i 是其中资源 i 可被使用的单位。

由于物种对生境的选择往往受食物、遮蔽物和水热条件等多种因素的制约，所以资源选择函数一般表现为一个包括多个独立生境变量的线性对数模型，如

$$\omega(x) = \exp(\beta_0 + \beta_1 x_1 + \beta_2 x_2 + \cdots + \beta_k x_k)$$

式中，x 代表不同的独立生境变量，β 表示选择系数。那么，物种对生境的选择概率为 $T(x) = \exp(\beta_0 + \beta_1 x_1 + \beta_2 x_2 + \cdots + \beta_k x_k) / [1 + \exp(\beta_0 + \beta_1 x_1 + \beta_2 x_2 + \cdots + \beta_k x_k)]$，当 $T(x)$ 的取值为 1 或 0 时，即表示选择或不选择时，选择系数 β 可以由逻辑斯蒂回归系数来估计[9]。Logistic 回归在 1967 年首次用于多变量分析[10]，是研究二值响应变量（例如有和无）或有序响应变量与一组自变量之间关系的一种标准统计方法，本研究应用 SPSS 13.0 中 Logistic 模块实现 Logistic 回归过程。

2 结果与分析

2.1 夏季褐马鸡沙浴地生态因子利用的一般特征

在研究期间，共测定了褐马鸡沙浴地样方 36 个，对照样方 96 个。由表 1 的选择指数可知，褐马鸡夏季偏好选择的沙浴地具有如下特征：阔叶林，乔木盖度 30%～50%，

直径 10~20cm，密度 0.05~0.10 株/m²，高度小于 10m；灌丛盖度大于 50%，高度小于 1.5m，密度大于 5 株/m²；草本盖度大于 30%，高度大于 10cm；海拔大于 1400m，坡度大于 30°，位于阳坡，坡位为上坡位，多为山脊；人为干扰距离、水源距离和林边距离均大于 500m；隐蔽级小于 10%。

表 1 夏季褐马鸡对沙浴地选择

生境因子	类别	可获得性（n=96）	利用率（n=36）	选择系数	选择偏好
海拔	<1200m	0.2500	0	-1	NS
	1200~1400m	0.6354	0.3056	-0.5968	NP
	>1400m	0.1146	0.6944	0.8923	P
植被类型	阔叶林	0.1667	0.6667	0.8182	P
	针阔混交林	0.3333	0.1944	-0.3138	NP
	针叶林	0.5000	0.1389	-0.7222	NP
坡度	<10°	0.0417	0.0278	-0.2068	NP
	10°~20°	0.2708	0.2500	-0.0539	AR
	20°~30°	0.5208	0.25	-0.4262	NP
	>30°	0.1667	0.4722	0.6345	P
坡向	阴坡	0.5313	0.4167	-0.2268	NP
	半阴半阳坡	0.4375	0.2222	-0.4627	NP
	阳坡	0.0313	0.3611	0.8918	P
坡位	下坡位	0.5194	0.0833	-0.8448	NP
	中坡位	0.2083	0.1667	-0.1361	NP
	上坡位	0.2812	0.75	0.7772	P
地理性	沟底	0.2708	0	-1	NS
	山坡面	0.5208	0.1389	-0.7416	NP
	山脊	0.2083	0.8611	0.9185	P
乔木盖度	<30%	0.1458	0.0833	-0.3052	NP
	30%~50%	0.4167	0.6389	0.4247	P
	50%~80%	0.4167	0.2778	-0.3001	NP
	>80%	0.0208	0	-1	NS
乔木直径	<10cm	0.0521	0	-1	NS
	10~20cm	0.4896	0.6111	0.2419	P
	>20cm	0.4583	0.3889	-0.1414	NP
乔木高度	<10m	0.3333	0.8056	0.7847	P
	≥10m	0.6667	0.1944	-0.7847	NP

续表

生境因子	类别	可获得性（n=96）	利用率（n=36）	选择系数	选择偏好
乔木密度	<0.05 株/m²	0.3125	0.1944	−0.3064	NP
	0.05~0.10 株/m²	0.4271	0.5833	0.3050	P
	>0.10 株/m²	0.2604	0.2222	−0.1041	NP
灌丛盖度	<30%	0.3958	0.2778	−0.2601	NP
	30%~50%	0.375	0.3889	0.0294	AR
	>50%	0.2292	0.3333	0.2480	P
灌丛高度	<1m	0.0833	0.1111	0.1580	P
	1~1.5m	0.2917	0.4444	0.3183	P
	>1.5m	0.6250	0.4444	−0.3514	NP
灌丛密度	<1 株/m²	0.1146	0.0278	−0.6382	NP
	1~5 株/m²	0.8438	0.5278	−0.6571	NP
	>5 株/m²	0.0417	0.4444	0.8969	P
草本盖度	<30%	0.7604	0.2500	−0.8099	NP
	30%~50%	0.1875	0.4444	0.5521	P
	>50%	0.0521	0.3056	0.7778	P
草本高度	<10 cm	0.5313	0	−1	NS
	10~20 cm	0.4167	0.5556	0.2727	P
	>20 cm	0.0521	0.4444	0.8714	P
隐蔽级	<10%	0.0833	0.8056	0.9571	P
	10%~20%	0.4583	0.1389	−0.6797	NP
	>20%	0.4583	0.0556	−0.8699	NP
水源距离	<300m	0.5938	0.1944	−0.7167	NP
	300~500m	0.2395	0.2778	0.0997	AR
	>500m	0.1667	0.5278	0.6964	P
林边距离	<300m	0.6458	0.1111	−0.8717	NP
	300~500m	0.1771	0.0833	−0.4062	NP
	>500m	0.1771	0.8056	0.9012	P
人为干扰距离	<300m	0.2708	0	−1	NS
	300~500m	0.1563	0.0278	−0.7326	NP
	>500m	0.5729	0.9722	0.9260	P

注：P，喜爱；NP，不喜爱；AR，几乎随机选择；NS，不选择。

2.2 夏季褐马鸡沙浴地生态因子的资源选择函数分析

资源选择函数是基于 Logistic 方程而开发的[11]。Logistic 方程选择自变量时，要求各变量之间相互独立，没有自相关性。因此在拟合 Logistic 方程之前，应对所有生境变量进行相关分析[9, 12, 13]。在变量两两比较的 171 个相关系数中，绝对值大于 0.6 且有统计学意义的有 26 个。考虑到生境因子的独立性与代表性，本研究从 19 个生境因子中筛选出 11 个因子进行 Logistic 回归分析，这 11 个因子分别是乔木盖度、乔木直径、灌丛高度、灌丛密度、草本盖度、草本高度、坡度、坡向、隐蔽级、水源距离和海拔高度。

把所有参数标准化后，采用 Forward/Conditional 法进行 Logistic 回归分析，最终进入函数方程的有明显统计学意义的变量为草本盖度、草本高度、隐蔽级和水源距离（表 2）。由此可得褐马鸡夏季对沙浴地资源选择函数为 logit（p）=-7.222+1.442×水源距离-2.132×隐蔽级+ 1.862×草本盖度+ 2.135×草本高度。根据拟合出的资源选择函数，夏季褐马鸡对沙浴地选择概率为 $P=e^{logit(p)}/[1+e^{logit(p)}]$，模型的正确预测率为 94.7%。同时，根据选择系数的绝对值大小，可以确定隐蔽级和草本高度是关键因子，草本盖度和水源距离是次关键因子。

表 2 进入函数方程的变量

变量以及常量	选择系数	标准误	卡方检验值	概率 P
草本盖度	1.862	0.548	11.539	0.001
草本高度	2.135	0.830	6.619	0.010
隐蔽级	-2.132	0.584	13.319	0.000
水源距离	1.442	0.504	8.173	0.004
常数	-7.222	2.636	7.507	0.006

3 讨论

采用 Jacobs 法和资源选择指数分析方法，确定影响褐马鸡夏季沙浴地选择的关键因子是隐蔽级和草本高度，次关键因子是水源距离和草本盖度。褐马鸡喜欢的沙浴地位于草本盖度大于 30%，高度大于 10cm；水源距离大于 500m；隐蔽级小于 10%的阔叶林中。这与其春季卧息地的选择结果[5]，有相同之处但也存在差别，相同之处表现在夏季沙浴地和春季沙浴地均远离水源、林中道路、居民点，这主要是由褐马鸡本身的生活特性决定的，因为在沙浴期间，它们放松了对天敌以及人类的警惕，容易遭受天敌的危害[3-5]，同时由于褐马鸡飞翔与扩散能力较弱，躲避天敌能力相对较差，因此选择远离天敌或人类的地方；不同之处表现为春季卧息地水源距离为（119.82±74.22）m、人为干扰距离为（293.86±206.36）m、草本高度为（14.29±4.34）cm[5]，而夏季沙浴地人为干扰距离、水源距离和林边距离均大于 500m，草本高度均大于 10cm，这些区别与它们春、夏季处于不同的生活阶段是相适应的，因为夏季褐马鸡处于育雏期，雏鸡的运动能力和躲避天敌的能力较差，更易受到人类与天敌的危害。

捕食压力对动物选择不同的栖息地也有明显的影响，动物可以通过选择有效避免捕食者的栖息环境来降低被捕食的风险[4, 14, 15]。对褐马鸡来说，由于其是典型的地面活动类森林鸟类，在紧急情况下的生存对策是提前发现和提前逃避（隐匿、奔跑或飞翔）。

夏季正是褐马鸡的育雏期，幼体的扩散能力更差，且在沙浴时对天敌的警惕性降低，因而对隐蔽条件的要求更高[3, 5]。在黄龙山地区，褐马鸡的天敌主要可分为2类：一类为天空的天敌，如鹰类及隼类；另一类就是小型兽类，如豹猫（*Prionailurus bengalensis*）、狗獾（*Meles meles*）、黄鼬（*Mustela sibirica*）和赤狐（*Vulpes vulpes*）等[5]，这些小型兽类主要在褐马鸡生长发育过程捕食成体和亚成体。观察发现，褐马鸡沙浴时都是先在地面刨一沙坑，自己躺在坑里时的高度有15cm左右，选择高度>10cm的草本，可以很好地把成体及亚成体遮蔽起来，增加它们的隐蔽级，因此在资源选择函数中隐蔽级的系数较大。鹰类及隼类多在褐马鸡育雏阶段捕杀褐马鸡幼体，为了躲避鹰类和隼类，褐马鸡通常选择乔木盖度较小的沙浴地，因为乔木盖度越小，越便于提前发现高空的鹰类及隼类，以便迅速逃进周围灌丛或者针叶林中；另一方面，陕西黄龙山位于陕西北部，气温较低，乔木盖度小也便于褐马鸡通过阳光补充体热并护理羽毛。同时，乔木盖度小的情况下草本盖度较大，草本盖度较大在育雏阶段有利于雏鸡紧急情况下的躲藏。对黄龙山褐马鸡育雏阶段的观察发现，在紧急情况下，褐马鸡成体迅速飞上大树，幼体四散进入草丛中，待危险解除后，在成鸡的召唤下，小鸡靠拢成鸡，所以沙浴地较大的草本盖度是小鸡逃生必须具备的环境条件。夏季沙浴地人为干扰距离和林边距离均大于春季，这是因为该季节当地农事繁忙，为了减少人为的干扰，提高幼体的成活率，夏季成鸡带着小鸡到达高海拔的阔叶林中生活。

水是动物生活所必需的资源物质，也是其最重要的生存条件之一[16]。有研究认为鸡形目许多物种的栖息地选择均与水源密切相关[4, 17, 18]。本研究发现，7、8月份褐马鸡沙浴地主要选择在高海拔的阔叶林，在这个时期可见大量浆果如野山楂（*Crataegus pinnatifida*）、沙棘（*Hippophae rhamnoides*）和北五味子（*Schisandra chinensis*）成熟，同时也有辽东栎（*Quercus liaotungensis*）的坚果成熟，浆果本身含有大量水分，取食浆果已经可以补充鸡体水分需求。另外，在此期间，山中林间湿度较大，露水较多，所以水源地对它们的影响不大；加之水源地也是其天敌常常光顾的地方，所以褐马鸡沙浴地远离水源是其基于安全考虑的一种生存策略。

参 考 文 献

[1] 尚玉昌. 行为生态学. 北京：北京大学出版社，1998：141-149.

[2] 马建章，邹红菲，贾竞波. 野生动物管理学. 2版. 哈尔滨：东北林业大学出版社，2004.

[3] 刘焕金，苏化龙，任建强. 中国雉类——褐马鸡. 北京：中国林业出版社，1991.

[4] Lu X, Zheng G M. Habitat use of Tibetan Eared Pheasant *Crossoptilon harmani* flocks in the non-breeding season. Ibis, 2002, 144（1）：17-22.

[5] 李宏群，廉振民，陈存根，等. 陕西黄龙山林区褐马鸡春季觅食地选择. 生态学杂志，2007，42（3）：61-67.

[6] 卢欣，郑光美，顾滨源. 马鸡的分类、分布及演化关系的初步探讨. 动物学报，1998，44（2）：131-137.

[7] 张洪海，马建章. 紫貂冬季生境的偏好. 动物学研究. 1999，20（5）：355-359.

[8] Jacobs J. Quantitative measurement of food selection: a modification of the forage ratio and Ivlev's Electivity Index. Oecologia, 1974, 14：413-417.

[9] Boyce M S, MacDonald L L. Relating populations to habitats using resource selection functions. Trends of Ecology and Evolution, 1999, 14 (7): 268-272.

[10] Hosmer D W, Lemeshow S. Applied Logistic Regression. New York: John Wiley and Sons, 1989: 86-89.

[11] Manly B F J, McDonald L L, Thomas D L, et al. Resource Selection by Animals: Statistical Design and Analysis for Field Studies. London: Chapman & Hall, 1993.

[12] Lennon J J. Resource selection functions: taking space seriously. Trends in Ecology and Evolution, 1999, 14 (10): 399-400.

[13] Sachot S, Perrin N, Neet C. Winter habitat selection by two sympatric forest grouse in western Switzerland: implications for conservation. Biological Conservation, 2003, 112 (3): 373-382.

[14] Houtman R, Dill L M. The influence of predation risk on diet selectivity: a theoretical analysis. Evolutionary Ecology, 1998, 12 (3): 251-262.

[15] 李佳琦, 史红全, 刘迺发. 拉萨藏雪鸡春季栖息地选择. 动物学研究, 2006, 27 (5): 513-517.

[16] 孙儒泳. 动物生态学原理. 3版. 北京: 北京师范大学出版社, 2001: 71.

[17] 丁平, 李智, 姜仕仁, 等. 白颈长尾雉栖息地小区利用度影响因子研究. 浙江大学学报(理学版), 2002, 29 (1): 103-108.

[18] 贾非, 王楠, 郑光美. 白马鸡繁殖早期栖息地选择和空间分布. 动物学报, 2005, 51 (3): 383-392.

陕西黄龙山自然保护区冬季褐马鸡沙浴地选择*

李宏群　廉振民　陈存根

摘要

2006年11~12月和2007年1月,在陕西黄龙山采用样带法对褐马鸡冬季沙浴地选择做了研究。在选定的8条样带上测定54个利用样方以及96个对照样方。结果表明,褐马鸡沙浴地偏好利用下坡位、阳坡和半阴半阳坡以及山坡面和山脊,对中坡位是随机选择,避免选择中上坡位、阴坡和山沟。对林型的利用无选择性。对利用样方和任意样方进行比较,褐马鸡冬季通常选择水源距离、林边距离和人为干扰距离较小的低海拔地方作为其沙浴地,其沙浴地以乔木数量低及其盖度、高度和直径较小、灌丛数量和高度较小但盖度大、草本盖度和高度较大以及可视度高为主要特征。褐马鸡也选择岩洞作为沙浴地,占总沙浴地的35.19%。对19个岩洞和35个非岩洞沙浴地进行比较,表明岩洞沙浴地具有人为干扰距离大、坡度大、可视度低、乔木数量和盖度较大而直径小、灌丛数量和盖度大、草本高度较高的特征。逐步判别分析表明,人为干扰距离、坡位、林边距离、海拔、可视度、灌丛盖度和乔木数量具有重要作用,由这7个变量构成的方程在对冬季沙浴地利用样方和对照样方进行区分时,正确判别率可以达到93.60%。

关键词：褐马鸡；沙浴地；逐步判别分析；黄龙山

褐马鸡(*Crossoptilon mantchuricum*)是世界易危鸟类之一[1],被我国列为濒危物种[2]。其目前分布区很狭窄,主要分布于山西吕梁山、陕西黄龙山、河北小五台山和北京东灵山等地的局部地区[3]。由于自然植被的破坏,其分布区已被严重分割成3个区域,分别形成3个地理种群,即山西吕梁山脉的中部种群、河北与北京地区的东部种群和陕西的西部种群[4]。昼行性鸟类的日活动节律通常表现为早晨、下午觅食高峰和午间休息[5,6]。在此休息期间,鸟类可以通过阳光补充体热并护理羽毛,以及啄食羽下的寄生虫,以致

---

* 原载于：林业科学, 2011, 47 (11): 93-98.

它们放松对天敌的警惕[5-9]。因此，鸟类对沙浴地的环境具有选择性。就褐马鸡而言，目前已经有其春季和夏季沙浴地的报道[7, 9]，尚没有对褐马鸡的冬季沙浴地特征进行研究。已有研究表明越冬期栖息地质量是影响雉类存活率的关键因子之一[10-12]。主要问题是食物短缺和低温，同时植物凋谢，积雪覆盖，隐蔽条件差，更易遭到天敌的捕杀。因此，这方面的研究有助于了解其冬季沙浴地的特征以及理解其在冬季极端情况下如何适应环境的，从而有助于对其采取有针对性的保护措施。本文报道了2006年11～12月和2007年1月在陕西省黄龙山林区对褐马鸡沙浴地选择的研究结果。

1 研究地区与方法

1.1 自然概况

陕西黄龙山褐马鸡自然保护区（35°28′N～36°02′N，109°38′E～110°12′E）位于延安市的黄龙、宜川两县交界处，地处陕北黄土高原东南部的黄龙山腹地，垂直分布范围在海拔962.6～1783.5m，相对高差820.9m，总面积1942km^2，林地面积为1682km^2。研究地区设在保护区的核心区北寺山林区，具体情况见参考文献[7]。

1.2 数据收集

1.2.1 利用样方的设置

北寺山林区是褐马鸡分布的核心区，包括106，107和109林班，总面积为586hm^2。采用机械布点法设置样带，样线间距约200m，方向从东向西，共设置8条样带，样带单侧宽20m，总长28.92km，以调查褐马鸡的沙浴地位置。每天随机选取1条进行沙浴地调查，每条样线至少走3次，根据沙浴地特征，一旦发现褐马鸡新鲜沙浴地（有褐马鸡脱落的灰色羽毛），是否新鲜以沙浴地土壤翻动情况而定，便以此为中心，如果发现多个新鲜沙浴地痕迹，将半径20m内的沙浴地视为同一个。以沙浴地为中心选取1个10m×10m的大样方、4个5m×5m中样方和5个1m×1m小样方。小样方设置方法：将10m×10m样方的每条对角线都4等分，在1/4、1/2和3/4处各取1个1m×1m的小样方，共取5个；中样方是把大样方等分。大样方测定与乔木相关的因子，中样方测定与灌丛相关的因子，小样方测定与草本相关的因子，其他因子参考文献[7]，测定各生境环境变量如下：海拔、植被类型、坡度、坡向、坡位、地理性、水源距离、人为干扰距离、林缘距离、农田距离、乔木层盖度、乔木的数量、高度、胸径、灌木层盖度、灌木的种数量和高度、草本盖度和高度和可视度。由于褐马鸡冬季的有些沙浴地选择在岩洞中，因此还测量了这些岩洞的深度、宽度和高度。

1.2.2 对照样方的设置

为保证对照样方的随机性，采用系统样方方格抽样法[13]，测定同样的生境变量。具体方法为：在研究区域内每隔200m设置1条样线，方向从东向西，共8条，按每

200m 设置一个样方，使对照样方的抽取面积基本覆盖整个研究区域。根据研究区的面积和形状，共设 96 个对照样方。此外，如果在对照样方内发现褐马鸡的沙浴地，就剔除该样方。

1.3 数据处理

采用 Jacobs 法[14]分析褐马鸡对冬季对植被类型、坡向、坡位和地理性 4 种生态因子的利用是否有选择性。先用拟合优度卡方检验验证褐马鸡对上述 4 种生态因子是否有选择性，然后再用选择指数的计算公式分析褐马鸡对这 4 种生态因子中哪些类型偏好或避免。利用单个样本的 Kolmogorov-Smirnov t 检验数据是否呈正态分布。当数据符合正态分布时，使用独立样本的 t 检验，当数据不符合正态分布时，使用 Mann-Whitney U 检验，对沙浴地样方与样带中的随机样方、沙浴地中岩洞与非岩洞的生境因子的差异进行分析。

采用逐步判别分析，对褐马鸡冬季沙浴地利用样方和对照样方的生态因子进行分析，以确定影响褐马鸡冬季沙浴地选择的关键因子。数据采用 Mean±SD 表示，所有的统计分析均在 SPSS for Windows（13.0）软件包中完成。

2 结果与分析

2.1 褐马鸡沙浴习性

除春夏秋外，褐马鸡在冬季也有沙浴的习性。除阴天、降雪天或受到干扰外，一般在天气晴朗、暖和无风时进行，集中出现在 12：00～14：00。进入中午沙浴时，褐马鸡个体先后卧地刨坑，地面形成碗状小坑（直径 15～30cm，深 5～10cm），然后侧身晒太阳，不时抖动身体，使细土卷满全身，通过观察，有些沙浴地连在一起，但更多是分开的，占总的沙浴地 83.51%，且沙浴地土质明显地比对照样方松软干燥。

2.2 沙浴地生境因子的一般特征

2006 年 11～12 月和 2007 年 1 月期间，一共观察到 54 个褐马鸡利用的沙浴地。对其中的分类因子，即植被类型、坡位、坡向和地理性进行拟合优度卡方检验（表 1）。结果表明：褐马鸡对坡位（χ^2=10.034, df=2, P=0.007<0.05）、坡向（χ^2=152.48, df=2, P=0.000）和地理性（χ^2=11.503, df=2, P=0.003）的利用有选择性。褐马鸡沙浴地偏好利用下坡位、阳坡和半阴半阳坡以及山坡面和山脊，避免选择中坡位、上坡位、阴坡和山沟。对中坡位是随机选择。褐马鸡对林型（χ^2=2.542, df=2, P=0.281）的利用无选择性。

表1　褐马鸡对冬季沙浴地中分类因子的利用和选择

因子	项目	实际利用比例（$n=54$）	期望利用比例（$n=96$）	选择系数	利用情况
坡位	上坡位	0.333 3	0.519 4	-0.367 4	NP
	中坡位	0.203 7	0.208 3	-0.014 1	R
	下坡位	0.463 0	0.281 2	0.375 8	P
	$\chi^2=10.034$, $df=2$, $P=0.007$				
坡向	阳坡	0.296 3	0.031 3	0.857 3	P
	半阳坡	0.666 7	0.437 5	0.440 1	P
	阴坡	0.037 0	0.531 3	-0.934 4	NP
	$\chi^2=152.48$, $df=2$, $P=0.000$				
地理性	沟底	0.074 1	0.270 8	-0.645 3	NP
	山坡面	0.611 1	0.520 8	0.182 3	P
	山嵴	0.314 8	0.208 3	0.271 7	P
	$\chi^2=11.503$, $df=2$, $P=0.003$				

注：P，喜爱 Preferred；NP，不喜爱 Not Preferred；R，随机选择 Random selection。

通过比较冬季沙浴地与随机样方的数量化因子，发现褐马鸡通常选择水源距离、林边距离和人为干扰距离较小的低海拔地方作为其沙浴地。其沙浴地以乔木数量低及其盖度、高度和直径较小、灌丛数量和高度较小但盖度大、草本盖度和高度较大以及可视度高为主要特征（表2）。

表2　褐马鸡对冬季沙浴地利用样方变量与对照样方变量的比较

变量	利用样方($n=54$)	对照样方($n=96$)	Z	t	P
海拔（m）	1 238.24±42.34	1 270.52±102.71		-2.047	0.043*
坡度（°）	22.93±8.63	24.53±7.48		-1.193	0.235
水源距离（m）	139.15±65.00	292.94±221.83	-3.616		0.000**
林边距离（m）	142.56±88.14	304.75±322.07	-1.987		0.047*
人为干扰距离（m）	268.26±176.76	636.39±398.60	-5.611		0.000**
100m^2乔木数量	6.00±4.02	7.95±4.90	-2.065		0.039*
乔木直径（cm）	16.58±6.70	21.14±9.39	-3.692		0.000**
乔木高度（m）	8.57±1.52	10.65±2.74		-4.615	0.000**
100m^2灌木数量	189.84±70.85	255.92±130.53		-3.179	0.002**
灌木高度	1.36±0.35	1.59±0.35		-3.830	0.000**
草本高度	12.20±3.08	10.63±4.15	-3.122		0.002**

续表

变量	利用样方(n=54)	对照样方(n=96)	Z	t	P
乔木层盖度（%）	0.43±0.13	0.49±0.18		-2.120	0.036*
灌木层盖度（%）	0.43±0.14	0.37±0.18		2.095	0.038*
草本层盖度（%）	0.32±0.09	0.22±0.15		4.473	0.000**
可视度（%）	0.46±0.17	0.25±0.15	-6.611		0.000**

*P<0.05，**P<0.01；Z, Mann Whitney U-test；t, Independent samples t-test。下同。

2.3 岩洞对褐马鸡冬季沙浴地选择的影响

在观测到的 54 个沙浴地中，有 19 个位于岩洞中，占总沙浴地的 35.19%，35 个不在岩洞中，占总的 64.81%。通过对岩洞和非岩洞 2 种沙浴地类型进行分析和比较，可以发现在褐马鸡利用的岩洞沙浴地具有人为干扰距离大、坡度大、可视度低、乔木数量和盖度较大而直径小、灌丛数量和盖度大、草本高度较高的特征（表 3）。

表 3　褐马鸡冬季沙浴地岩洞样方与非岩洞样方变量的比较

变量	岩洞（n=19）	非岩洞（n=35）	Z	t	P
海拔（m）	1 240.00±2.08	1 251.38±51.32	-1.252		0.211
坡度（°）	32.37±5.97	17.80±4.51		-10.094	0.000**
最近水源距离（m）	141.47±68.05	137.50±64.18	-0.190		0.850
林边距离（m）	165.42±92.28	132.41±86.04		-1.082	0.286
人为干扰距离（m）	338.16±76.70	230.31±67.22	1.607		0.011*
100m² 乔木数量	8.27±3.58	4.90±3.40	-2.614		0.009**
乔木直径（cm）	13.86±6.71	18.05±6.31		2.276	0.027*
乔木高度（m）	8.33±1.39	8.75±1.61		0.882	0.383
100m² 灌木数量	226.26±72.15	163.23±57.81		-3.253	0.002**
灌木高度（m）	1.45±0.34	1.32±0.35		-1.396	0.169
草本高度（cm）	13.58±2.76	11.46±3.02		-2.539	0.014*
乔木层盖度（%）	0.48±0.11	0.38±0.14	-2.295		0.022*
灌木层盖度（%）	0.48±0.15	0.39±0.15		-2.169	0.035*
草本层盖度（%）	0.34±0.07	0.32±0.10	-0.256		0.798
可视度（%）	0.39±0.10	0.50±0.18		2.385	0.021*

对位于岩洞中的 19 个沙浴地进行分析，可以看出褐马鸡对岩洞沙浴地各项测定指标选择的变动范围较大，其中变动范围最大的是岩洞的长度，最小的是岩洞的深度。从总体上看，褐马鸡选择长度较长、深度较浅和高度适中的岩洞作为沙浴地（表4）。

表 4　褐马鸡冬季岩洞沙浴地的特征

变量	样本数量	变异范围（m）	平均值（m）	标准差 SD
高	19	0.45～1.90	1.09	0.43
深	19	0.35～0.90	0.74	0.18
长	19	1.00～5.50	2.78	1.58

2.4　褐马鸡冬季沙浴地生境因子的逐步判别分析

从逐步判别分析的结果（表 5）看出，在区分利用样方与对照样方上有一系列生态因子在发挥作用，依照贡献值的大小依次为：人为干扰距离、坡位、林边距离、海拔、可视度、灌丛盖度和乔木数量。由这 7 个变量构成的方程在对冬季沙浴地利用样方和对照样方进行区分时，正确判别率可达 93.60%。

表 5　褐马鸡冬季沙浴地和对照区变量的逐步判别分析结果

序号	变量	Wilk's λ	判别系数	F	显著性 Sig.
1	人为干扰距离	0.890	−2.885	12.989	0.000
2	坡位	0.537	1.547	44.917	0.000
3	林边距离	0.477	0.767	37.680	0.000
4	海拔	0.407	1.009	37.183	0.000
5	可视度	0.370	0.411	34.349	0.000
6	灌木盖度	0.344	0.809	31.713	0.000
7	100m² 乔木数量	0.289	−0.714	34.804	0.000

3　讨论

作为物种日常生活的空间，生境为物种提供了食物、水源、隐蔽条件和繁殖场所等资源条件，对物种持续生存繁衍有着深刻影响，是推动物种发展进化的重要的生态因素[15]。本项研究发现：陕西黄龙山褐马鸡冬季沙浴地主要选择在下坡位、阳坡或者半阳坡、山脊或山坡、海拔高度低、接近水源和林边、人为干扰距离较近、乔木数量低及其盖度、高度和直径较小、灌丛数量和高度较小但盖度大、草本盖度和高度较大以及可视度高为主要特征的地方（表 1 和表 2）。逐步判别分析的结果也显示人为干扰距离、坡位、林边距离、海拔、可视度、灌丛盖度和乔木数量是重要的生态因子（表 5）。这除了有利于躲避天敌和人类捕杀的因素外，可能还与黄龙山气候条件有关，即黄龙山上积雪往往持续到第 2 年 2 月。

雪作为一个限制因子对雉鸡类栖息地的选择也产生一定的影响[10, 16, 17]。在高海拔、坡上位和阴坡，由于降雪和温度较低，高海拔和山体上部都已结冻，给其觅食和活动带来不便，于是褐马鸡冬季逐渐向低海拔下坡位迁移。黄龙山上的积雪主要出现在阴坡以及高海拔地区，褐马鸡选择在低海拔、下坡位、阳坡或半阳坡沙浴可以将由积雪而带来活动不便减少到最低。同时，下坡位和阳坡，积雪全部或部分融化，使褐马鸡在裸露地面容易寻找到食物，可减少午后觅食活动的能量消耗。

捕食压力对动物选择不同的栖息地有明显的影响，动物可以通过选择有效避免捕食者的栖息环境来降低被捕食的风险[18]。在黄龙山地区褐马鸡的天敌有苍鹰（*Accipiter gentilis*）、雀鹰（*Accipiter nisus*）和红隼（*Falco tinnunculus*）等以及小型兽类如豹猫（*Prionailurus bengalensis*）、狗獾（*Meles meles*）、黄鼬（*Mustela sibirica*）和赤狐（*Vulpes vulpes*）等。在冬季，草本植物基本都已枯萎，落叶阔叶树也已落叶，这造成隐蔽条件差，对这些捕食者来说开阔的视野可以更容易发现和捕获猎物，同时，黄龙山地区冬季气温很低，褐马鸡选择中午沙浴地必须一方面能够不易被天敌发现或易逃跑，另一方面能够补充充足的能量。因此，其沙浴地距离林边较近，可视度较大（表2）。可视度大，其视野开阔，便于提前发现敌害迅速逃进森林中。林边乔木数量和盖度小，有利于获取阳光照射取暖。灌丛盖度较大，野外调查发现，灌木盖度较大时，其高度较高，林下植被常常比较空旷，这就形成了"亮脚林"[19]，便于褐马鸡活动。灌丛盖度较大，既有利于隐蔽，也可以获得一定阳光照射。对环颈雉（*Phasianus coichicus*）和藏马鸡（*Crossoptilon harmani*）的研究也发现，灌丛的结构与盖度是影响这2种雉类的重要因素[6, 16, 20, 21]。在山体下部，冬季下雪以后，进山的人数明显减少，这正好补偿由于人为干扰距离过近带来的风险。

有研究表明：虽然动物在长期进化过程中，逐渐形成对环境选择的遗传性，但这种遗传性并非严格，多数动物对环境的选择具有某些可塑性[22]。褐马鸡夏季和春季以及藏马鸡和白马鸡（*Crossoptilon crossoptilon*）非繁殖季节沙浴地选择多在森林的边缘，在发现敌害时迅速逃进周围的灌丛或针叶林[6, 7, 9, 23]。而在黄龙山冬季还有35.19%选择岩洞（表3）。选择岩洞作为沙浴地可能是褐马鸡应对黄龙山冬季严寒并增加隐蔽性的重要策略。岩洞都在阳坡，内部有比较松软的干土，而且几乎没有风，所以保温性很好。通过研究也发现：这些岩洞具有长度长、深度浅和高度适中的特征（表4），原因是褐马鸡冬季有集群的现象，每次沙浴都是多个个体一起，岩洞长度较长、深度较浅有利于提前发现敌害而逃跑，同时，褐马鸡并不是选择栖息生境内所有的岩洞作为沙浴地，而是选择具有下列特征的岩洞作为沙浴地：人为干扰距离大、坡度大、可视度低、乔木数量和盖度较大而直径小、灌丛数量和盖度大、草本高度较高（表3），以致当褐马鸡在岩洞内沙浴时被天敌和人类发现的可能性大大降低，因此可以把这种选择看作是一种反捕食的策略。黄龙山褐马鸡冬季有集群的现象，多以不同家系的混合群活动为主，通过调查褐马鸡有多个个体在一起沙浴的习性，根据卧迹判断，褐马鸡并非在一起沙浴，有的是1个，有的是2个，这样可能有利于频频抖动身躯，使细土卷满全身。在一起的2个是否是繁殖季节配对个体，还需要进一步研究。

参 考 文 献

[1] IUCN. 2007. IUCN Red List of Threatened Species，Gland，Switzerland. http://www redlist. org.［2007-11-06］.
[2] 郑光美，王歧山. 褐马鸡 //汪松. 中国濒危动物红皮书（鸟类）.北京：科学出版社，1998：242-243.
[3] 卢欣，郑光美，顾滨源. 马鸡的分类、分布及演化关系的初步探讨. 动物学报，1998，44（2）：131-137.
[4] Zhang Z W，Zheng G M，Zhang G G，et al. Distribution and Population Status of Brown-Eared Pheasant

in China. UK: World Pheasant Association, 2002: 91-96.

[5] 刘焕金, 苏化龙, 任建强. 中国雉类——褐马鸡. 北京: 中国林业出版社, 1991.

[6] Lu X, Zheng G M. Habitat use of Tibetan Eared Pheasant *Crossoptilon harmani* flocks in the non-breeding season. Ibis, 2002, 144 (1): 17-22.

[7] 李宏群, 廉振民, 陈存根, 等. 陕西黄龙山林区褐马鸡繁殖季节中午卧息地选择. 生态学杂志, 2007, 26 (9): 1402-1406.

[8] Charles R B, Leann B B. Do swallows sunbathe to control ectoparasites? An experimental test. Condor, 1993, 95 (3): 728-730.

[9] 李宏群, 廉振民, 陈存根. 陕西黄龙山自然保护区褐马鸡夏季沙浴地的选择. 西北农林科技大学学报(自然科学版), 2010, 38 (3): 59-64.

[10] Young L, Zheng G M, Zhang Z W. Winter movements and habitat use by Cabot's Tragopans *Tragopan caboti* in southeastern China. Ibis, 1991, 133 (2): 121-126.

[11] Perkins A L, Clark W R, Terry Z, et al. Effects of landscape and weather on winter survival of ring-necked pheasant hens. Journal of Wildlife Management, 1997, 61 (3): 634-644.

[12] Homan H J, Linz G M, Bleier W J. Winter habitat use and survival of female ring-necked pheasants (*Phasianus colchicus*) in Southeastern North Dakota. American Midland Naturalist, 2000, 143 (2): 463-480.

[13] 张洪海, 马建章. 紫貂冬季生境的偏好. 动物学研究, 1999, 20 (5): 355-359.

[14] Jacobs J. Quantitative measurement of food selection: a modification of the forage ratio and Ivlev's Electivity Index. Oecologia, 1974, 14 (4): 413-417.

[15] 宋延龄, 杨亲二, 黄水青. 物种多样性研究与保护. 杭州: 浙江科学技术出版社, 1998.

[16] Smith S A, Stewart N J, Gates J E. Home ranges, habitat selection and mortality of ring-necked pheasants (*Phasianus colchicus*) in North-Central Maryland. Americam Midland Naturalist, 1999, 141 (1): 185-192.

[17] 张立勋, 阮禄章, 安蓓, 等. 西藏雪鸡青海亚种的种群遗传结构和地理变异. 动物学报, 2005, 51 (6): 1044-1049.

[18] Houtman R, Dill L M. The influence of predation risk on diet selectivity: a theoretical analysis. Evolutionary Ecology, 1998, 12 (3): 251-262.

[19] 许维枢, 吴志康, 李筑眉. 白冠长尾雉//卢汰春, 刘如笋, 何芬奇. 中国珍稀濒危鸡类. 福州: 福建科学技术出版社, 1991: 328-338.

[20] Catti R C, Dumkf R T, Pils G M. Habitat use and movements of female ring-necked pheasants during fall and winter. Journal of Wildlife Management, 1989, 53 (2): 462-475.

[21] Leptich D J. Winter habitat use by hen pheasants in southern Idaho. Journal of Wildlife Management, 1992, 56 (2): 376-380.

[22] 孙儒泳. 动物生态学原理. 3版. 北京: 北京师范大学出版社, 2001: 271-272.

[23] Lu X, Zheng G M. Habitat selection and use by hybrid white and Tibetan eared pheasants in eastern Tibet during post-incubation period. Canadian Journal of Zoology, 2001, 79 (2): 319-324.

Seasonal changes in the ranging area of Brown-eared pheasant and its affecting factors in Huanglong Mountains, Shaanxi Province*

Li Hongqun Lian Zhenmin Chen Cungen Wu Shaobin

Abstract

A study on the seasonal changes in the ranging area of Brown-eared pheasant and its affecting factors were conducted in the Huanglongshan Nature Reserve, Huanglong County, Shaanxi Province, China, from March 2006 to January 2007. Forty used-sites and forty random plots were selected along 8-9 transects crossing the study area. Fifteen factors related to the changes of altitude were measured in each site. The results showed that the altitude of home range of Brown-eared pheasant varied with seasons: the highest home range was found in summer, and the lowest one was found in winter, while the home range in autumn was higher than that in spring. According to the frequency of occurrence of Brown-eared pheasant in different seasons, we found that its home range occurred mainly at altitude below 1400m in spring, above 1500m in summer, between 1200m and 1500m in autumn and below 1300m in winter. The possible reason that Brown-eared pheasant preferred to live at lower altitude in spring was to have access to water sources and the abundance of food, correlated to the slope locations, number of trees and number of shrubs; in summer, they tended to appear at highest altitude, and the average height of shrubs, average height of grasses, sheltering class and distance to edge of woods, and human disturbance were affecting factors; in autumn, they appeared at higher altitude which was correlated with the covers of trees, shrubs and grasses, and ultimately

---

* 原载于: Acta Ecologica Sinica, 2009, 29: 302-306.

related to the abundance of food; in winter, they lived at lowest altitude, which was correlated to the distance from the edge of woods, cover of trees and sheltering class, and ultimately related to the abundance of food and shelter.

Key words: Brown-eared pheasant; Altitude; Seasonal changes; Huanglong Mountains

1 Introduction

Brown-eared pheasant (*Crossoptilon mantchuricum*), endemic to China, is listed as the first grade nationally protected bird of China, which is vulnerable to extinction worldwide and is a nation endangered species[1,2]. As a species of narrow distribution, it is mainly distributed in the Xiaowutai Mountain of Hebei Province, Lvliang Mountain of Shanxi Province, Huanglong Mountain of Shaanxi Province and Dongling Mountain of Beijing municipality[3]. Its population is divided into 3 isolated geogrpahical ones which are respectively called middle population including those of Shanxi, east population including those of Hebei and Beijing, and west population including those of Shaanxi, largely because of geographical barrier and destruction of natural vegetation to prevent them from migrating[3,4].

Spatial distribution pattern of animals is one of the most important issues concerned wide public by zoologist over the recent years[5-8], primarily due to being able to make some species obtain the most income in ecological niche[9]. Spatial distribution pattern of avifauna is affected by many factors including population density, competition between or among population, habitat structure, ect., and change with fluctuation of these factors[10-14]. Among these factors, the change of altitude is an important factor of vertically spatial distribution for wildlife animals[15-18]. Many Gulliform species are habitat specialist, nonmigratory and have low dispersal ability[19], so they have remarkable seasonal movement in altitude[18,20,21]. Some research have demonstrated that Brown-eared pheasant are usually considered to make vertical movements according to changes in weather, vegetation, and food availability in order to meet their different ecological requirements, life histories and behavioral characteristics[10,20]. However, so far, very little is known about its affecting factors which influence the changes of its home range. In the present study, we investigated the altitude of its home range from March 2006 to January 2007 in the Huanglongshan Nature Reserve, Shaanxi, China and analyzed its affecting factors of the seasonal changes in its home range in order to know its mechanisms to adapt to environmental change and provide a scientific foundation for the conservation and management of these endangered bird.

1.1 Study site

Field work was carried out in the forest area of Beisishan Mountain in the Huanglongshan Nature Reserve, Shaanxi, China (109°38′E-110°12′E longitude, 35°28′N-36°02′N latitude). The reserve is situated in HuangLong Mountain in northeast of Shaanxi Province, China, with an annual temperature of 8.6℃, an annual rainfall of approximately 611.8mm mainly concentrated from July to September and an annual evaporation capacity of 856.5mm. Within its total area of 81 753hm^2 is a central core area for wildlife conservation (especially for Brown-eared pheasant), with altitude ranging from 962.6 to 1783.5m. The type of climate of the whole study area is subhumid temperate-continental climate.Vegetation in the study area is mainly warm temperate deciduous broad-leaved forest, and percentage of forest cover amountes to 84.6%[22]. Based on the basic resource survey of the Huanglongshan Nature Reserve, according to the vegetation characteristics and land use pattern of the study area[23], the habitat was classed into mainly four plant communities: ① subtropical evergreen conifer forest vegetation, among which dominant trees species is the Chinese pine (*Pinus tabulaeformis*), as well as the distribution of a little tree species including the lacquer tree (*Toxicodendron vernicifluum*)、Chinese walnut fouest (*Juglans cathayensis*)、walnut tree (*Juglans regia*)、birch (*Betula platyphylla*)、populus davidiana (*Populus davidiana*) and the hawthorn(*Cratadgus Pinnatifida*). ② coniferous broadl-eaved forest. Besides Chinese pine, there are some deciduous tree species including quercus liaotungensis (*Quercus liaotungensis*), elm(*Ulmus pumila*), populus davidiana(*Populus davidiana*)and the hawthorn. ③ deciduous broad-leaved forest, among which birch forest, *populus avidiana* and *quercus liaotungensis* coexisted. ④ farmland nearby village or in the middle of forest. As a result of low temperature, crop mature only once in a year. In the winter, the farmland is bare and is usually covered with snows on the north-facing slope.

1.2 Method

1.2.1 Definition of season and altitude

According to the change of vegetation throughout the year, we divided one year into 4 seasons, which are respectively, spring(from March to June), summer(from July to August), autumn (from September to October), and winter (from November to January). And the altitude of its home range is also divided into 5 gradient zone, which are <1200m, 1200-1300m, 1300-1400m, 1400-1500m, and>1500m, respectively.

1.2.2 Data collection

Line transects, which are in east-west direction, were set out to investigate the habitat selection of Brown-eared pheasant from march 2006 to January 2007. The distance between any two nearest transects was 200m and a total of 8 or 9 transects were selected in spring, summer, autumn and winter, respectively[22]. Once a fresh used site including feeding traces or sunbathe traces was located, a 10m×10m plot with this fresh sites as a center was treated as a sample including four 5m×5m middle plots and five 1m×1m small plots. Within each 10m×10m plot, four middle plots were obtained by quarter of 10m×10m plot and five small plots at each corner and center, respectively. Habitat variables were obtained using 10m×10m plots for trees, 5m×5m middle plots for shrubs and 1m×1m small plots for grasses[24]. For all samples, the following parameters were measured: ①altitude(m; measured by global positioning system), ②slope degree (measured by a compass), ③slope aspect (measured by a compass), ④slope location (estimated on basis of upper slope (mountaintop or the upper side of mountain), middle slope (mountainside or in middle side of mountain) and lower slope (valley or in lower side of mountain)), ⑤distance to water source and edge of woods (m; measured by global positioning system), ⑥cover of trees (percentage), ⑦average height of trees (m; measured by an altimeter), ⑧average diameter of trees (cm; measured by tape measure at breast height of 1.3m), ⑨density of trees (individuals/100m^2), ⑩cover of shrub (percentage), ⑪density of shrub (individuals/100m^2), ⑫average height of shrubs (m; measured by tape measure), ⑬cover of grasses (percentage), ⑭average height of grasses (m; measured by tape measure), ⑮sheltering class (measured by using the percentage of visibility of pole in 1-m height such that it can be seen from a height of 20m) in four different directions.

1.2.3 Random samples

To estimate the availability of the used habitats, we chose 8 or 9 line transects to investigate the habitat selection of Brown-eared pheasant over the study area[23,25]. The random plots (10m×10m) were set every 200m apart along transects and the distance between any two nearest transects was 200m. A total of 54, 96, 60, 96 random plots (10m×10m) were obtained in spring, summer, autumn and winter respectively. The parameters were measured as the same as those measured at used sites. If the random plots are consistent with the used sites, we may eliminate this random plot.

1.2.4 Data analysis

Differences of the altitude of its home range were determined by a compare-mean statistical method, one-way ANOVA, among four different seasons. Then by using Student-Newman-Keuls test, differences of the altitude of home range among 5 gradient zones were tested in one season. At the same time, differences of variables of habitat between the used sites and random samples were tested in same season by one-way ANOVA too. It may be explained in detail that 40 used sites from the whole used sites and 40 random samples from the whole random plots were chosen randomly. The samples used by

Brown-eared pheasant were defined as dependent variables and valued 1, the random plots too were defined as dependent variables and valued 0. Finally, forward elimination stepwise logistic regression was conducted using the different variables as independent variables. Statistical analyses were conducted through SPSS 13.0 for Windows.

2 Results

2.1 Seasonal change of altitude of home range of Brown-eared pheasant

Our surveys have revealed that average altitude of home range varied with seasons, which was 1283.73±112.34m in spring, 1462.44±112.19m in summer, 1352.03±86.59m in autumn and 1221.86±74.79m in winter. There are significant differences in the average altitude of home range of Brown-eared pheasant among different seasons as analysed by one-way ANOVA (F=70.599, P<0.01). And as analysed by Student-Newman-Keuls test, there are significant differences in the average altitude of home range of Brown-eared pheasant between spring and summer (P<0.01), summer and autumn (P<0.01), autumn and winter (P<0.01), and spring and winter (P<0.01). The above results revealed that the altitude of home range of Brown-eared pheasant varied with seasons: the highest home range was found in summer, and the lowest one was found in winter, while the home range in autumn was higher than that in spring. At the same time, according to the frequency of occurrence of Brown-eared pheasant in different seasons, we found that its home range mainly occurred at an altitude below 1400m in spring accounted for 81.18%, above 1500m in summer accounting for 66.25%, between 1200m and 1500m in autumn accounting for 93.51%, and below 1300m in winter accounting for 78.57% (Fig.1).

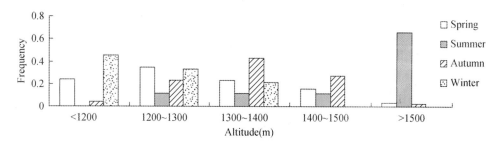

Fig.1 The comparison of frequencies of occurences of Brown-eared pheasants at different altitudes in one year

2.2 Factors affecting the seasonal changes of home range of Brown-eared pheasant

Differences of variables of habitat between 40 used sites and 40 random samples selected randomly from the whole used sites and random samples were tested by one-way ANOVA. The result revealed that there are significant($P<0.05$) or very significant differences($P<0.01$) in slope degree, slope location, distance to water resource, cover, density and average height of trees, cover and density of shrubs, cover of grasses, and sheltering class in spring; distance to edge of woods, and water resource, slope degree, slope location, average height of trees, cover, density and average height of shrubs, cover of grasses, and average height of grasses in summer; distance to edge of woods, cover, density and average height of trees, cover of grasses, and sheltering class in autumn; and distance to water resource and edge of woods, cover of trees, cover of shrubs, and sheltering class in winter (Table 1).

Table 1 Variables of habitat used by brown-eared pheasant and the results by One-Way ANOVA

	Sping ($n=40$)			Summer ($n=40$)			Autumn ($n=40$)			Winter ($n=40$)		
	Used sites	Random plots	P	Used sites	Random plots	P	Used sites	Random plots	P	Used sites	Random plots	P
SD	19.15	25.12	0.000	20.83	23.67	0.005	21.94	23.17	0.201	22.12	23.06	0.474
SL	1.60	2.13	0.000	2.64	1.77	0.000	2.34	2.13	0.449	1.50	1.69	0.202
SA	242.68	218.22	0.255	184.88	171.80	0.503	177.43	172.00	0.822	124.40	164.05	0.113
DW	72.79	120.09	0.000	458.53	313.11	0.000	321.51	382.30	0.171	157.14	307.95	0.000
DE	283.39	213.89	0.137	814.44	436.69	0.000	581.60	333.92	0.003	104.76	366.46	0.000
CT	0.57	0.48	0.001	0.51	0.53	0.232	0.53	0.64	0.000	0.41	0.53	0.000
NT	4.66	12.22	0.000	8.13	8.09	0.956	9.19	11.40	0.027	5.74	6.48	0.348
HT	12.42	9.82	0.000	8.60	10.92	0.000	9.12	10.62	0.001	9.18	9.85	0.242
DT	26.45	15.93	0.000	21.45	21.92	0.668	16.92	18.64	0.167	21.41	20.93	0.783
CS	0.32	0.48	0.000	0.46	0.37	0.003	0.48	0.33	0.207	0.47	0.34	0.000
HS	1.63	1.50	0.083	1.39	1.59	0.000	1.56	1.43	0.058	1.73	1.65	0.207
NS	6.35	31.13	0.000	4.59	2.83	0.000	1.77	2.13	0.129	264.86	255.92	0.709
CG	0.41	0.49	0.012	0.38	0.26	0.000	0.344	0.48	0.018	0.245	0.2183	0.341
HG	13.89	17.19	0.000	18.90	12.62	0.000	16.80	17.81	0.412	11.04	10.84	0.813
SC	0.38	0.27	0.004	0.04	0.21	0.000	0.19	0.27	0.010	0.11	0.27	0.000

Note: SD, Slope degree; SL, Slope location; SA, Slope aspect; DW, Distance to water source; DE, Distance to edge of woods; CT, Cover of trees; NT, Number of trees; HT, Height of trees; DT, Diameter of trees; CS, Cover of shrub; HS, Average height of shrub; NS, Number of shrub; CG, Cover of grasses; HG, Average height of grasses; SC, Sheltering class.

Finally, forward elimination stepwise logistic regression was conducted with variables of the significant or very significant difference as independent variables. The model suggested that slope location, density of trees and density of shrubs were critically factors to discriminate the used sites and random plots in spring; average height of shrubs, average height of grasses, sheltering class and distance to edge of woods in summer; cover of trees, cover of shrubs and cover of grasses in autumn; and distance to edge of woods, cover of trees and sheltering class in winter.

3 Discussions

Many surveys have revealed that average altitude of home range of many Gulliform species varied with seasons [18, 20]. Our results also have demonstated the conclusion that the altitude of home range of Brown-eared pheasant varied with seasons: the highest home range found in summer, and the lowest one in winter, while the home range in autumn was higher than that in spring. According to the frequency of occurrence of Brown-eared pheasant in different seasons, we found that its home range mainly occurred at an altitude below 1400m in spring, above 1500m in summer, between 1200m and 1500m in autumn and below 1300m in winter. All these conclusions suggested that difference of its home range among different reasons is very significant and is mainly related with the different requirements in different seasons.

Many factors affecting the seasonal changes of home range of Brown-eared pheasant varied with seasons [10]. During winter, because of snowfall and lower temperature, herbs faded and leaves of deciduous broad-leaved forest defoliate, resulting in very difficult conditions for Brown-eared pheasant to evade predators in the broad-leaved forest. Therefore, in winter after canopy closure of deciduous broad-leaved forest decreases, Brown-eared pheasant flock often and tend to forage together in conifer forest or coniferous broad-leaved forest. This condition was in line with that of Blue eared-pheasant (*Crossoptilon auritum*) [26] and Brown-eared pheasant of Shanxi Provinces in later winter [10, 27]. In the Huanglongshan Nature Reserve, Shaanxi, China, conifer forest and deciduous broad-leaved forest lie in the area of low altitude whereas deciduous broad-leaved forest lie in the upper slope. Brown-eared pheasant prefer to live in region of low altitude and low slope in that, on the one hand, canopy closure of conifer forest and deciduous broad-leaved forest is bigger than that of deciduous broad-leaved forest. Hence Brown-eared pheasant can obtain better concealment, and the area on higher altitude or the upper side of mountains is frozen resulting in it becoming very difficult to feed and move because of snowfall and lower temperature, on the other hand, temperature on the lower part of mountains is relatively higher than that on the upper side of mountains, hence the lower part relatively unfreezed sooner than the upper part. In addition, our observation also showed that snow melt sooner in conifer forest or coniferous broad-leaved forest, so, Brown-eared pheasants are forced to transfer to the lower part or region of lower altitude in late winter. Additionally, our observations have also shown that after snowfall in winter, the number of people who enter into forest area was less than it was before snowfall, so human activities have scarcely any influence on the activities of Brown-eared pheasant. And there is a significant difference between foraging sites and random plots in sheltering class. This advantage of lower sheltering class may just compensate for higher risks of predation as a result of nearer distance to edge of woods. The phenomenon also appears in other animals[28]. Shrubs and grasses under low cover of trees or in the edge of woods have developed well, so it is sufficient for Brown-eared pheasant to provide grass-roots, seeds and some paddle fruit. Therefore, we used to find traces of activities of Brown-eared pheasant in the edge of woods. This phenomenon was in accordance with those of elliot's pheasant (*Syrmaticus ellioti*)[29] and white eared-pheasant (*Crossoptilon crossoptilon*)[21].

In spring, significant changes such as the shrubs and grasses growing in abundance have taken place in the natural environment resulting in the weather becoming warm, thus Brown-eared pheasant could attain sufficiently tender bud from roots of these shrubs and grasses to meet the food requirements. We found that all water resource in our study sites lay in the lower slope of Beisi mountain, and the Brown-eared pheasant require plenty of water for physiological requirements in a given period. Additionally, for all field flocks, the areas near stream were found to be the preferred foraging habitat, the reason probably being that near the stream, the soil was loose, and invertebrates and tender buds from grasses are sufficient. In the past, other studies suggested that plant foods form a major part of the diet of adult and subadult eared-pheasants during the post-incubation period, whereas animal food is important for rearing chicks[20, 24]. Owing to the advantages of abundant food (fruits and invertebrates in loose soil), we often found a great deal of feeding traces near stream. Other studies have also confirmed the association between Gallifom species and wet areas[22-24, 30]. In spring, lower density of trees and shrubs is a critically factors to discriminate the used sites and random plots. This is mainly associated with their species-specific anti-predator strategies. We know that Brown-eared pheasant have relatively poor ability to diffuse in environments, so they usually evade predators, which is their escape strategy, by running as fast as they can. These used sites with lower density of trees and shrubs are helpful to run within the density of trees and shrubs.

In summer, people's productive activity intensifies, and frequency of vehicles to and fro is also high. These activities have a significant negative impact on wildlife[31, 32], so home range of Brown-eared pheasant is relatively far away from the edge of woods. In addition, this is the breeding season for the Brown-eared pheasant, and chickling have a relatively low dispersal ability to evade predators. Hence some adult Brown-eared pheasant with chickling go to the broad-leaved forest in higher altitude and lower sheltering class where the average height of shrubs is lower, whereas the average height of grasses is higher. On the one hand, indigenes in this season often go up to the mountains to graze, chop and herborize, which interfere with Brown-eared pheasant's activity to a great extent; on the other hand, broad-leaves forest may provide adequate food for Brown-eared pheasant. Gradually, in autumn chickling have a strong movement ability but as the season progresses and canopy closure of broad-leaves forest in higher altitude decreases the leaves begin to fall. So Brown-eared pheasant are forced to shift to deciduous broad-leaved forest in lower elevation; in addition, there are plenty of fruit falling and grass-roots that are able to meet the food requirements of these birds, such as nuts of the cork oak (*Quercus variabilis*), wild hawthorn fruit (*Crataegus pinnatifida*), berry of Schisandra (*Schisandra chinensis*), seed of the lacquer tree (*Toxicodendron vernicifluum*) and tuber of *Typhonium giganteum*. However, in this season, people' agricultural production activities are still frequent, so Brown-eared pheasant prefer to live in home range which is far away from the edge of woods. In summer, between used sites and random plots, there are also significant difference in the distance to water resource, the possible reason that Brown-eared pheasant preferred to live in far distance to water resource was to have access to water sources easily. We found that humidity of the forest in summer was more than that in any other season, above all before 12:00 clock each day a great deal of berries such as wild hawthorn fruit, *hippophae* spp. (*Hippophae rhamnoides*) and berry of Schisandra, eaten by Brown-eared pheasants contain a large amount of water. Probably, due to the above-mentioned results Brown-eared pheasants are far away from the water resource in summer. In autumn, excluding spring, winter, and summer, there are not significant differences in distance to water resource between used sites and random plots. There as on, on the one hand, should be that the food eaten by Brown-eared pheasants contains a large amount of water; on the other hand, deciduous broad-leaved forest in lower elevation. Cover of trees, cover of shrubs and cover of grasses in autumn are critical factors to discriminate the used sites and random plots by forward elimination stepwise logistic regression. Cover of trees and grasses in used sites is lower than that in random plots, thus shrubs developed better. These shrubs provide not only better concealment for Brown-eared pheasants, but also rich food.

In conclusion, in the northern region of China, the development cycles of f vegetation communities and weather have experienced great changes in spring, summer, autumn and winter; the strategy of habitats selection by Brown eared-pheasants varied with the season greatly in Huanglongshan Nature Reserve, Shaanxi, China. In spring, in breeding season of Brown-eared pheasant water is a critically factor in habitat selection; in summer, brood rearing and sheltering class are critically factors in habitat selection of Brown-eared pheasant primarily due to a relatively poor ability of chickling to evade predators; in autumn, home range of Brown-eared pheasant is at a higher altitude because of the frequency of people's agricultural production activities; in winter, Brown-eared pheasant is in lowest altitude among the four seasons primarily due to snowfall and lower temperature. Given the results of our reasearch, we recommend ① to provide relatively undistributed environment in breeding season by preventing farmers from grazing, chopping and herborizing in spring; ② to reduce people's agricultural production activities within the Huanglongshan Nature Reserve, above all to restore the natural forest landscape patterns and habitat structures in areas that have been impacted by past development of agriculture in autumn; and ③ the management of the Huanglongshan Nature Reserve to prohibit countrymen from going to mountains and hunting primarily due to the home range of Brown-eared pheasants in lower elevation and nearby forest in winter.

Acknowledgements

The project was financially supported by Forestry Administration of Shaanxi Provinces, grant number 08012. Mr. Wenbin Li and Yunlong Wang, at the College of Life Science of Shaanxi Normal University, are highly appreciated for assistance in the field. We sincerely thank the reviewers for their valuable comments on the manuscript.

References

[1] IUCN. The 2000 IUCN Red List of Threatened Animals. Switzerland and Cambridge, UK: INCN Gland, 2000.

[2] Zheng G M, Wang Q S. Brown eared-pheasant//Wang S. China Red Data Book of Endangered Animals. Beijing: Science Press, 1998: 242-243.

[3] Zhang Z W, Zhang G G, Song J. The Status of Brown eared pheasant (*Crossoptilon mantchuricum*) and Suggestions For Conservation//China Ornithological Society, Wild Bird Society of Taipei, China Wildlife Conservation Association. Studies on Chinese Ornithology: In Commemoration of the 2nd Ornithological Symposium of Mainland and Taiwan, China. Beijing: China Forestry Publishing House, 2000: 50-53.

[4] Zhang Z W, Zheng G M, Zhang G G, et al. Distribution and Population Status of Brown-eared Pheasant in China. UK: World Pheasant Association, 2002: 91-96.

[5] Somanathan H, Borges R M. Influence of exploitation on population structure, spatial distribution and reproductive success of dioecious species in a fragmented cloud forest in India. Biological Conservation, 2000, 94: 243-256.

[6] Uhía E, Briones M J I. Population dynamics and vertical distribution of enchytraeids and tardigrades in response to deforestation. Acta Oecologica, 2002, 23 (6): 349-359.

[7] Christman M C, Lewis D. Spatial distribution of dominant animals within a group: comparison of four statistical tests of location. Animal Behaviour, 2005, 70 (1): 73-82.

[8] Febrer K, Jones T A, Donnelly C A, et al. Forced to crowd or choosing to cluster? Spatial distribution indicates social attraction in broiler chickens. Animal Behavior, 2006, 72 (6): 1291-1300.

[9] Janson C H. Ecological consequence of individual spatial choice in foraging groups of brown capuchin monkeys, *Cebus apella*. Animal Behavior, 1990, 40 (5): 922-934.

[10] Zhang G G, Zhang Z W, Zheng G M, et al. Spatial pattern and habitat selection of brown-eared pheasant in Wulushan Nature Reserve, Shanxi Province. Biodiversity Science, 2003, 11 (4): 303-308.

[11] Li X H, Ma Z J, Li D M, et al. Using Resource Selection Functions to study nest site selection of

Crested Ibis. Biodiversity Science, 2001, 9 (4): 352-358.

[12] Mikami O K, Kawata M. The effects of individual interactions and habitat preferences on spatial structure in a grassland birds community. Ecography, 2002, 25: 200-206.

[13] Gillespie T W, Walter H. Distribution of bird species richness at a regional scale in tropical dry forest of Central America. Joural of Biogeography, 2001, 28 (5): 651-660.

[14] Oppel S, Schaefer H M, Schmidt V, et al. Habitat selection by the pale-headed brush-finch (*Atlapetes pallidiceps*) in southern Ecuador: implications for conservation. Biological Conservation, 2004, 118 (1): 33-40.

[15] Farina A. Distribution and dynamics of birds in a rural sub-Mediterranean landscape. Landscape and Urban Planning, 1995, 31 (1-3): 269-280.

[16] Nelson M E. Winter range arrival and departure of white-tailed deer in northeastern Minnesota. Canadian Journal of Zoology, 1995, 73: 1069-1076.

[17] Mysterud A. Seasonal migration pattern and home range of roe deer (*Capreolus capreolus*) in an altitudinal gradient in southern Norway. Journal of Zoology, 1999, 247: 479-486.

[18] Xu Y P, Zheng J W, Ding P, et al. Seasonal change in ranging of Elliot's pheasant and its determining factors in Guanshan National Nature Reserve, Jiangxi. Biodiversity Science, 2007, 15 (4): 337-343.

[19] Deng W H, Zheng G M. Uandscape and habitat factors affecting cabot's tragopan *Tragopan caboti* occurrence in habitat fragments. Biological conservation, 2004, 117 (1): 25-32.

[20] Liu H J, Su H L, Ren J Q. The Chinese Phasianids—Brown Eared-pheasant. Beijing: China Forestry Publishing House, 1991.

[21] Gemajiacuo, Dong D F, Long W X. Study of ecological characteristics of *Crossoptilon crossoptilon*. Chinese Journal of Zoology, 1999, 34 (1): 26-28.

[22] Jia F, Wang N, Zheng G M. Habitat selection and spatial distribution of white eared-pheasant *Crossoptilon crossoptilon* during early breeding period. Acta Zoologica Sinica, 2005, 51 (3): 383-392.

[23] Li H Q, Lian Z M, Chen C G, et al. Feeding-sites selection of brown eared pheasant (*Crossoptilon mantchuricum*) in spring in Huanglong Mountains, Shaanxi Province. Chinese Journal of Zoology, 2007, 42 (3): 61-67.

[24] Lu X, Zheng G M. Habitat selection and use by a hybird of white and Tibetan eared pheasants in eastern Tibet during the post-incubation period. Canadian Joural Zoology, 2001, 79: 319-324.

[25] Zhang H H, Ma J Z. Habitat preference of sables in winter. Zoological Research, 1999, 20 (5): 355-359.

[26] Liu Z S, Cao L R, Li Z G, et al. Winter habitat selection of blue-eared pheasant (*Crossoptilon auritum*) in Helan Mountain, China. Chinese Journal of Zoology, 2005, 40 (2): 38-43.

[27] Zhang G G, Zheng G M, Zhang Z W, et al. Scale-dependent wintering habitat selection by brown-eared pheasant in Luyashan Nature Reserve of Shanxi, China. Acta Ecologica Sinica, 2005, 25 (5): 952-957.

[28] Mysterud A, Lian LB, Hjermann D Ø. Scale-dependent trade-offs in foraging by European roe deer (*Capreolus capreolus*) during winter. Canadian Joural Zoology, 1999, 77: 1486-1493.

[29] Ding P, Li Z, Jiang S R, et al. Studies on the factors affecting patch use degree by Elliot's pheasant. Journal of Zhejiang University (Sciences Edition), 2002, 29 (1): 103-108.

[30] Yang Y W, Ding P, Jiang S W, et al. Factors affecting habitat used by Elliots's Pheasant (*Symaticus Ellioti*) in mixed coniferous and broadleaf forests. Acta Zoologica Sinica, 1999, 45 (3): 279-286.

[31] Zhang G G, Zhang Z W. Study on Population Size of Brown eared-pheasant in Wulushan Nature Reserve in Shanxi Province. Chinese Journal of Zoology, 2001, 36 (3): 57-59.

[32] Tanner D, Perry J. Road effects on abundance and fitness of Galápagos lava lizards (*Microlophus albemarlensis*). Journal of Environmental Management, 2007, 85 (2): 270-278.

Winter foraging habitat selection of Brown-eared pheasant (*Crossoptilon mantchuricum*) and the common pheasant (*Phasianus colchicus*) in Huanglong Mountains, Shaanxi Province*

Li Hongqun　Lian Zhenmin　Chen Cungen

Abstract

The foraging habitat selections of Brown-eared pheasant and the common pheasant were studied in Huanglongshan Nature Reserve, Shaanxi, China. Foraging habitat characteristics were measured on the basis of expected differences between species at 183 sites from November to December 2006 and January 2007. The results showed that both species selected foraging habitats with altitude (<1200m), conifer forest, half sunny and half shady slope, sunny slope, density of trees (<5 individuals / 100m^2), cover of shrub(>50%), visibility class(<10%) and distance to water source (<300m). However, the Brown-eared pheasant selected habitats with cover of trees (30%-50%), middle or lower slope location, distance to edge of woods (<300m) and human disturbance (<500m), and the selection on density of shrub was not observed, compared to the selections on cover of trees (<30%), lower slope location, distance to edge of woods (<500m) and human disturbance (<300m), and density of shrub (>500 individuals / 100m^2) for Common pheasant. We also found that the common pheasant avoid predators by concealment whereas Brown-eared pheasant evade predation by running away strategy.

---

* 原载于：Acta Ecologica Sinica，2009，29（6）：335-340.

Keywords: Brown-eared pheasant; *Crossoptilon mantchuricum*; Common pheasant; *Phasianus colchicus*; Habitat selection; Huanglong Mountains

1 Introduction

The use patterns, which animals make use of the resources (such as food, water, etc.), mainly is reflected in their habitat selection and different animals have their own unique ways of resource utilization [1]. Brown-eared pheasant (*Crossoptilon mantchuricum*) endemic to China, is listed as endangered species of pheasant in Redbook of Chinese endangered animal [2], and pretected as the first grade nationally protected animals of China by Chinese government [2] and vulnerable species in IUCN Redbook [3]. Thanks to its narrow distribution and separated population, it is mainly distributed in the Xiaowutai Mountain of Hebei Province, Lvliang Mountain of Shanxi Province, Huanglong Mountain of Shaanxi Province and Dongling Mountain of Beijing municipality [4]. Its population is divided into 3 isolated geograpahical ones which are respectively called middle population only including ones of Shanxi Province, east population including ones of Hebei Province and Beijing municipality, and west population including ones of Shaanxi Province largely due to geography barrier and destroy of nature vegetation to stop them from migrating one another [4, 5]. The common pheasant (*Phasianus colchicus*) called ring-necked pheasant, is a species of Galliforms, which is most widely distributed and has the largest survival range, so far, a total of 19 subspecies have been documented in China and become the most important species of game birds [6]. In Huanglongshan Nature Reserve, Shaanxi, China, two pheasants with the same domain distribution live on same plant for food and are in ground-based life. It is estimated that the population of Brown-eared pheasant were 3 000 individuals or so while ring-necked pheasant is common species in Huanglong Mountains [7]. However, there are significant difference between two pheasants in habitat selection primarily due to the results of long-term co-revolution. So far, some research have suggested that ring-necked pheasant [6, 8, 9] and Brown-eared pheasant [10-12] have been detailedly studied respectively in habitat selection, but coexistence mechanism of two species has not been involved in the past. In the present study, we investigated the foraging habitat selections of two species from November to December 2006 and January 2007. In Huanglongshan Nature Reserve, Shaanxi, China and analyzed difference in habitat selection in order to know their mechanisms to adapt to local condition and provide a scientific basis for their protection and management.

1.1 Study site

Field work was carried out in forest area of Beisishan Mountain in the Huanglongshan Nature Reserve, Shaanxi, China (109°38′E-110°12′E longitude, 35°28′N-36°02′N latitude). The reserve is situated in HuangLong Mountain on northeast of Shaanxi Province,

China, with an annual temperature of 8.6℃, an annual rainfall of approximately 611.8mm mainly concentrated from July to September and an annual evaporation capacity of 856.5mm. Within its total area of 81 753hm^2 is a central core area for wildlife conservation (especially for Brown-eared pheasant), with altitude ranging from 962.6 to 1783.5m. Climate type of this area belongs to sub-humid temperate-continental climate. Vegetation in the study area is mainly warm temperate deciduous broad-leaved forest and percentage of forest cover amountes to 84.6%[7]. Based on the basic resource survey of the the Huanglongshan Nature Reserve and according to the vegetation characteristics and land use pattern of the study area[12], the habitat was classed into mainly four plant communities in the study area. The following is description: ①subtropical evergreen conifer forest vegetation, among which dominant trees species is Chinese pine (*Pinus tabulaeformis*), as well as the distribution of a little tree species including the lacquer tree (*Toxicodendron vernicifluum*)、Chinese walnut fouest (*Juglans cathayensis*)、walnut tree (*Juglans regia*)、birch (*Betula platyphylla*)、populus davidiana(*Populus davidiana*)and the hawthorn(*Cratadgus Pinnatifida*)ect.; ②coniferous broadleaved forest. Besides Chinese pine, there are some deciduous tree species including *Quercus liaotungensis*, elm(*Ulmus pumila*), *Populus davidiana* and the hawthorn; ③deciduous broad-leaved forest, among which birch forest, *Populus avidiana* and *Q. liaotungensis* coexisted; and ④farmland nearby village or in the middle of forest. As a result of lower temperature, only once a year crop maturity.

1.2 Method

Brown-eared pheasant and ring-necked pheasant typically rely on forest habitats[13]. A reliable indicator of habitat use is needed for studying habitat utilization. Owing to its alertness to the human and the dense cover, it was very difficult for us in field to find pheasants and count them accurately. Feeding traces and faeces in the field usually were encountered and could be easily differentiate between two pheasants. Finally, we determined their habitat use mainly on the basis of fresh faeces and/or feeding traces and/or individuals.

1.2.1 Data collection

Line transects, which is in east-west direction, were set out to investigate the habitat selection of Brown-eared pheasant and ring-necked pheasant from November to December 2006 and January 2007. The distance between any two nearest transects was 200m and 8 transects were made in total in the whole study area. Once a fresh used site including feeding traces or fresh faeces or individuals was located, a 10m×10m plot with this fresh used site as a center was treated as a sample including four 5m×5m middle plots and five 1m×1m small plots. Within each 10m×10m plot, four middle plots were acquired by quarter of 10m×10m plot and five small plots at each corner and center. Habitat variables were obtained using 10m×10m plots for trees, 5m×5m middle plots for shrubs and 1m×1m small plots for grasses. For all samples, the following parameters were measured: ①altitude (m; measured by global positioning system), ②slope degree (measured by a compass), ③slope aspect (measured by a compass), ④slope location (estimated on basis of upper slope (mountaintop or the upper side of mountain), middle slope (mountainside or in middle side of mountain) and lower slope (valley or in lower side of mountain), ⑤distance to water source, edge of woods and human disturbance (m; estimated), ⑥cover of trees (percentage), ⑦Density of trees (individuals /100m^2), ⑧cover of shrubs (percentage), ⑨density of shrubs (individuals / 100m^2), ⑩cover of grasses (percentage), ⑪sheltering class (measured by using the percentage of visibility of pole in one metre of height that it was seen away from 20m in four different directions[14], ⑫vegetation type: broadleaf forest, coniferous broadleaved forest and conifer forest mainly on the basis of the appearance charateristic.

1.2.2 Random samples

To estimate the availability of the used habitats, we chose line transects to investigate the habitat selection of Brown-eared pheasant and ring-necked pheasant[12, 15]. The random plots (10m×10m) were set every 200m apart along transects and the distance between any two nearest transects was 200m. A total of 96 random plots (10m×10m) was gained in the whole study area. The parameters were measured as the same as those at the used site. If the random plot is consistent with some used site, we may eliminate this random plot.

1.2.3 Data analysis

We ran a chi-squared test using SPSS to determine if there were significant differences between actual proportion used and expected proportion used[16]. When number of the used samples are out of proportion to number of random samples, this results of Chi-square test showed that some variables of habitat were preferred by these pheasants. In order to determine the selectivity of the category of ecological factors detailedly, Jacobs' Selectivity Index was used to evaluate the selectivity of two pheasants to ecological factors[17]. Its calculation formula is as follows:

$$D_i = \frac{r_i - p_i}{r_i + p_i - 2r_i p_i}$$

D_i is the selection index, r_i is the utilization of resource in category i, p_i is the availability of resource in category i, D_i value interval $[-1, +1]$, $D_i > +0.1$ for the favorite, $-0.1 < D_i < +0.1$ for the random selection, $D_i < -0.1$ for non-favorite.

In comparison with differences of two kinds of animals in habitat selection, a Chi-squared test was used and analysed[18]. When $P<0.05$, the difference was significant; when $P<0.01$, the difference was extremely significant.

2 Results

2.1 Habitat selection of Brown-eared pheasant

From November to December 2006 and January 2007, a total of 42 feeding sites of Brown-eared pheasant were determined in forest area of Beisishan Mountain. The results of Jacobs'Index revealed that Brown-eared pheasant foraging habitats were characterized by coniferous forest, sunny slope and half sunny and half shady slope, lower altitude (<1200m), lower and middle slope location, cover (30%-50%), density (<5 individuals / 100m^2) of trees, cover of shrub (>50%), sheltering class (<10%), distance to water source (<300m), edge of woods (<300m) and human disturbance (<500m) (Table 1). And they chose randomly in slope degree (χ^2= 4.001, df=2, P=0.261>0.05), density of shrubs (χ^2= 0.787, df=2, P=0.675>0.05) and cover of grasses (χ^2= 4.466, df=2, P=0.107>0.05).

Table 1 Winter foraging habitat selection of Brown-eared pheasant in Huanglong Mountains

Habitat factors	Category	p_i (n=96)	r_i (n=42)	D_i	S_i
Altitude	<1200m	0.2500	0.4524	0.4250	+
	1200-1300m	0.4167	0.3571	−0.1252	−
	>1300m	0.3333	0.1905	−0.3599	−
Vegetation type	Broadleaf forest	0.1667	0.0238	−0.7826	−
	Coniferous broadleaved forest	0.3333	0.3333	0	0
	Conifer forest	0.5000	0.6429	0.2858	+
Slope direction	Shady slope	0.5313	0.4048	−0.2500	−
	Half sunny and half shady slope	0.4375	0.500	0.1250	+
	Sunny slope	0.0313	0.0952	0.5303	+
Slope location	Lower slope location	0.5194	0.5952	0.1492	+
	Mid slope location	0.2083	0.3095	0.2602	+
	Upper slope location	0.2812	0.0952	−0.5760	−
Cover of trees	<30%	0.1458	0.1429	−0.0117	0
	30%-50%	0.4167	0.5952	0.3460	+
	>50%	0.4375	0.2619	−0.3734	−
Density of trees	<5 individuals /100m^2	0.3125	0.5714	0.4915	+
	5-10 individuals /100m^2	0.4271	0.2619	−0.3550	−
	>10 individuals /100m^2	0.2604	0.1667	−0.3696	−

Continued

Habitat factors	Category	p_i (n=96)	r_i (n=42)	D_i	S_i
Cover of shrub	<30%	0.3958	0.2381	-0.3541	-
	30%-50%	0.375	0.3095	-0.1448	-
	>50%	0.2292	0.4524	0.4707	+
Visibility class	<10%	0.0833	0.6190	0.8940	+
	10%-20%	0.4583	0.2381	-0.4605	-
	>20%	0.4583	0.1429	-0.6708	-
Distance to water source	<100m	0.2708	0.3809	0.2472	+
	100-300m	0.3229	0.4762	0.3118	+
	>300m	0.4063	60.1429	-0.6082	-
Distance to edge of woods	<300m	0.6458	0.8810	0.6048	+
	300-500m	0.1771	0.0952	-0.3433	-
	>500m	0.1771	0.0238	-0.7964	-
Distance to human disturbance	<300m	0.2708	0.5476	0.5305	+
	300-500m	0.1563	0.2381	0.2557	+
	>500m	0.5729	0.1905	-0.6958	-

Note: p_i, Proportion of available habitat factors in category i; r_i, proportion of used habitat factors in category i; D_i, Jacobs'index; S_i, Selection of habitat in category i; +, preferred; -, not preferred; 0, random selection.

2.2 Habitat selection of ring-necked pheasant

And at the same period, a total of 45 feeding sites of ring-necked pheasant were determined in forest area of Beisishan Mountain. The results of Jacobs'Index revealed that Ring-necked pheasant preferred feeding-sites in areas where they are characterized by coniferous forest, lower altitude (<1200m), lower slope location, cover (<30%) and density (<5 individuals /100m^2) of trees, cover (>50%) and density (>500 individuals / 100m^2) of shrub, sheltering class (<10%), distance to human disturbance (<300m), water source (<300m) and edge of woods (<500m) (Table 2). And they chose randomly in slope degree (χ^2= 2.654, df=2, P=0.265>0.05) and cover of grasses (χ^2= 4.958, df=2, P=0.084>0.05).

Table 2 Winter foraging habitat selection of the common pheasant in Huanglong Mountains

Habitat factors	Category	p_i (n=96)	r_i (n=45)	D_i	S_i
Altitude	<1200m	0.2500	0.4889	0.4834	+
	1200-1300m	0.4167	0.3333	-0.1766	-
	>1300m	0.3333	0.1778	-0.3961	-
Vegetation type	Broadleaf forest	0.1667	0.0222	-0.7966	-
	Coniferous broadleaved forest	0.3333	0.3111	-0.0508	0
	Conifer forest	0.5000	0.6667	0.3334	+

Continued

Habitat factors	Category	p_i ($n=96$)	r_i ($n=45$)	D_i	S_i
Slope direction	Sunny slope	0.5313	0.4048	−0.2500	−
	Half sunny and half shady slope	0.4375	0.500	0.1250	+
	Shady slope	0.0313	0.0952	0.5303	+
Slope location	Lower slope location	0.5194	0.7778	0.5282	+
	Mid slope location	0.2083	0.1333	−0.2621	−
	Upper slope location	0.2812	0.0889	−0.6007	−
Cover of trees	<30%	0.1458	0.3111	0.4514	+
	30%-50%	0.4167	0.4222	0.0113	0
	>50%	0.4375	0.2667	−0.3628	−
Density of trees	<5 individuals/100m^2	0.3125	0.6	0.5349	+
	5-10 individuals /100m^2	0.4271	0.2444	−0.3949	−
	>10individuals /100m^2	0.2604	0.1556	−0.3129	−
Cover of shrub	<30%	0.3958	0.2444	−0.3389	−
	30%-50%	0.3750	0.3111	−0.1411	−
	>50%	0.2292	0.4444	0.4580	+
Density of shrub	<100 individuals /100m^2	0.1146	0.0889	−0.1404	−
	100-500 individuals/100m^2	0.8438	0.7556	−0.2721	−
	>500 individuals /100m^2	0.0417	0.1556	0.6180	+
Visibility class	<10%	0.0833	0.6222	0.8955	+
	10%-20%	0.4583	0.2444	−0.4468	−
	>20%	0.4583	0.1333	−0.6924	−
Distance to water source	<100m	0.2708	0.4000	0.2845	+
	100-300m	0.3229	0.4667	0.2946	+
	>300m	0.4063	0.1333	−0.6330	−
Distance to edge of woods	<300m	0.6458	0.7556	0.2580	+
	300-500m	0.1771	0.2222	0.1407	+
	>500m	0.1771	0.0222	−0.8093	−
Distance to human disturbance	<300m	0.2708	0.7556	0.7855	+
	300-500m	0.1563	0.1556	−0.0027	0
	>500m	0.5729	0.0889	−0.8644	−

The same note see table 1.

2.3 Difference of both pheasant in habitat selection

Comparing the used sites of brown-eared pheasant with ones of ring-necked pheasant, we found that both species selected foraging habitats with altitude (<1200m), conifer forest, half sunny and half shady slope, sunny slope, density of trees (<5 individuals /100m^2), cover of shrub (>50%), visibility class (<10%) and distance to water source (<300m). These results showed that foraging habitat selection of both pheasants showed a certain extent of overlap. Additionally, there are significant differences in slope location, cover of trees, density of shrub, cover of grasses, distance to edge of woods and human disturbance between both pheasants: brown-eared pheasant selected habitats with cover of trees (30%-50%), middle or lower slope location, distance to edge of woods (<300m) and human disturbance (<500m), and the selection on density of shrub was not observed, while ring-necked pheasant preferred the feeding-sites with cover of trees (<30%), lower slope location, distance to edge of woods (<500m) and human disturbance (<300m), and density of shrub (>500 individuals /100m^2) (Table 3).

Table 3　Habitat selection of Brown-eared pheasant and common pheasant in Huanglong Mountains

Habitat factors	Category	Used sample proportion (%)		Selection	
		Brown-eared pheasant	Common pheasant	Brown-eared pheasant	Common pheasant
Slope location	Lower slope location	0.5952	0.6889	+	+
	Mid slope location	0.3095	0.1778	+	−
	Upper slope location	0.0952	0.1333	−	−
Cover of trees	<30%	0.1429	0.3111	0	+
	30%-50%	0.5952	0.4222	+	0
	>50%	0.2619	0.2667	−	−
Density of shrub	<100 individuals /100m^2	0.0714	0.0889	0	−
	100-500 individuals/100m^2	0.8095	0.7556	0	−
	>500 individuals /100m^2	0.0476	0.1556	0	+
Distance to edge of woods	<300m	0.8810	0.7556	+	+
	300-500m	0.0952	0.2222	−	+
	>500m	0.0238	0.0222	−	−
Distance to human disturbance	<300m	0.5476	0.7556	+	+
	300-500m	0.2381	0.1556	+	0
	>500m	0.1905	0.0889	−	−

Note: +, Preferred; −, Not Preferred; 0, Random selection.

3 Discussions

All animal' habitat is a multi-dimensional structure of the system, including a number of variables(ecological factors)as well as the intergration between them[19]. There are many ecological factors in the decision of animal habitat selection and these factors may vary with the different species[20]. The results on both pheasant' habitat selection revealed that both pheasant showed some likeness to a certain degree on the altitude, vegetation type, slope aspect, slope degree, density of trees, cover of shrub, cover of grasses, visibility class and distance to water resource (Table 1 and Table 2). And Brown-eared pheasant and ring-necked pheasant have their own different way of habitat selection (Table 3). Such differences in habitat selection are the most important form among different animals with similar ecological niche and distribution of the same domain[1, 21-23]. And this is also the basis of co-existence of multi-species with the same domain[21]. It is generally believed that such differences in habitat selection are propitious to reduce mutual interference and competition for resources in order that species similar in ecology coexist. And, our results demonstrated that the pattern of co-existence exists between Brown-eared pheasant and ring-necked pheasant too.

The existence of competition would lead to a decline in habitat quality and predation is a direct threat to the survival of individual[21]. Predation pressure has significant impact on habitat selection of different animals, and animals usually reduce the risk of prey by avoiding effectively the habitat of predators[24]. In Huanglong Mountain, natural enemies of pheasants can be divided into 2 categories: A class of the sky' natural enemies such as Northern goshawk (*Accipiter gentilis schvedowi*) and Common kestrel (*Falco tinnunculus interstinctus*) ect.; the other is the small mammals such as Leopard cat (*Prionailurus bengalensis*), badger (*Meles meles*), Yellow weasel (*Mustela sibirica*) and Red fox (*Vulpes vulpes*) and so on[1]. In the wintering period, due to snow cover and cold temperatures, grasses were withered and the coverage in deciduous forests was very poor, which limited the activities of Brown-eared pheasants and ring-necked pheasant. In such harsh conditions, both pheasants preferred to inhabit coniferous forests, and they often aggregated in large flocks and fed together in habitats with better concealment to be able to minimize the chance of being found by their natural enemies. Thus both pheasants in winter preferred to inhabit evergreen coniferous forests with good cover. And our results also showed that both pheasants had strong preference for altitude, slope direction and visibility class, i. e., preferred lower altitude (<1200m), half sunny and half shady slope, sunny slope, lower visibility class (<10%). Through our observation, we found that in winter because of snowfall and lower temperature, the area on high altitude or the upper side of mountains or shady slope had frozen so that it was very difficult for both pheasants to forage and move while temperature on the lower part of mountains is relatively higher than that of the upper side of mountains so that the lower part unfreezed sooner than the upper side, so both pheasants were forced to transfer to the lower part or region of low altitude in late winter. This phenomena also appear among animals else in north of China [25]. In addition, owing to their low dispersal ability, nonmigratory and relatively poor ability to escape predator [13], so, both pheasants preferred the feeding sites with better concealment, i. e., lower visibility class. This advantage of lower visibility class just may compensate for higher risks of predation to a certain extent as a result of nearer distance to edge of woods and human disturbance. And the findings indicated that both pheasants might face the well-documented trade-off between food resource and predation risk when utilizing habitat.

Despite the similarity of their living habits, they also showed some difference in habitat selection, and this is mainly related to their own characteristics and feeding habits. Brown-eared pheasant with length 1-1.2m, weight about 5kg, is good at running, and this reflects that the main anti-predator behavior of Brown eared-pheasant is to flee rather than hide [26]. In addition, predatory raptors have a strong influence on its microhabitat use by bird feeding in open field [26]. Brown-eared pheasant preferred foraging in areas where they were characterized by close distance to edge of woods, far distance to human disturbance (Table 3). Though Brown-eared pheasant are at higher risk of predation by avian predators because of close distance to edge of woods, it is easy for them to escape quickly toward the woodland once predators approached. In winter, Brown-eared pheasant mainly forage plant roots, stems and seeds at middle slope location of Mountains as well as propeller fruits and seeds at lower slope location of Mountains [26]. In our study area, at middle slope location of Mountains is an abandoned temple with many well-developed shrub beside it and at lower slope location there also are some well-developed shrub, these shrubs usually can offer rich fruits and seeds for Brown-eared pheasant, in addition, owing to its low dispersal ability, so, they preferred foraging in areas where they were characterized by far distance to human disturbance and close distance to edge of woods. Comparing anti-predator strategy of Brown-eared pheasant with ones of ring-necked pheasant, we found that ring-necked pheasant with only weight about 1.2-1.5kg is relatively good at flying, and this also reflects that the main anti-predator behavior of ring-necked pheasant is to hide rather than flee, and in emergency situations they choose to fly for avoiding predators. Concretely, they preferred foraging in areas where they were characterized by lower cover of trees, bigger cover and density of shrubs, close distance to human disturbance, far distance to edge of woods. Bigger cover and density of shrubs would be conductive to hide the pheasant in field, and lower density of trees might be be conductive to take off in emergency situations. Someone reported that in winter ring-necked pheasant mainly forage propeller fruits and seeds at lower slope location of Mountains as well as abandoned crop seeds [26, 27]. This may explain why ring-necked pheasant always selected the place where it is in close distance to human disturbance and far distance to edge of woods.

In conclusion, both Brown-eared pheasant and ring-necked pheasant with the same domain distribution fed exclusively on plant (mainly their roots, seeds and fruits) in the field. Foraging habitat selection of two pheasants showed not only a certain extent of overlap, but also the difference to a certain degree, and this just reflects their relationship in the niche to a certain degree. It is generally believed that habitat separation is the most common form between related species with the same domain distribution and enable them to coexist[21, 28]. In our study, a total of 14 habitat factors were investigated and of 14 habitat factors, two pheasants are similar in the use of 9 habitat factors whereas there are significant differences in the use of 5 other factors. We come to a conclusion that just because of differences, two pheasants are able to mutually adapt and coexist in long-term.

Acknowledgements

The project was financially supported by Forestry Administration of Shaanxi Provinces, grant number 08012. Mr. Wenbin Li and Yunlong Wang, at the College of Life Science of Shaanxi Normal University, is highly appreciated for assistance in the field. We sincerely thank the reviewers for the valuable comments on the manuscript.

References

[1] Lu Q B, Yu J A, Gao X, et al. Winter habitat selection of Reeves's muntjac and wild boars in the Qingliangfeng Mountains. Acta Theriologica Sinica, 2007, 27 (1): 42-52.

[2] Zheng G M, Wang Q S. Brown-eared Pheasant//Wang S, Zheng G M, Wang Q S. China Red Data Book of Endangered Animals. Beijing: Science Press, 1998: 242-243.

[3] IUCN. The 2004 IUCN Red List of Threatened Species, Gland, Switzerland. http://www.redlist.org [2004-6-16].

[4] Lu X, Zheng G M, Gu B Y. A preliminary investigation on taxonomy, distribution and evolutionary relationship of the eared pheasants, *crossoptilon*. Acta Zoologica Sinica, 1998, 44 (2): 131-137.

[5] Zhang Z W, Zheng G M, Zhang G G, et al. Distribution and Population Status of Brown-eared Pheasant in China. UK: World Pheasant Association, 2002: 91-96.

[6] Long S, Zhou C Q, Wang W K, et al. The habitat and nest-site selection of common pheasants in spring and summer in Nanchong, China. Zoological Research, 2007, 28 (3): 249-254.

[7] Jia P S, Dang T H. The Status of Brown eared pheasant (*Crossoptilon mantchuricum*) in Huanglong Mountains. Forestry of China, 2004, (15): 27.

[8] Gatti R C, Dumke R T, Pils C M. Habitat use and movements of female ring-necked pheasants during fall and winter. Journal of Wildlife Management, 1989, 53(2): 462-475.

[9] Ni X J, Zheng G M, Zhang Z W, et al. Modelling study on the nesting habitat of ring-necked pheasant

(*Phasianus colchicus*). Acta Ecologica Sinica, 2001, 21 (6): 969-977.

[10] Zhang G G, Zhang Z W, Zheng G M, et al. Spatial pattern and habitat selection of brown earedpheasant in Wulushan Nature Reserve, Shanxi Province. Chinese Biodiversity, 2003, 11 (4): 303-308.

[11] Zhang G G, Zheng G M, Zhang Z W, et al. Scale-dependent wintering habitat selection by Brown-eared pheasant in Luyashan Nature Reserve of Shanxi, China. Acta Ecologica Sinica, 2005, 25 (5): 952-957.

[12] Li H Q, Lian Z M, Chen C G, et al. Feeding-sites selection of Brown eared pheasant (*Crossoptilon mantchuricum*) in spring in Huanglong Mountains, Shaanxi Province. Chinese Journal of Zoology, 2007, 42 (3): 61-67.

[13] Johnsgard P A. Pheasants of the World (2nd Edition). Oxford: Oxford University Press, 1999.

[14] Wang Y P, Chen S H, Ding P. Flush distance: bird tolerance to human intrusion in Hangzhou. Zoological Research, 2004, 25 (3): 214-220.

[15] Zhang H H, Ma J Z. Habitat preference of sables in winter. Zoological Research, 1999, 20 (5): 355-359.

[16] Manly B F J, Mcdonald L L, Thomas D L, et al. Resource Selection by Animals: Statistical Design and Analysis for Field Studies. NewYork: Kluwer Academic Publishers, 2002.

[17] Jacobs J. Quantitative measurement of food selection: a modification of the forage ratio and Ivlev's Electivity Index. Oecologia, 1974, 14: 413-417.

[18] Wu J P, Zhou L L, Mu L Q. Summer habitat selection by Siberian musk deer (*Moschus moschiferus*) in Tonghe forest area in the Lesser Khingan Mountains. Acta Theriologica Sinica, 2006, 26 (1): 44-48.

[19] Madhusudan M D, Johnsingh A J T. Analysis of habitat-choice using ordination: the Nilgiri tahr in southern India. Current Science, 1998, 74: 1000-1003.

[20] Anoop K R, Hussain S A. Factors affecting habitat selection by smooth-coated otters (*Lutra perspicillata*) in Kerala, India. Journal of Zoology, 2004, 263(4): 417-423.

[21] Wei F W, Feng Z J, Wang Z W. Habitat selection by giant pandas and red pandas in Xiangling Mountains. Acta zoologica sinica, 1999, 45 (1): 57-63.

[22] Wei F W, Feng Z J, Wang Z W, et al. Habitat use and separation between the giant panda and the red panda. Journal of Mammalogy, 2000, 81 (2): 448-455.

[23] Zhang Z J, Hu J C, Wu H. Comparison of habitat selection of giant pandas and red pandas in the Qionglai Mountains. Acta Theriologica Sinica, 2002, 22 (3): 161-168.

[24] Houtman R, Dill L M. The influence of predation risk on diet selectivity: a theoretical analysis. Evolutionary Ecology, 1998, 12(3): 251-262.

[25] Zhang L X, Ruan L Z, An B, et al. Genetic structure and geographic variance of the Tibetan snowcock Przewalsky's subspecies *Tetraogallus tibetanus przewalskii* populations. Acta Zoologica Sinica, 2005, 51 (6): 1044-1049.

[26] Liu H J, Su H L, Ren J Q. The Chinese Phasianids—Brown Eared Pheasant. Beijing: China Forestry

Publishing House, 1991.

[27] Snyder W D. Ring-necked pheasant nesting ecology and wheat farming on the high plains. Journal of Wildlife Management, 1984, 48 (3): 878-888.

[28] Ran J H, Liu S Y, Wang H J, et al. Habitat selection by giant pandas and grazing livestock in the Xiaoxiangling Mountains of Sichuan Province. Acta Ecologica Sinica, 2003, 23 (11): 2253-2259.

微地形改造的生态环境效应研究进展

卫 伟 余 韵 贾福岩 杨 磊 陈利顶

> **摘要**
>
> 干旱缺水和生境不良使世界上许多地区的植被恢复和生态改善面临困难。为了提高植被成活率、遏制土壤侵蚀和土地退化态势,国内外许多重点地区都开展了多种微地形改造与下垫面整地措施,使得地表生境和植被状况得到一定改善。但微地形改造对生态环境影响的基础研究仍严重滞后于实践的客观需求,许多关键效应和科学机理不明。系统梳理和总结了国内外学者在不同生态系统类型区和自然地理单元上开展的相关研究。认为微地形改造对土壤属性和微生境、降雨入渗和水蚀过程、植被恢复的效果及其生态服务功能发挥等多个方面都有重要影响,并综述了相关研究进展。同时指出当前微地形改造研究中存在的突出问题。包括科学分类标准有待系统化、实地量化技术相对滞后、微地形改造的水文效应有待强化、影响植被恢复的机理不明等若干重要局限。建议应进一步加强微地形改造的分类体系研发、发展微地形改造方式的定量刻画技术;设立野外定位站,跟踪监测其长期效应,并加强不同微地形改造措施的生态环境效应对比,为科学筛选和优化下垫面改造技术、服务区域生态改善和应对气候变化提供科学依据。
>
> **关键词**:微地形改造;植被恢复;生态建设;水文过程;下垫面

在全球范围内的很多地区,特别是一些关键的生态脆弱区和半干旱区,恶劣的生态环境本底与贫瘠的下垫面严重阻碍了植被自然更新和人工修复进程,致使区域植被恢复效果不佳、生态环境改善进度缓慢[1-3]。尤其在当前全球气候变化和人类活动加剧的大背景下,气温、降水、蒸发散等特征指标发生异常的概率趋于增多,暖干化的长期趋势以及极端事件的不断涌现,在不少地区已成不争事实[4,5]。这种情形将有可能进一步恶化地表生境,使得下垫面条件更加不适于植被恢复和生态演替。科学研发更为有效的立地改良技术和下垫面管理措施、遏制环境和土地退化势头、促使生态系统朝着有利于充分发挥其服务功能的方向发展,已经成为一个重大而紧迫的科学命题,亟待解决和完善。

---

* 原载于:生态学报,2013,33(20):6462-6469.

在这些关键地区,历史上曾开展多次大规模植被恢复和流域综合治理[1-3, 6]。在具体恢复和治理过程中,为了有效提高植被成活率和覆盖度,采用了形式多样的下垫面改造和整地措施,塑造了形态各异的微地形和集水区,从而对不同立地条件下的微景观、土壤水文和植被恢复进程产生重要影响[1, 7]。尽管国际上有关微地形改造影响生态环境的研究已经取得一定进展[8],但由于缺乏更为系统深入的实验设计,许多和微地形改造有关的关键过程和作用机理不明,导致无法研判不同改造措施的长期生态环境效应和后续效应,难以实现改造技术的优化和改良。而这一状况与我国大规模植被恢复的历史背景严重脱节,致使现有研究成果难以满足和支撑国家脆弱区生态恢复的理论需求。同时,从机理研究的角度,忽视微地形改造在生态恢复以及各种地表过程中的作用,可能会导致研究结论出现偏差并导致模拟失实[8, 9]。深入探讨微地形改造措施对生态环境效应的影响,对于深入理解其作用机理、促进生境改良、人地关系和谐发展都具有重要意义。

鉴于此,本文通过文献综述和系统总结,深入剖析了当前微地形改造在生态水文效应方面的重要研究进展、存在的不足和突出问题。以期能引起更多学者对微地形改造措施及其生态环境效应研究的持续关注和思考,借以推动微地形改造相关研究的深入发展,为脆弱生态区植被恢复、生态系统管理和水土资源保持提供科学依据。

1 国内外研究进展

微地形改造是指人类根据科学研究或改造自然的实际需求,有目的对地表下垫面原有形态结构进行的二次改造和整理,从而形成大小不等、形状各异的微地形和集水单元,能有效增加景观异质性、改变水文循环和物质迁移路径,其空间尺度一般在 0~1m 范围内波动[10]。而无论采取什么形式的微地形改造措施,其主观意愿和基本目标都是为了改善立地条件、遏制土地退化、提高土壤质量和促进生态系统恢复。鉴于微地形改造的重要科学意义和实践价值,国内外学者立足于不同的生态系统类型与功能区,从各自专业背景和科学视野出发,围绕土壤属性及其质量、小气候和微生境、地表水蚀和降雨入渗、植被恢复及其生态服务等多个方面开展了微地形改造对生态环境效应的影响研究。

(1)微地形改造对土壤属性及其质量有重要影响

大量研究表明,不同微地形改造措施及其空间组合模式能够创造出许多不同的斑块镶嵌体,使之显著区别于周围环境的微地貌结构和生物地球化学过程[11]。而微地形改造的这种影响在不同自然地理单元和生态系统类型区均发挥重要作用。譬如,在美国佐治亚州一片被洪水淹没的森林区,在自然驱动力和人为因子的主导和干预下,不同微地形改造方式及其时空变异有效调整和改变了土壤中铝铁氧化物,进而显著影响生物地球化学过程[12]。在得克萨斯州的半干旱生境区,人工改造成凹陷洼地的微地形,其有机质含量远远高于改造前的自然地面[13]。在腾格尔干旱沙漠区,微地形改造对地表生物化学过程的影响迥异,沙丘丘顶、背风坡、迎风坡和沙凹槽的土壤养分积累显著不同[14]。马尾松林地的实验表明,不同微地形改造和整地措施改善土壤肥力的效果有较大差异[11]。近年来,研究发现微地形改造能创造厌氧和需氧环境下不同的土壤氮固定与转化机制,进而加速 N 循环过程[15]。还有学者从微观视野出发,通过跟踪监测和精细实验,发现凸状微地形含氧量明显高于凹槽,从而使土壤表层通过硝化作用将更多的 NH_4^+氧化成NO_3^-最终影响土壤属性及其质量[10]。在半干旱黄土丘陵区,有学者发现不同微地形改造措施对土壤养分和生产力的影响存在较大差异[16]。

(2) 微地形改造对周边小气候及其微生境有重要影响

通过实施不同的微地形改造技术,地表微高程、粗糙度、起伏度和覆盖方式都会发生某种程度变化,从而对热辐射接收、能量吸附、水热迁移和转化过程产生关键影响[3, 12, 15-17]。相应地,近地面温度、湿润度、风速、风向以及对太阳光的吸收和散射程度等都可能随之发生改变。而这些改变无疑会对地表凋落物的储存分解、微生物种群活性、土壤动物群落繁衍、种子萌发等诸多细微过程产生重要影响[17-19]。正缘于此,有学者认为微地形改造能够创造出许多不同的地表微生境和局地小气候,进而显著增加坡面微景观的异质性。而微环境的异质性会对生物群落的结构和功能产生重大影响[20, 21]。因此,为了改善生态系统的微环境,国际上不少地区利用手工、挖掘机、车辙、圆盘式耙地等方法对下垫面进行改造,从而形成各式各样的微地形结构[22]。另外,不同微地形改造措施及其对周边小气候的影响特征在空间上具有高度异质性。如有学者发现低海拔处微地形的水分散失率和温度变异明显低于中高海拔地区[23]。这些研究对于现实中进行微地形改造和评估其生态影响具有重要的参考价值。

(3) 微地形改造对降雨入渗和水蚀过程有重要影响

研究表明,微地形改造最直接有效的作用是增加了地表起伏度、降低坡面漫流的连通性,从而显著提升降雨在坡面土壤中的保持能力[3, 11, 24]。在不同的降雨条件下,通过实施科学合理的微地形改造和整地措施,能够使20%到潜在的200%不等的降雨量就地入渗[9]。相对于平滑地面,微地形改造能够有效降低土壤颗粒物、水分含量和有机质的流出比例,并延长其汇流时间[7]。在云南干热河谷区,微地形改造后,雨后土壤水的消退过程明显减缓,水分在土壤中滞留的时间延长,从而更有利于植物吸收利用[25]。还有研究表明,不同微地形改造和整地措施如水平沟、鱼鳞坑和自然都坡地之间的土壤水分变化过程迥异,并呈现出明显的季节分异特征[26]。受降雨波动胁迫和影响,水平台、台间坡面和自然坡面之间的土壤水分存在较大差异,雨季时不同坡位土壤水分为台间坡面>水平台>自然坡面,而雨季时则为水平台>台间坡面>自然坡面;表明水平台改造不仅能够改善水分状况,更有利于抵御极端干旱,从而降低对气候波动的依赖[27]。陕北黄土高原连续9a的观测表明,修建有鱼鳞坑的林地,能够将58%~90%的地表径流量就地拦蓄,水平沟等微地形改造方式则可以分别减少 25.7%~40.5%的径流量和33.7%~56.1%的侵蚀量,而这种雨水拦蓄能力的浮动范围主要取决于降雨强度及其历时[28]。在山东泰安丘陵山地,内倾角为 5 度和 10 度的反坡台,能分别降低 57.9%和89.8%的土壤流失以及 89.3%和 95.9%的养分流失量[29]。因此,微地形改造对于有效促进地表径流向入渗转化、保障植被充分吸收利用水资源以及地貌、水文和生态系统的协同进化都发挥了重要影响,而这将为半干旱脆弱区生态系统管理和植被恢复提供宝贵启示[8]。

(4) 微地形改造影响植被恢复效果及其生态服务功能

科学合理的微地形改造措施对于提高植被生产力、积累生物量和促进生态系统正向演替发挥着重要作用,这主要和实施改造措施后能有效降低水土养分的流失比率、改善地表微环境密切相关[10, 13]。譬如,有学者发现,植被地上生物量与下垫面微地形结构及其坡面分布格局显著相关(R^2=91%),昭示着通过科学合理的微地形改造和整地,有目的塑造出各种微地形和集水区,进而促进植被恢复效果的充分发挥[10, 22, 30]。在黄土高原,坡改梯田会使生物量积累提高27%~53%[31]。在亚热带丘陵山地,与对照相比,合理的坡面整地措施可以将树高、胸径和蓄积量分别提高124%、130%和226%[32]。而良好的植被覆盖和正向演替则可以逐步改善土壤水肥条件、提高遏制水土流失的能力[33]。进一步的研究显示,坡面植被恢复状况与对应的生态功能、水文特性、生物多样性和碳沉降过程都有非常紧密的联系[9, 34]。因此,有目的地开展微地形改造和整地措施,人为创造更为适宜的微生境,对于改善植被生长状况、遏制重点区域水土流失和土地退化态势、提高生态系统服务功能都有重要现实意义。

2 尚存在的突出问题

尽管微地形改造的生态环境效应研究已经取得重要进展,但总体而言,目前尚存在不少难点和困境亟待解决突破。这里面既涉及微地形本身的特点和改造方式、其空间尺度界定标准及量化技术等基础理论和技术问题,也有微地形改造影响生态环境效应的关键驱动和时空作用机制等重要科学问题。一方面,探讨微地形改造本身的科学界定标准和量化技术,有利于促进和深化机理研究及实践改良;另一方面,微地形改造的生态环境效应也需要在优化改造措施及其空间格局基础上更好地体现和发挥,而生态环境效应优劣又是评判和检验微地形改造措施是否科学合理的客观标准,以便于在具体恢复过程中给予维护或适时调整。

2.1 微地形改造的科学界定方法与分类标准有待系统化

科学合理的微地形改造界定方法,是开展进一步生态环境效应研究的基础和前提。截至目前,学术界尚未形成一套微地形改造的系统方法和理论体系。根据国内外文献记载,目前主要涉及两种划分方法和界定标准。①根据立地尺度上微地貌特征和土壤粗糙度的变异程度,结合实践中的具体目的而划分的一类微地形改造标准,其空间尺度一般远远小于1m。这类微地形改造和整地措施以平原区的精耕农业为典型代表,已有的国内外研究还涵盖幼林栽培地、自然草地、各种湿地以及矿物开发恢复地等其他生态系统类型[9, 12, 13, 15, 22, 35];②直接以野外人工整地方式命名并开展的系统研究。其空间尺度灵活多变,主要受限或取决于微地形改造的实际需要并兼顾其多样性。类似的微地形改造措施很多,如黄土高原、云南干热河谷、西班牙地中海及其他类似地区修建的鱼鳞坑、反坡台、水平阶、水平沟、水平槽、各类梯田,以及沟道内的谷坊和淤地坝建设等,都属于大小不一和形状各异的微地形改造措施[2, 16, 25-27]。一般来讲,坡面上这些微地形改造和整地措施,其空间尺度大多在1m范围内,但谷坊和沟谷淤地坝建设则会较大。通过这些措施的实施,有效起到了遏制侵蚀、改善生境和促进植被恢复的作用[1, 36]。而造成微地形改造界定标准差异的原因较多。其中,微地形改造及其时空镶嵌结构本身的多样性及其复杂性是重要原因之一。研究者的知识背景、研究目标和研究侧重点的不同也可能成为重要原因。此外,不同生态系统类型对于微地形改造的实际要求以及不同地理单元和自然区域之间微地形的实际差异也是重要因素。譬如,对于湿地、农田、草地和森林等不同生态系统,其要求微地形改造所要达到的形状结构和发挥的服务功能存在较大差别[15, 22, 37],而不同区域(如平原区、土石山区、高寒山地和丘陵沟壑区等)自然地貌和关键生态环境问题也存在显著差别。但毫无疑问,尽管目前微地形改造的界定方法在某种程度上有其研究的便利性和多样性,但这种多元分类手段,由于缺乏系统的理论体系和更为科学的标准,容易导致认识上的模糊和误区,从长远看并不利于有关研究的深化。

2.2 微地形改造实地量化技术有待进一步完善

定量刻画和量测微地形改造的时空特点及其分布格局,并将其与具体的生物地球化学过程有机耦合,对于揭示不同微地形改造措施的生态环境效应至关重要。由于微地形包括垂直方向的微高程和水平方向的地表粗糙度,同时又具有显著的时空异质性,致使其野外测算难度很大[6]。当前国内外研究中,主要存在现状调查、机械测定、光学成像以及三维激光扫描4种典型实地勘测技术和数据采集量化方法[38, 39]。其中,现状调查法属于最传统的方法,主要基于野外踏查和肉眼勾绘等基本方法,试图通过定性描述和半定量记录的方式勾勒、分析微地形的结构及其形状学特征。这种方法在过去技术设备不完备的条件下应用普遍,但对专业人员的地貌制图能力和经验判断要求很高,由于费时费力,已经难以满足大范围、高精度的采样要求。接触式机械测定法主要包括测针法、方格法、杆尺法和链条法等[40],在早期的地形和微地貌量测中也有较多应用,主要通过测定地表糙度来反映微地貌特征。由于在具体测算过程中直接接触地表,对微地形结构有较大破坏,不利于后期生态环境效应的跟踪监测。光学成像法虽然成功克服了机械测定法对地表的破坏性,在快速取样方面也较为便捷,但由于固有的平面成像缺陷,难以实现立体式的微地形刻画模式,因而很难满足全面准确的微地形格局分析。激光扫描技术是目前正在发展的一项高新科技,也是测绘学领域的一次革命,是一种非接触式高速激光测量方式[41]。相对于其他方法,该方法具有精度高(可以毫米计)、分辨率强的明显优势,是较为理想的微地形量测和分析方法。早在20世纪90年代中期,就有学者发明了用于室内测定侵蚀和微地形的扫描系统,并认为在合适的照明条件下也可以适用于野外自然环境[39]。该项技术由于成本较高,目前尚未得到普及,但应用前景十分广阔。同时,如何将三维激光扫描技术应用于野外大尺度的实地监测和量化分析,并将其与具体的生态过程有机耦合,也是当前需要重点解决的关键问题。目前微地形定量刻画主要采用数字高程建模、分形理论和神经智能网络等基本方法[41, 42]。

2.3 微地形改造的地表水文效应研究有待加强

微地形改造普遍存在于不同生态系统类型区,种类多样且复杂多变。但系统梳理国内外文献,发现除了在计算地表粗糙系数时将微地形作为参数外,直接将微地形改造和水文效应有机联系的定量研究并不多[8, 18]。加之不同尺度植被特征对水文过程存在显著影响，使得这一问题更趋复杂[43, 44]。正因为此，国内外有关微地形改造影响水文过程的结论并不一致。譬如，在西班牙，自然陡坡改造成水平梯田后，由于没有实施合适的地埂措施，年均土壤流失量不仅没有减少，反而增加了26.5%，土壤水分也有不同程度下降[45]。当水平台的台间坡地超过一定坡度时，受雨水冲刷而发生坍塌损毁的风险剧增，平均径流系数将增加6%～31%，而其值主要取决于雨强及其侵蚀力[46]。同样的问题存在于中国的黄土高原。在陕北延安，陡峭的水平阶间坡面容易崩毁，从而诱发更为严重的水土流失[47]。而现实中，由于缺乏精细设计和技术指导，却又不受任何环境立法的制约，导致微地形改造和陡坡地水平化的处理极为随意，其直接后果是构建了大范围并不稳定的人工系统，并被忧虑会进一步加剧土壤侵蚀和环境退化[48]。具体来看，不同微地形改造方式（如形状结构、坡面曲率、汇水面积及其分布等）在土壤水分衰减、降水入渗、植被蒸发散、地表径流、壤中流及侵蚀过程中发挥何种作用，其作用有何异同；微地形改造后的时空镶嵌结构和分布格局如何影响地表水文过程，反过来，这些过程又会对微地形改造及其镶嵌体变化产生什么样的影响？在植被以及其他人工干预措施的综合影响下，微地形对水文过程的贡献率究竟如何？类似问题都需要通过强化基础研究给予解答。

2.4 微地形改造影响植被恢复的机理不明

截至目前，微地形改造对植被群落动态与分布格局的影响研究较少，植被恢复对不同时空尺度微地形改造方式和累积效应的响应机制不明。尽管国内外有限的研究已经表明微地形改造所创造的生境异质性对植被生长发育起着重要作用，但很难精确回答到底发挥多大程度的影响，尤其是在有其他自然因子和人为干扰介入的条件下。同时，有关人工创造的微地形如何影响引种植被的种群分布、群落动态和格局建成尚不清楚[10, 19]。以我国黄土高原为例，尽管大规模植被建设和整地方式创造了复杂多样的微地形和小生境，但目前研究多集中在微地形改造对土壤质量的影响上，微地形改造影响植被生长动态及其分布格局的机理研究亟须补充和加强[2, 16, 27]。其次，微地形改造在诸多生物地球化学循环过程的作用研究有待强化和深入。譬如，不同微地形改造措施到底在土壤属性改良过程中发挥何种作用，这种作用在不同时空尺度上和不同区域有何变化？另外，土壤种子库和种子雨过程对于植被恢复和格局分布有较大影响，微地形改造在这些种子储存和运动变化过程中发挥什么样的作用，目前仍是一个科学谜团[49, 50]。从较长的时间尺度出发，微地形改造在植被恢复过程的不同时期（前期、中期和后期）的作用有何异同？类似问题对于植被恢复的成效至关重要，应该在以后的研究中给予重点关注[51]。由于区域差异性和影响因素的多样性，定量对比不同微地形改造措施的生态环境效应难度加大，导致理论和实践中不清楚如何从空间上优化微地形改造措施的空间组合及其配置结构，以提高生态服务的供给能力[51, 52]。同时，从区域尺度看，大范围复杂多样的微地形改造措施所带来的累积效应不明，而目前尚没有科学可行的推算方法和定量评估手段。此外，全球气候变化背景下，在不少干旱和半干旱区，暖干化趋势呈进一步加重态势，极端气候和水文事件对地表生境与植被恢复的危害日渐增加而不容忽视，而微地形改造在减缓立地条件恶化、降低灾害对植被恢复的影响方面能发挥多大作用，这种作用随不同时空尺度的推演是否存在一定的增减规律?凡此种种,许多重要科学问题和相关研究都亟待加强与深化。

3 结语

本文综述了微地形改造的生态环境效应相关研究进展,并指出了当前存在的突出问题和研究难点。总体而言,微地形改造及其效应研究是一个古老而崭新的科学命题。说其古老,是因为长期以来,在很多生态系统类型区的历史实践中,微地形改造技术已经广泛存在,用于有目的改善立地条件和生态环境质量。说其崭新,是因为截至目前,很多涉及微地形改造及其生态环境效应的研究仍然很不系统、很不深入,相关基础研究依旧严重滞后于实际需求。进一步发展和优化微地形改造技术,则是当前生态恢复和水土资源保持领域亟待解决的科学问题。鉴于此,建议今后重点围绕以下关键点,寻求突破,促进相关学科深入发展。

1) 加强微地形改造的分类体系和野外测定技术研发,发展基于微地形改造的结构特征和功能分异量化方法。同时,科学设计实验方案,开展野外长期定位监测研究,依托先进设备和手段,跟踪监测其动态特征,以深入探讨不同尺度微地形改造与生态系统间的内在关系,特别是要搞清楚生态恢复前、中、后等不同时期微地形改造作用的异同。在此基础上,制定出适用于不同地区和治理目标的微地形改造技术导则,完善野外微地形数据采集和室内刻画分析等一整套的技术方法,为科学评估、筛选和优化微地形改造技术提供依据。

2) 鉴于微地形改造对土壤、植被和地表水文过程有复杂影响,而且这种影响还具有显著的尺度效应。因此,要强化不同时空尺度微地形改造的生态水文效应研究。重点关注微地形改造措施对土壤属性和微生境、对水平方向上的水土流失和养分迁移、以及对垂直方向上的降雨入渗-土壤水分-植被拦蓄过程的综合影响。基于长期监测数据和水量平衡原理,构建微地形改造措施-土壤属性-植被恢复水文效应之间的定量关系表达,以揭示微地形改造的作用机理,服务重点区域水土保持、生境改良和植被恢复的客观需求。

3) 鉴于当前全球变化对区域生态环境的影响趋于增强,需要密切关注气候变化背景下,不同尺度微地形改造方式在降低下垫面对气候和环境因子变化敏感性、遏制土壤退化和水土流失、保障生境健康适宜及促进植被恢复中的重要作用。重点关注微地形改造措施在抵御极端干旱、暴雨、高温、寒害及病虫害等不良事件对生态系统影响方面的能力,筛选和研发适应气候变化的下垫面关键改造技术,为最终实现生态环境良性运转提供科技支撑。

参 考 文 献

[1] Chen L D, Wei W, Fu B J, et al. Soil and water conservation on the Loess Plateau in China: review and prospective. Progress in Physical Geography, 2007, 31(4): 389-403.

[2] 曹兵, 景清华, 李真朴, 等. 宁夏南部水土流失区坡面造林整地工程设计. 水土保持通报, 2005, 25(2): 54-59.

[3] Bergkamp G A. Hierarchical view of the interactions of runoff and infiltration with vegetation and microtopography in semiarid shrublands. Catena, 1998, 33: 201-220.

[4] Weltzin J F, Loik M E, Schwinning S. Assessing the response of terrestrial ecosystems to potential changes in precipitation. Bioscience, 2003, 53 (10): 941-952.

[5] Richard A K. Global wanning is changing the world. Science, 2007, 316: 188-190.

[6] Anderson K, Bennie J, Wetherelt A. Laser scanning of fine scale pattern along a hydrological gradient in a peatland ecosystem. Landscape Ecology, 2010, 25: 477-492.

[7] Stavi I, Ungat E D, Lavee H, et al. Surface microtopography and soil penetration resistance associated with shrub patches in a semiarid rangeland. Geomorphology, 2008, 94: 69-78.

[8] Thompson S E, Katul G G, Porpomto A. Role of microtopography in rainfall-runoff partitioning: an analysis using idealized geometry. Water Resources Research, 2010, 46 (7): 58-72.

[9] Courtwright J, Findlay S G. Effects of mierotopography on hydrology, physicechemistry, and vegetation in a Tidal Swamp of the Hudson River. Wetlands, 2011, 31: 239-249.

[10] Bmland G L, Richardson C J. Hydrologic, edaphic, and vegetative responses to microtopographic reestablishment in a restored wetland. Restoration Ecology, 2005, 13 (3): 515-523.

[11] Appels W M, Bogaart P W, van der Zee S. Influence of spatial variations of microtopography and infiltration on surface runoff and field scale hydrological connectivity. Advances in Water Resources, 2011, 34: 303-313.

[12] Diefenderfer H, Coleman A, Borde AB, et al. Hydraulic geometry and microtopography of tidal freshwater forested wetlands and implications for restoration, Columbia River, U.S.A. Ecohydrology and Hydrobiology, 2008, 8: 339-361.

[13] Moscr K A C, Noe G. The influence of microtopography on soil nutrients in created mitigation wetlands. Restoration Ecology, 2009, 17: 641-651.

[14] Li X R, He M Z, Zerbe S, et al. Micro-geomorphology determines community structure of biological soil crusts at small scales. Earth Surface Processes and Landforms, 2010, 35: 932-940.

[15] Wolf K L, Ahn C, NoeG B. Micro-topography enhances nitrogen cycling and removal in created mitigation wetlands. Ecological Engineering, 2011, 37: 1398-1406.

[16] Hammad A H A, Børresen T, Haugen L E. Effects of rain characteristics and terracing on runoff and erosion under the Mediterranean. Soil and Tillage Research, 2006, 87 (1): 39-47.

[17] Antoine M, Javaux M, Bielders C. What indicators can capture runoff-relevant connectivity properties of the micro-topography at the plot scale? Advances in Water Resources, 2009, 32: 1297-1310.

[18] Loos M, Elsenbeer H. Topographic controls on overland flow generation in a forest—an ensemble tree approach. Journal of Hydrology, 2011, 409: 94-103.

[19] Rune H Ø, Knut R, Tonje Ø. Species richness in boreal swamp forest of SE Norway: the role of surface microtopography. Journal of Vegetation Science, 2008, 19: 67-74.

[20] Vivian-Smith G. Microtopographic heterogeneity and floristic diversity in experimental wetland communities. Journal of Ecology, 1997, 85: 71-82.

[21] El-Bana M I, Nijs I, Kockelbergh F. Microenvironmental and vegetational heterogeneity induced by

phytogenic nebkhas in an arid coastal ecosystem. Plant and Soil, 2002, 247: 283-293.

[22] Mosor K, Ahn C, Noe G. Characterization of microtopography and its influence on vegetation patterns in created wetlands. Wetlands, 2007, 27 (4): 108l-1097.

[23] Nagamatsu D, Hirabuki Y, Mochida Y. Influence of micro-landforms on forest structure, tree death and recruitment in a Japanese temperate mixed forest. Ecological Research, 2003, 18: 533-547.

[24] Mayor A G, Bautista S, Small E E, et al. Measurement of the connectivity of runoff source areas as determined by vegetation pattern and topography: a tool for assessing potential water and soil losses in drylands. Water Resources Research, 2008, 44: 1-13.

[25] 李艳梅, 王克勤, 刘芝芹, 等. 云南干热河谷微地形改造对土壤水分动态的影响. 浙江林学院学报, 2005, 22 (3): 259-265.

[26] 罗勇, 陈家宙, 林丽蓉, 等. 基于土地利用和微地形的红壤丘岗区土壤水分时空变异性. 农业工程学报, 2009, 25 (2): 36-41.

[27] 李艳梅, 王克勤, 刘芝芹, 等. 云南干热河谷不同坡面整地方式对土壤水分环境的影响. 水土保持学报, 2006, 20 (1): 15-19.

[28] 赵世伟, 刘娜娜, 苏静, 等. 黄土高原水土保持措施对侵蚀土壤发育的效应. 中国水土保持科学, 2006, 4 (6): 5-12.

[29] Lü H, Zhu Y, Skaggs T H, et al. Comparison of measured and simulated water storage in dryland terraces of the Loess Plateau, China. Agricultural Water Management, 2009, 96: 299-306.

[30] Hara M, Hirata K, Fujihara M, et al.Vegetation structure in relation to micro-landform in an evergreen bread-leaved forest on Amami Ohshima island, south-west Japan. Ecological Research, 1996, 11: 325-337.

[31] Liu X H, He B L, Li Z X, et al. Influence of land terracing on agricultural and ecological environment in the Loess Plateau regions of China. Environmental Earth Sciences, 2011, 62 (4): 797-807.

[32] 杨曾奖, 徐大平, 张宁南. 整地方式对桉树生长及经济效益的影响. 福建林学院学报, 2004, 24 (3): 215-218.

[33] Shi Z H, Chen L D, Cai C F, et al. Effects of long-term fertilization and mulch on soil fertility in contour hedgerow systems: a case study on steeplands from the Three Gorges Area, China. Nutrient Cycling in Agroecosystems, 2009, 84: 39-48.

[34] Yang Y C, Da L J, You W H. Vegetation structure in relation to micro-landform in Tiantong national forest park, Zhejiang, China. Acta Ecologica Sinica, 2005, 25 (11): 2830-2840.

[35] Morzaria-Luna H, Callaway J C, Sullivan G, et al. Relationship between topographic heterogeneity and vegetation patterns in a Californian salt marsh. Journal of Vegetation Science, 2004, 14: 523-530.

[36] Moreno R G, Alvarez M C D, Alonso A T, et al. Tillage and soil type effects on soil surface roughness at semiarid climatic conditions. Soil and Tillage Research, 2008, 98: 35-44.

[37] 林德根. 不同整地方式对火炬松幼林生长及林下植物多样性的影响. 东北林业大学学报, 2000, 28 (6): 1-3.

[38] Martinez-Turanzas G A, Coffin D P, Burke I C. Development of microtopography in a semiarid grassland: effect of disturbance size and soil texture. Plant and Soil, 1997, 191: 163-171.

[39] Haubrock S N, Kuhnert M, Chabrillat S, et al. Spatiotemporal variations of soil surface roughness from in-situ laser scanning. Catena, 2009, 79: 128-139.

[40] Flanagan D, Huang C, Norton L, et al. Laser scanner for erosion plot measurements. Transactions of the ASAE, 1995, 38 (3): 703-710.

[41] 马立广. 地面三维激光扫描仪的分类与应用. 地理空间信息, 2005, 3 (3): 60-62.

[42] 霍云云, 吴淑芳, 冯浩, 等. 基于三维激光扫描仪的坡面细沟侵蚀动态过程研究. 中国水土保持科学, 2011, 9 (2): 32-37.

[43] 郑子成, 吴发启, 何淑勤, 等. 片蚀与细沟间侵蚀过程中地表微地形的变化. 土壤学报, 2011, 48 (5): 931-937.

[44] Shi Z H, Yue B J, Wang L, et al. Effects of mulch cover rate on interrill erosion processes and the size selectivity of eroded sediment on steep slopes. Soil Science Society of America Journal, 2013, 77: 257-267.

[45] Jime'nez-Delgado M, Martfnez-Casasnovas J A, Ramos M C. Land transformation, land use changes and soil erosion in vineyard areas of NE Spain//Kerte'sz A, Kova'cs A, Csuta'k M, et al. Proceedings Volume of the 4th International Congress of the ESSC. Budapest: Hungarian Academy of Sciences, Geographical Research Institute, 2004: 192-195.

[46] Zuazo V D, Ruiz J A, Raya A M, et al. Impact of erosion in the taluse of subtropical orchard terraces. Agriculture, Ecosystems and Environment. 2005, 107: 199-210.

[47] Cao S X, Chen L, Feng Q, et al. Soft-riser bench terrace design for the hilly loess region of Shaanxi Province, China. Landscape and Urban Planning, 2007, 80: 184-191.

[48] Ramos M C, Cots-Folch R, Martinez-Casasnovas J A. Effects of land terracing on soil properties in the Priorat region in Northeastern Spain: a multivariate analysis. Geoderma, 2007, 142: 251-261.

[49] Francis I, Alain B. Soil microtopographies shaped by plants and cattle facilitate seed bunk formation on alpine ski trails. Ecological Engineering, 2007, 30: 278-285.

[50] Leyer I, Pross S. Do seed and germination traits determine plant distribution patterns in riparian landscapes? Basic and Applied Ecology, 2009, 10: 113-121.

[51] Wei W, Chen L D, Yang L, et al. Micro-topography recreation benefits ecosystem restoration. Environmental Science and Technology, 2012, 46: 10875-10876.

[52] 张志强, 王盛萍, 孙阁, 等. 流域径流泥沙对多尺度植被变化响应研究进展. 生态学报, 2006, 26 (6): 2356-2364.

陆地格局与地表过程对天然降雨的响应研究进展

卫 伟　陈存根

摘要

全球环境和气候变化背景下，天然降雨的时空格局及其特性已经或正在发生着重大变化，这种变化必将对陆地生态系统格局-过程产生深远影响，进而对人类福祉构成不同程度的挑战。本文综述了降雨演变的特征及其影响后果，认为降雨变化可以分为短期波动和长期演变两种状态，前者时间尺度较短且不具有明显趋势，而后者变化趋势明显，对陆地生态系统的影响力更加复杂和深远。总体上，降雨会对陆地植被格局、地形地貌、耕作制度和地表水文、土壤、微生物、生产力、生物量积累等复杂过程产生重要作用。但当前降雨演变及其生态环境效应研究中也存在着多个突出难点和亟待解决的关键问题，如降雨及地表过程的尺度效应、地表过程对降雨响应的滞后效应、开展相关研究的手段相对单一、地表过程实时监测难度大、降雨脉冲事件的科学界定等较为棘手的问题。并针对性地提出要进一步加强数据获取、尺度转换研究以及呼吁组建专门机构等建议和可能的应对策略，以期对相关领域开展适应性研究有所裨益。

关键词：降雨；变化；变异；陆地系统；格局；过程

1 前言

当前，全球变化研究已经成为地理学、大气科学、景观生态学和土地利用变化科学研究中的一个热点[1,2]。大量研究表明，全球变化已经对陆地生态系统和人类社会的方方面面产生了重大影响，迫使越来越多的学者、管理层和决策者认识到问题的严重性并做出积极响应。笔者认为，在新的条件下，全球变化越来越呈现出三大突出特征：①气候变异和关键气象因子突变率进一步加大；②下垫面受干扰的力度和频度明显增加；③景观格局和生态系统重塑重组的风险升高。这其中，围绕气温升高和CO_2、CH_4等大气组分的浓度变化等气候因子变化对陆地生态系统的响应与适应的研究成果呈现逐年增多趋势，不少研究直接深入探讨了温度和CO_2浓度升高对陆地生态系统结构、生理和功能动态的作用[3]。但另一方面,却又在较大程度上忽视了降雨自身波动和长期演变对陆地表层多重格局与复杂过程的影响机制[4]。尽管过去不少学者也试图将降雨和陆地生态系统耦合起来进行研究,但未来降雨如何变化及其如何从深层次上影响生态系统以及生态系统如何响应和更好地适应这种变化却较少涉及。而在气象学中,降雨因子被认为是表征气候发生变异的最重要的指标之一[5]。近年来也有不少研究指出,降雨波动及其中长期的各种变化对陆地生态系统的影响可能会大于温度本身以及温度和大气 CO_2 浓度升高的耦合影响。譬如,基于气候情景模拟分析,有学者发现植被生产力和洪峰灾害等对降雨变化的敏感性要远高于气温变化,而且降雨变化将直接影响植被生态系统对 CO_2 的吸收程度[6, 7]。因此,在前人研究的基础上,深入分析和系统梳理总结降雨演变的时空特性及其对陆地生态系统格局与过程的影响,对于深刻揭示全球气候和环境变化的机理机制、演变趋势及其综合效应,以及对于更有效地应对和适应这种变化都具有十分重要的现实和理论价值。

2 降雨演变

2.1 时空特性

研究表明,全球不同尺度范围内,天然降雨呈现出极为复杂的区域变化特征[8]。譬如,有研究显示 20 世纪以来中高纬度的降雨呈现增加趋势,而热带和亚热带地区的同期降雨量却有所减少[9]。因此,从空间尺度上看,在相同的时间波动范围内,不同立地、坡面、小流域、流域、区域乃至全球等范围内的降雨变化特征往往会迥异。需要重点指出的是,这种变化特征受地形起伏的影响和主导,其水分-热-能量交换过程严重失衡,致使降雨时空动态在生态脆弱、地形破碎的干旱半干旱山地尤为明显,从而进一步增加了降雨变异定量预测及其效应研究的不确定性[10]。

从时间尺度的长短来看,降雨变化主要呈现出两种状态。第一种可以称为降雨的短期波动或变异。概括起来,主要为次降雨事件的具体发生过程、日变化、季节变化、年内以及较短时期内的年际波动,体现在降雨量、雨强、历时、侵蚀力等基本指标的变化上以及不同的次降雨事件发生时间及其随时间交替出现规律和持续期[11]。降雨特征的这种短期变异并不具有明显的趋势或者规律性,而只是围绕着多年平均状态上下起伏和波动。第二种状态称为降雨长期演变[12]。总体说来,其变化主要有以下基本特点:从较长的时间尺度看(如年代际、数十年、百年及以上等等),降雨特征值及其分布格局发生了显著变化。如国内有学者通过分析中国新疆地区降雨年代际的变化特征发现,20 世纪 60 年代的降雨量趋于最低,而 70、80 年代有所增加,90 年代以来变化剧烈且趋于更加不稳定和不确定[13]。此外,综合历史文献资料,笔者认为降雨演变的其他重要特征还包括:高强度极端降雨事件的发生概率、频度和危害加大;多年平均状况和异常值出现较大程度的变化;降雨时空分布格局产生明显错位(如冬春错位、区域错位等)和较大幅度改变;干旱发生时期和持续时间明显有别于平均状态;降雨的长期演变趋势明显。

2.2 驱动机制

根据文献考证，全球陆地生态系统范围内，目前可以确认的导致降雨发生变化的基本驱动力主要有两个，一是气候变化（波动）、二是不断加剧的人类活动。事实上，降雨变化本身既是气候变化的重要表现形式，也是显著受控于全球气候变化驱动[14]。因此，我们既可以认为降雨变化是全球气候和环境变化的直接产物，也可以认为降雨变化本身就是气候变化不可分割的一部分。研究显示，以全球变暖为主要标志的气候和环境变化，很大程度上可能会加速或减缓全球大气和水文循环过程，进而改变大气组分以及区域乃至全球尺度的水热交换过程，在此基础上引起区域和全球范围内降雨特性及其分布特征的改变[15]。譬如，基于全球气候变化模型（general circulation models，GCMs）的预测结果，有学者认为全球水文循环过程有望进一步加速，导致降雨量明显增加以及高强度降雨事件频发[16]。

而无序的人类活动与持续增加的干扰强度对陆地生态系统和下垫面特性产生了巨大的重塑和改造作用，其影响是深远而不可逆的。这种影响力集中和突出表现在对植被类型、土壤结构、地形地貌、土地格局和地表覆被的改造上。下垫面的这种巨大变化深刻影响着地表水热平衡状态、全球固碳效应及其能力、大气组分和水文循环过程，进而在很大程度上影响乃至决定了气候变化的程度、进程及其方向，最终导致区域及全球范围内的降雨时空格局发生重大变化和调整[17]。

3 降雨对陆地系统的影响后果

3.1 对陆地格局的影响

不同时空尺度的降雨波动和变化对陆地生态系统和景观格局产生了重要影响。主要体现在以下几个方面。

影响植被格局动态。当前，不少研究结果表明，受降雨波动及其长期变化的影响，植被格局已经在很大程度上发生了改变，这种变化趋势及影响后果在未来可能会进一步凸现出来。譬如，森林线沿海拔梯度上升以及随着纬度北移的现象，既是温度升高、全球变暖的区域响应结果，也是降雨发生演变、水热平衡状态不断发生调整的产物。另外，植被物种分布及其组合的改变、生物量和生产力总量的变化、濒危植物和稀有物种数量受损乃至灭绝等现象，都与区域和全球降雨格局改变引起的干湿交替规律与胁迫程度异常有密切关系[18]。譬如，在中国太行山低山区，通过人为设置和改变降雨特征（采用多年平均降雨量的80%、90%、100%、110%和120% 5种处理），发现植被生产力和土壤呈现不同的响应特征。并发现降雨每增加10%，植被生产力增加大约15%，显示出降雨变化会对太行低山区植被产生重要影响[19]。在美国，有学者通过对比高山区、荒漠区、耕作区、草原和森林区的研究结果，发现地上部分净初级生物量和年降水呈现明显的线性关系，而与区域和生态系统类型无明显相关性。进一步的研究发现，群落内不同物种对降雨变异的敏感性和响应能力不同，优势种因为对降雨变异有更高的忍耐力而受影响较小[20]。

影响人类生活方式和土地利用模式。历史资料表明，人类活动的行为方式、土地利用管理模式和降雨、气温等气候因子息息相关，前者明显受到后者的制约与调控，又同时对后者产生渐次影响[21]。土地利用的类型、结构和分布受到降雨时空格局、极端水文事件、土壤干湿程度、交替规律、持续时间和大气温湿度等因子的客观影响。因而，为了有效适应气候因子的不断变化，人为管理的方式、生产生活的利用模式、土地类型和结构都必然会随之发生调整和变革。

影响农林耕作制度。研究表明，气候变化背景下，干旱、暴雨、大风等极端气象-水文事件会趋于增强，带来雨量分布、蒸发潜力、径流侵蚀、土壤湿度、地下水沉降或抬升等指标的一系列变化[22]。而农林业产量、经济作物种类分布以及物候期的变化与区域降雨格局的变化密切相关[23]。因此，降雨变化势必直接影响到农林作物的水热资源吸收与利用，进而迫使农田管理者结合这一变化采取相应的种质资源重新选择、田间管理措施革新等各种适应策略。

影响地表土地覆被。上述提及的植被格局、土地利用和农业耕作制度等几个方面内容的改变必然导致地表覆被发生不同程度的变化，地表覆盖的面积、分布和程度会随之发生改变。如用于量化和表征植物群落与地表覆被状况的叶面积指数和归一化植被指数等[24,25]。

重塑地形地貌格局。大量研究结果显示，长时期的降雨侵蚀搬运，会对土壤理化属性产生深刻影响（如剥离地表有机质、改变土壤结构和粒径分布与组成）、影响各种地表水文路径、进而改变地形地貌。而地形地貌的改变又反过来影响地表过程，形成因果循环和不断互动。

3.2 对地表过程的影响

受降雨影响，陆地表层各种生物地球化学循环和微观生态与地理过程会呈现出不同程度的响应规律和特征，主要涉及以下几个重要方面。

植被演替过程。在气候和环境变化研究中，森林植被对温度和降水等关键因子的响应过程是非常重要的领域[26]。也有不少学者通过构建气候-森林响应动力学模型试图来探讨这一重要话题，揭示相关规律。资料显示，森林群落对气候变化的响应是十分敏感的，这种敏感性不仅反映在气候扰动可以改变其生物量和生产力水平，而且能够影响其林分组成。因此，森林对降雨等因子的响应是非线性和复杂多变的，群落结构和演替的方式、方向和进程都会因此而受到影响。目前，关于降雨变化对植被群落动态的影响研究已经很多。尤其集中在降雨对植物生产力、空间分布及覆盖、种子萌发过程、种苗生存与生长发育、植被物候期等方面[27]。年平均降雨量与植被生产力显著正相关。但是，分析降雨变化的生态后果不应该仅仅考虑气候因子的平均状况，同时需要密切关注其季节动态和极端值对生态系统结构和功能可能造成的重大影响。因为，最新证据显示，降雨年内、年际等变异特性对植被多样性和生产力的影响要大于降雨总量对后者的作用力，这一结果尤其适用于干旱环境区[28]。

土壤属性、微生物群落发育和地表凋落物分解与转化过程。研究表明，地表生物结皮、土壤可蚀性、有机质组成和粒径分布等指标都会受到降雨长期变化的影响。如有的研究表明，降雨雨滴强度和干湿交替与间隔时间等会对地表结构性和生物性结皮的种类、分布及其时空发育特征产生影响[29]；由于土壤可蚀性是个相对的概念，自身受到时空范围内很多因素的影响，降雨变化对土壤属性如有机质、粒径等的分布和迁移产生重要作用，也无疑会对其产生重要影响。地表和土壤层内的微生物数量、种类、多样性、生活力受到干湿度和温度变化的显著影响[30]。另外，降雨等的改变会引发植被物种自然选择和各种生理生态过程变化，进而影响到对应植被凋落物的养分构成、油脂含量、积累、分解等发生变化[31]。

地表水文过程与路径改变。需要进一步强调的是，全球变化背景下，降雨演变的重要表现形式之一就是极端降雨的发生概率、频率和强度明显增加，致使与之相关的各种旱灾、洪涝和面源污染等地表水文事件的难预测性、突发性、不确定性和危害性增加，进而影响到陆地表层生态系统健康、服务功能保持、社会与人类福祉的可持续性[32-33]。具体来讲，在降雨变化的综合影响下，土壤水分过程（决定植被、重塑时空变异特性）、养分迁移过程（点、面源污染、富营养化）、水蚀过程（土地退化加剧、泥沙搬运和沉沙过程愈趋复杂）等几个方面会呈现出突出而直接的响应特征。

4 研究难点与困境

然而，探讨和分析降雨的时空演变特性及其对陆地生态系统格局与过程的影响存在着很大的现实困难。具体主要体现在以下几个方面。

尺度问题。降雨的特征值和分布格局在不同的时空尺度上存在极大差异，呈现出非线性、随机性、多变性、难预测性和无明显规律等突出难题。这种复杂的尺度效应在干旱半干旱地区尤为明显。由于受水资源短缺的严重制约，干旱半干旱区生态系统较为脆弱，下垫面下各种地理和生物化学过程对降雨变化的响应又趋于更加复杂而敏感。与此同时，由于不同尺度下影响降雨和地表过程的主要驱动因子及其贡献率存在差异，必将进一步增加监测、预报分析和研究其耦合效应的难度。

滞后效应。大量研究表明，陆地生态系统及其地表生物化学过程对天然降雨的时空演变存在着明显的滞后响应。这种滞后性主要体现在，植物的形态学结构、内在物质构造、生物量、生产力、物候期、生理适宜性和长期生长/演替特性对降雨响应的缓慢适应和调整过程；土壤理化属性的时空发育动态需要漫长的响应和适应过程；凋落物的种类、内在结构特征和分解转化运动与降雨演变的内在关系；因降雨演变而引起的地形地貌破坏和重塑过程具有周期长、时间跨度大等特点。因此，基于这些响应与适应的现状，迫切需要长期、有效和连续的监测数据与资料，而这些资料和数据也正是目前亟须进一步补充和完善的。

次脉冲降雨事件的科学界定问题。在深入研究具体地表过程的深层次影响机理和细节问题时，搞清楚不同降雨脉冲事件的发生过程及其综合效应对于科学揭示地学领域若干重要问题具有重要价值。然而，关于次降雨事件的界定问题，目前国内多数研究是以日降雨事件作为次降雨划分的标准，而将明显增加的极端降雨事件界定为暴雨[34]。这种相对简单的划分方法在一定程度上使得耦合降雨和各种地表水文与生态过程的难度加大。

地表过程的监测难度较大。由于降雨影响到地球表层的方方面面，而具体的地表响应过程十分复杂，涉及生态学、地理学、生物化学、微观生理学、宏观大气科学乃至社会经济学等众多领域和子过程。同时，由于存在显著的时空尺度效应，各尺度之间又存在彼此消长的交互作用，因此需要实现多尺度、跨区域的长期连续监测，这无疑使得地表过程研究的难度进一步增加。另外，最新研究显示，由于高科技支撑下的人类活动对下垫面产生巨大改造力，而下垫面的巨大改变同时也影响着水热交换过程，进而进一步改变了降雨格局及其特征值[35]，最终使得这种复杂的交互作用极难量化。

研究方法和定量模拟技术的局限性。以目前在国际上广泛采用的模拟降雨技术为例，该定量研究手段对于快速获取大量珍贵科研数据、开展降雨特性与地表水文和侵蚀过程具有重要意义[36]。特别是基于能量相似性原理、综合考虑降雨均匀度、雨滴终极速度、雨滴直径大小等与天然降雨脉冲事件的内在关系，对于提供一些基础性的参考数据，探讨小尺度具体的侵蚀产沙过程十分有效。然而，大量研究同时表明，模拟降雨方法也显现出较大的局限性。比如，众所周知的降雨模拟失实问题、难以实现大尺度的表达问题、难以揭示和反映陆地生态系统格局过程对降雨长时期的渐次响应等。

5 应对策略与研究展望

为了有效开展降雨变化和陆地生态系统耦合研究，深入探讨二者的互动关系和彼此影响，在此基础上开展适应性管理和生态系统调控，以实现提高生态服务功能和保障人类福祉不受损害的最终目标。针对当前研究中存在的突出难点和制约瓶颈，应该致力和强化以下几个方面的科学探索与实际操作。

加强降雨数据和地面格局-过程配套资料的获取能力。具体可以通过监测手段和技术方法的革新应用，如加强气象侦测和人工影响天气等关键技术研发，增强对降雨数据的获取和精准预报能力。另外，还需要与地方相关单位和部门协调利益分配关系，获取当地实测的相关资料数据；或者通过网络购买或下载以及系统内部资料共享、并在此基础上对零星分散的数据资源进行系统整合与深加工；同时，建立健全和进一步开发野外生态台站建设力度，实现宏观尺度和微观研究的有机结合。同时，也有研究利用土壤水分监测数据反推降雨演变趋势和对陆地植被格局及生态过程的影响机制。从近些年在国内外相关重要杂志上发表的研究论文来看，这方面的研究已经得到加强和关注，但尚有待进一步深化。

密切关注尺度效应和尺度转换。降雨演变及其区域响应存在显著的尺度效应问题，各尺度间还存在作用力的彼此交叉和互动关系。因此，如何从更深层次上揭示降雨演变及其复杂影响的尺度效应内在规律、以实现不同尺度间关键因子和过程的甄别，进而协助解决关键复杂问题是学者们多年来的心愿和面临的重要难题。这里面，不同尺度降雨变化的定量刻画方法完善也是一个有待进一步探讨和优化的重点，在此基础上，尺度转换的理论支撑、手段和方法更需要进一步探索。

笔者呼吁组建专门的降雨演变战略研究机构。降雨对陆地系统和人类社会的影响是深远的，而其互动关系是极为复杂的。深入研究这一重大现实问题需要集成水文学家、生态学家、地学家以及气候模拟专家和社会学研究者的智慧，在此基础上进一步凝聚学科方向，重点研讨降雨演变和区域生态系统变革的内在互动关系以及对未来人类福祉的短期与中长期潜在影响。从国内的机构设置现状看，目前尚无专门的相关专业机构。很多学者和学术机构事实上对这一问题进行了极大关注，但遗憾的是，截至目前，相关研究仍多以分散研究为主，系统集成与整合力度显得尤为欠缺和乏力。而在国际上，已经成立了国际跨学科降雨与生态系统研究网络。另外，如联合国政府间气候变化专门委员会、国际地圈生物圈计划、全球陆地计划等机构对这问题也给予了密切关注。

参 考 文 献

[1] Panagoulia D, Dimou G. Sensitivity of flood events to global climate change. Journal of Hydrology, 1997, 191: 208-222.

[2] Shaver G R, Canadell J, Chapin F S, et al. Global warming and terrestrial ecosystems: a conceptual framework for analysis. BioScience, 2000, 50: 871-882.

[3] Weltzin J F, Loik M E, Schwinning S, et al. Assessing the response of terrestrial ecosystems to potential changes in precipitation. BioScience, 2003, 53: 941-952.

[4] Dale V H, Joyce L A, Mcnulty S, et al. Climate change and forest disturbance. BioScience, 2001, 51 (9): 723-734.

[5] Wei W, Chen L D, Fu B J, et al. The effect of land uses and rainfall regimes on runoff and soil erosion in the loess hilly area, China. Journal of Hydrology, 2007, 335 (3-4): 247-258.

[6] Smith S D, Monson R K, Anderson J E. Physiological Ecology of North American Desert Plants. New York: Springer-Verlag, 1997.

[7] 刘峻杉, 徐霞, 张勇, 等. 长期降雨波动对半干旱灌木群落生物量和土壤水分动态的效应. 中国科学: 生命科学, 2010, 40 (2): 166-174.

[8] Batisani N, Yamal B. Rainfall variability and trends in semiarid Botswana: implications for climate change adaptation policy. Applied Geography, 2010, 30 (4): 483-489.

[9] Easterling D R, Meehl G A, Parmesan C, et al. Climate extremes: observations, modeling, and impact. Science, 2000, 289: 2068-2074.

[10] 唐丽霞, 张志强, 王新杰, 等. 黄土高原清水河流域土地利用/覆盖和降雨变化对侵蚀产沙的影响. 自然资源学报, 2010, 25 (8): 1340-1349.

[11] Wei W, Chen L D, Fu B J, et al. Water erosion processes to rainfall and land use in different drought-level years in a loess hilly area of China. Catena, 2010, 81: 24-31.

[12] 周双喜, 吴冬秀, 张琳, 等. 降雨格局变化对内蒙古典型草原优势种大针茅幼苗的影响. 植物生态学报, 2010, 34 (10): 1155-1164.

[13] 刘慧云, 王晓梅, 肖书君, 等. 乌鲁木齐市近40多年降雨演变特征. 干旱区研究, 2007, 24 (6): 785-789.

[14] Verschuren D, Laird K R, Cumming B F. Rainfall and drought in equatorial east Africa during the past

1100 years. Nature, 2000, 403: 410-414.

[15] Richard A K. Global warming is changing the world. Science, 2007, 316: 188-190.

[16] Koster R D, Dirmeyer P A, Guo Z C. et al. Regions of strong coupling between soil moisture and precipitation. Science, 2004, 305: 1138-1140.

[17] Rosenberg D M, Patrick M, Catherine M P. Global-scale environmental effects of hydrological alterations: introduction. Bioscience, 2000, 50（9）: 746-751.

[18] Heisler-White J, Blair J M, Kelly E F, et al. Contingent productivity responses to more extreme rainfall regimes across a grassland biome. Global Change Biology, 2009, 15: 2894-2904.

[19] 杨永辉, 渡边正孝, 王智平, 等. 气候变化对太行山土壤水分及植被的影响. 地理学报, 2004, 59（1）: 56-63.

[20] Fay P A, Carlisle J D, Knapp A K, et al. Productivity responses to altered rainfall patterns in C4-dominated grassland. Oecologia, 2003, 137（2）: 245-251.

[21] 陈溪, 王子彦, 匡文慧. 土地利用对气候变化影响研究进展与图谱分析. 地理科学进展, 2011, 30(7): 930-937.

[22] Roger A, Pielke Sr. Land use and climate change. Science, 2005, 310: 1625-1626.

[23] De Dios M J, Padilla F M, Lazaro R, et al. Do changes in rainfall patterns affect semiarid annual plant communities. Journal of Vegetation Science, 2009, 20（2）: 269-276.

[24] Hutley L B, Beringer J, Isaac P R. A sub-continental scale living laboratory: spatial patterns of savanna vegetation over a rainfall gradient in northern Australia. Agricultural and Forest Meteorology, 2011, 151（11）: 1417-1428.

[25] Onema J K, Taigbenu A. NDVI–rainfall relationship in the Semliki watershed of the equatorial Nile. Physics and Chemistry of the Earth, Parts A/B/C, 2009, 34（13-16）: 711-721.

[26] Du J H, Yan P, Dong Y X. Precipitation characteristics and its impact on vegetation restoration in Minqin County, Gansu Province, northwest China. International Journal of Climatology, 2011, 31（8）: 1153-1165.

[27] Williams C A, Albertson J D. Dynamical effects of the statistical structure of annual rainfall on dryland vegetation. Global Change Biology, 2006, 12: 777-792.

[28] Miranda J D, Armas C, Padilla F M, et al. Climatic change and rainfall patterns: effects on semi-arid plant communities of the Iberian Southeast. Journal of Arid Environments, 2011, 75（12）: 1302-1309.

[29] Aguilar A J, Huber-Sannwald E, Belnap J, et al. Biological soil crusts exhibit a dynamic response to seasonal rain and release from grazing with implications for soil stability. Journal of Arid Environments, 2009, 73（12）: 1158-1169.

[30] 王晓婷, 郭维栋, 钟中, 等. 中国东部土壤温度、湿度变化的长期趋势及其与气候背景的联系. 地球科学进展, 2009, 24（2）: 181-191.

[31] 陈莎莎, 刘鸿雁, 郭大立. 内蒙古东部天然白桦林的凋落物性质和储量及其随温度和降水梯度的变化格局. 植物生态学报, 2010, 34（9）: 1007-1015.

[32] 丁瑾佳, 许有鹏, 潘光波. 杭嘉湖地区城市发展对降雨影响的分析. 地理科学, 2010, 30（6）: 886-891.

[33] 卢金发，刘爱霞. 黄河中游降雨特性对泥沙粒径的影响. 地理科学，2002，22（5）：552-556.

[34] 徐天乐，朱教君，于立忠，等. 极端降雨对辽东山区次生林土壤侵蚀与树木倒伏的影响. 生态学杂志，2011，30（8）：1712-1719.

[35] Foster D，Swanson F，Aber J，et al. The importance of land-use legacies to ecology and conservation. Bioscience，2003，53（1）：77-88.

[36] 陈正发，夏清，史东梅，等. 基于模拟降雨的土壤表土结皮特征及坡面侵蚀响应. 水土保持学报，2011，25（4）：6-11.

Waldbauliche Beurteilung der standortsheimischen Baumarten Fichte (*Picea wilsonii*) und Lärche (*Larix chinensis*) im Qinling-Gebirge, Shaanxi-Provinz, Volksrepublik China

Bichler Walter（作者）

(Diplomarbeit am Institut für Waldbau an der Universität für Bodenkultur, Wien, Dezember 1991)

Zusammenfassung（摘要）

Im allgemeinen Teil warden die Rahmenbedingungen in China und die spezifischen Verhältnisse im Qinling-Gebirge erörtert. Hier wird vor allem auf die vegetationskundlichen, standörtlichen und waldbaulichen Voraussetzungen eingegangen.

Der spezielle Teil gliedert sich in 2 Abschnitte:

Ⅰ. *Picea wilsonii* Dieser Abschnitt beschreibt die standörtlich unterschiedlichen Ausprägungen des *Picea wilsonii*-Laub-Nadel-Mischwaldes in der Forstverwaltung Ningxi (Shaanxi Provinz). Die Standortseinheiten befinden sich zwischen 1980m und 2190m Seehöhe. In dieser Höhenlage ist die Produktionsmöglichkeit für starkes Sägerundholz noch gegeben.

Ⅱ. *Larix chinensis* Bei diesen Einheiten handelt es sich vor allem um Schlußwald- und Pioniergesellschaften in der subalpinen Zone. Sie dienen vorrangig als Boden-und Wasserschutzwald und erst in zweiter Linie der Nutzfunktion. Die niedrigsten Bestandeseinheit liegt in 2600m Seehöhe, die Höchste auf 2750m über dem Meeresspiegel.

Abschließend warden waldbauliche Schlußfolgerungen gezogen und Behandlungsvorschläge gemacht. Eine detaillierte planung auf waldbaulichen und standörtlichen Grundlagen shceint erst sinnvoll, wenn folgende Bedingungen geschaffen sind:

   * Bessere Aufschließung
   * Ausrüstung mit schonenden und flexiblen Maschinen
   * Technische Ausbildung des Forstpersonals

Waldbauliche Beurteilung der Kiefernwälder (*Pinus tabulaeformis*) sowie Kiefernmischwälder im mittleren Qinling-Gebirge Shaanxi Provinz, VR China

Karl Goritschnig（作者）

(Diplomarbeit Institut für Waldbau Universität für Bodenkultur, Wien, Februar 1991)

Zusammenfassung（摘要）

Aufbauend auf die Arbeit von Chen, 1987 konnte bei waldbaulichen Untersuchungen im mittleren Qinling-Gebirge die charakteristische Vegetationszusammensetzung - der im Untersuchungsgebiet sehr reichhaltigen Flora- beschrieben und dargestellt werden. Es handelt sich fast ausschließlich um Bestandestypen, die im *Pinus-Quercus*-Nadel-Laub- Mischwaldgürtel (Höhenlagen zwischen 1450 m und 2250 m) und der nach oben anschließenden Betula- (ursprünglich *Picea*-) Zone vorkommen. Ein Großteil dieser Waldflächen ist - bedingt durch den hohen Bevölkerungsdruck-starkem anthropogenen Einfluß unterworfen. Die vormals unberührten Naturwaldflächen wurden exploitativ genutzt oder zerstört, was zu einem Wandel in der Zusammen-Setzung der natürlichen Waldgesellschaften, Änderung des Landschaftsbildes und letztendlich zu einer Devastierung der Bestände geführt hat. Es wäre an der Zeit, für und mit den dort beheimateten Menschen, Konzepte und Lösungsvorschläge, auf Grundlage des soziologischökologischen Waldbaues, für die langfristige Erhaltung (und Nutzung) der wenigen noch vorhandenen Naturwaldreste, zu entwickeln.

Waldbauliche Beurteilung der sekundären *Tsuga chinensis* Laubmischwälder im Qinling Gebirge in der Provinz Shaanxi der V.R. China

Pichler Anton（作者）

（Diplomarbeit am Institut für Waldbau an der Universität für Bodenkultur, Wien, September 1992）

Zusammenfassung（摘要）

Der *Tsuga chinensis* Laubmischwald ist in den letzten Jahrzehnten bis Jahrhunderten einem sehr starken Nutzungsdruck ausgesetzt gewesen. Aus diesem Grund ist es beinahe unmöglich, natürliche Wälder vorzufinden.

Auf sehr großer Fläche kann man allerdings sekundäre Sukzessionswälder, die nach großen Kahlschlagen entstanden sind, vorfinden. Diese enhvickeln sich stets von einer Phase, die von Pionierbaumarten beherrscht wird über Ubergangsphasen hin zur Schlußwaldgesellschaft.

Wichtig wäre es nun diese wertmäßig nicht sehr produktiven Wälder in leistungsfähige Wirtschaftswälder umzuwandeln bzw. überzuführen. Dabei ist allerdings auf die natürlichen Gegebenheiten Rücksicht zu nehmen.

Für eine an die Natur angepaßte Waldwirtschaft ist eine Mindesterschließung erforderlich. Nur durch kleinflächige, sorgfältig geplanten Eingriffe kann im *Tsuga chinensis* Laubmischwald die komplizierte Bestandesstruktur erhalten bleiben.

Auf sehr steilen Standorten dürfen auf keinen Fall Kahlschlage durchgeführt werden, da sonst Erosionen unvermeidlich sind. Dort sollte man versuchen durch Dauerwälder den Schutz des Standorts zu sichern und nur wirklich unbedenkliche Nutzungen durchführen, im Zweifetsfall aber keinen Eingriff durchführen.

Außerdem hoffe ich, daß durch die Zusammenarbeit zwischen der BOKU und der Forstuniversität Yangling einige Probleme der Waldbewirtschaftung gelöst bzw. entschärft werden können und dies zum Nutzen der Wälder und Menschen im Qinling Gebirge gereicht.

Waldbauliche Beurteilung der Birken-, Tannen- und Lärchen Wälder am kleinen Taibai Shan im Qinling-Gebirge, Shaanxi Provinz, Volksrepublik China

Volkinar Uberacker（作者）

（Diploinarbeit Institut für Waldbau Universität für Bodenkultur, Wien, Mai 1992）

Zusanunenfassung（摘要）

Auftauend auf der Gesellschaftssystematik von CHEN (1987) wurden nach allgemeinen Erläuterungen, die im Untersuchungsgebiet am "Kleinen Taibaishan" vorgefundenen Waldgesellschaften charakterisiert.

Die in der Betula Zone (2200-2600m Seehöhe) stockenden Betula albo sinensis var. septendrionlis, *Populus davidiana*, Betula chinensis und *Pinus armandi* Rein-oder Mischbestände sind Pionier-oder Klimaxgesellschaften. Die in dieser Zone heimische Schlußwaldbaumart *Picea aspirate* ist in der Vergangenheit in diesem Gebiet beinahe ausgerottet worden. Eine wirtschaftliche Nutzung der Bestände und eine künstliche Wiedereinbringung von *Picea asperata* wäre sinnvoll.

In der Abies Zone (2600-2900m) und der Larix Zone (2900-3200m) bildet *Betula utilis* eine Pioniergesellschaft, *Larix chinensis* eine Pionier- und Schlußwaldgesellschaft und *Abies fargesii* eine Schlußwaldgesellschaft. Bei diesen Beständen ist die Bedeutung als Bodenschutz sehr wichtig und eine wirtschaillliche Nutzung nur unter sorgfältiger Beurteilung und Bewahrung der Stabilität, geeigneten waldbaulichen Maßnahmen und schonender Bringungstechnik möglich.

Als Vorraussetzung für eine soziale, ökologisch und ökonomisch sinnvolle Forestwirtschaft ist eine Verbesserung der Ausbildung und ein Überdebken der Organisation und des Aufbaus des Forstwesens sinnvoll.

Entwicklung eines waldbaulichen Behandlungskonzeptes für Gebirgswälder im Qinling-Gebirge / VR China

Rudolf Hitsch（作者）

(Dissertation an der Universität für Bodenkultur, Wien, Mai 1995)

Zusammenfassung（摘要）

Auf der Basis einer Gegenhangkartierung und nachfolgender Detailaufnahmen wird ein waldbauliches Behandlungskonzept für ein 11 500 Hektar großes chinesisches Gebirgswaldgebiet an der Grenze zwischen temperierter und subtropischer Klimazone entwickelt. Einmalig an der Arbeit ist die umfangreiche Einbeziehung von chinesischer Fachliteratur. Die Arbeit enthält die detailliertesten Angaben über den Charakter der Baumarten im Qinling-Gebirge und über die dortigen aktuellen und potentiellen Produkte der Forstwirtschaft, die bisher in Deutscher Sprache erschienen sind. Die Ausscheidung der forstlichen Behandlungseinheiten erfolgte mittels GIS-gestützter Clusteranalyse, wobei der Versuch unternommen wurde, diese durch die Einbeziehung räumlicher Parameter zu verfeinern. Anschließend werden die ausgeschiedenen Behandlungseinheiten hinsichtlich ihrer ökologischen Gegebenheiten, der von ihnen zu erfüllenden Funktionen, ihrer waldbaulichen Charakteristik analysiert. Einer ausführlichen Diskussion der standortsindividuell möglichen forstlichen Zielsetzung folgt eine detaillierte Beschreibung der zur Realisierung derselben erforderlichen Behandlungsmaßnahmen.

Picea schrenkiana-Wälder in Nordwest-China und deren Naturschutzprobleme

Robert Wurm（作者）

（Diplomarbeit an der Universität für Bodenkultur, Wien, September 1997）

Zusammenfassung（摘要）

Die Arbeit berichtet über eine, im Rahmen der Partnerschaft zwischen der Universität für Bodenkultur und der NW-chinesischen Forstuniversität Yangling durchgeführten Erhebung in Fichtenwäldern im äußersten Nordwesten Chinas.

Nach einem Überblick über die Naturräume Chinas und der Provinz Xinjiang und deren Naturschutzprobleme werden die forstlichen Verhältnisse im Untersuchungsgebiet der Forstdirektion Gongliu näher beleuchtet. Diese, im Westen der Provinz, nahe der Grenze zu Kasachstan, inmitten des Tian shan-Gebirges gelegene Verwaltungseinheit umfaßt rund 164 000 hm^2, wovon 40.3% bewaldet sind; der Rest ist überwiegend Grasland. Das eigentliche Aufnahmegebiet Kurdenin weist 9065 hm^2 Waldfläche auf, davon 20.5 % als Schutzwald und Naturreservat außer Nutzung. Dominant ist die endemische Tian shan-Fichte (*Picea schrenkiana*).

Vorherrschendes Grundgestein ist Granit, aber auch Kalk kommt vor. In den tieferen Lagen finden sich Lößüberlagerungen. Auffallend ist die enorme Bodenqualität, besonders bis über 2200 m Höhe (Braunerden und Schwarzerden ohne erkennbare Versauerung). Das Klima ist kontinental mit Durchschnittstemperaturen von 5-7°C und meist nur 550-700 mm. manchmal bis 1000 mm Niederschlag. Niederschlage von 400 (300) mm begrenzen das Vorkommen der Fichtenart, die sich vor allem auf Schatthängen gut entwickelt.

An Hand von 15 Probestreifen und ergänzenden Winkelzählproben wird der Aufbau der Wälder, getrennt nach Auwaldgesellschaften und Höhenstufen (1600-1800 m, 1800-2200 m, 2200-2600 m) dargestellt und als Entwicklungsphasen klassifiziert. In Terminalphasen werden beeindruckende Wuchsleistungen bis 1414 Vfm/hm^2 bei Oberhöhen um 53 m erreicht. Die Bäume fallen besonders durch lange, schlanke, dicht beastete Säulenkronen auf.

Die Bestände besitzen teilweise Urwaldcharakter, sind aber in ihrer Verjüngung stark durch Beweidung mit Schafen, Ziegen, Rindern und Pferden der halbnomadischen kasachischen Hirten beeinträchtigt. Anhand der internationalen Schutzkategorien werden Möglichkeiten eines besseren Schutzes diskutiert. Dabei bicten sich die Kategorien "Nationalpark" (nicht optimal), besser "Ressourcenschutzgebiet mit Management" bzw. "Biosphärenreservat" als geeignet an, da eine Zonierung mit abgestufter Nutzungsintensität vom Totalschutz bis zu geregelter Forst- und Weidewirtschaft das Gegebene wäre. Der Übergang zu einer Koppelweidewirtschaft wird vorgeschlagen. Das Gebiet könnte Vorbildfunktion für eine nachhaltige, naturnahe Waldbewirtschaftung werden, wie sie in China großteils noch mangelt. Die waldbauliche Behandlung ist Gegenstand der Diplomarbeit von Christian ROHRMOSER. mit dem die Geländearbeiten gemeinsam durchgeführt wurden.

Waldbauliches Behandlungskonzept für *Picea schrenkiana* Wälder im Tien-Shan-Gebirge Volksrepublik China

Christian Rohnnoser（作者）

（Diplomarbeit an der Universität für Bodenkultur Wien Studienrichtung Forstwirtschaflt，Salzburg, Oktober 1997）

Zusammenfassung（摘要）

Zunächst wurde eine standörtliche, vegetationskundliche, ertragskundliche und waldbauliche Analyse der Wälder im Untersuchungsgebiet durchgeführt. Areal und Standort von *Picea schrenkiana* wurden skizzien. Intensivierung der Waldpflege und Forderung der Naturverjüngung sind im Untersuchungsgebiet vordringliche Maßnahmen zur Erhaltung der Ficht, da hiebsreife und überalterte Bestände dominieren. Außerdem wird die Fichte ziemlich stark pathologisch (Stammfäule) gefährdet wobei Schnee, Wind, Erosion und viele anthropogene Faktoren (Brand, Weide, KaMschlag) erhebliche Einbußen verursachen.

Zur Überprüfung der Übertragbarkeit mitteleuiopäischer Waldbaumethoden wurden beispielsweise Klima, Boden und Vegetation sowie wesentlich Merkmale der subalpinen Fichtenwälder mit denen im Untersuchungsgebiet verglichen. Viele gemernsame Arten und Gattungen, sowie entwicklungsdynamische, verjüngungsökologische, standörtliche und strukturelle Gemeinsamkeiten zeigen, daß mitteleuropäische Waldbaumethoden grundsätzlich in das Untersuchungsgebiet übertragbar sind, wenn die Maßnahmen angepaßt werden. Nach europäischen Gliederungsprinzipien wurden 6 uinfassende waldbauliche Behandlungsgmppen im Untersuchungsgebiet ausgeschieden, für jede Einheit zielorientierte Behandlungsmaßnahmen abgeleitet, um die Bestände im Untersuchungsgebiet in Zukunft intensiver bewirtschaften zu können. Die Bestände im Untersuchungsgebiet haben viele Funktionen zu erfüllen. Zur nachhaltigen Sicherung dieser Funktionen ist ein natumaher Waldbau notwendig. Erforderliche Voraussetzungen dazu sind. Intensivierung der Standortserkundung, ausreichende Wegerschließung, Verfemerung der Nutzungsmethoden, Einsatz waldschonender, beweglicher Maschinen, zweckmäßige Forstorganisation, ausreichendes, gut ausgebildetes Forstpersonal.

(X-1460.01)

www.sciencep.com

ISBN 978-7-03-057851-8

定 价：198.00元